国家出版基金项目
NATIONAL PUBLICATION FOUNDATION

Theory and Application of Phase-Field-Based Lattice Boltzmann Method

相场格子玻尔兹曼方法理论与应用

徐兴春 著　　朱嘉琦 曹文鑫 审

国防工业出版社
·北京·

内容简介

相场格子玻尔兹曼方法是相场法和格子玻尔兹曼方法的有机结合体，它兼具相场法的隐式界面捕捉特性和格子玻尔兹曼方法的高效并行优势，在大规模多相界面追踪模拟中发挥着重要作用。本书基于作者前期的学习研究心得和模型开发经验，系统地介绍了一系列改进的相场格子玻尔兹曼模型，包括守恒型相场方程的二阶修正模型、高阶修正模型、非对角多松弛模型、轴对称高阶修正模型以及非守恒型相场方程的各向异性相变模型，考察了不同改进模型的准确性、局部性、有界性和稳定性等数值性能。本书各章相对独立，按照“相场描述—格子玻尔兹曼模型设计—程序验证及应用”的思路撰写，涉及简单两相流、轴对称两相流、纯物质枝晶生长和合金枝晶生长等应用实例，读者可根据需要查阅相关章节。

本书适用于数学、力学和工程热物理学等专业的研究生或高年级本科生，可作为计算流体力学课程的参考用书，也可供相场格子玻尔兹曼方法自学者参考。

图书在版编目(CIP)数据

相场格子玻尔兹曼方法理论与应用/徐兴春著.
北京:国防工业出版社,2024.6.—ISBN 978-7-118
-13408-7

Ⅰ.O359

中国国家版本馆 CIP 数据核字第 202405CS49 号

※

国防工業出版社出版发行
(北京市海淀区紫竹院南路 23 号　邮政编码 100048)
雅迪云印(天津)科技有限公司印刷
新华书店经售

*

开本 710×1000　1/16　**印张** 17　**字数** 270 千字
2024 年 6 月第 1 版第 1 次印刷　**印数** 1—1500 册　**定价** 148.00 元

国防书店:(010)88540777　　书店传真:(010)88540776
发行业务:(010)88540717　　发行传真:(010)88540762

前言

多相流体流动与传热普遍存在于自然界和工业生产过程，如微流控技术、芯片冷却技术、增材制造技术等，是生物医药、电子科技、先进制造等国家重大需求中的共性关键科学问题。多相流问题涉及不同相之间的流动、传热传质、复杂的界面运动以及流固相互作用，是一个涉及流场、温度场、浓度场和相场的多场耦合问题，其传输机理十分复杂。

相场格子玻尔兹曼方法是近年来发展起来的运动界面捕捉方法。该方法继承了相场法的复杂界面捕捉能力和格子玻尔兹曼方法的高效并行优势，是这两种介观模拟方法的有机结合体。该方法基于扩散界面描述，在均匀网格中即可实现复杂相界面的隐式追踪；模型物理背景明晰，具有优良的可拓展性，能够将多物理过程纳入相场理论框架下进行描述；基于并行算法和自适应加密网格，适用于大规模复杂相界面的追踪模拟。因此，相场格子玻尔兹曼方法受到了众多学者的关注和研究。

目前，相场格子玻尔兹曼方法的理论还不够成熟、应用还不够普遍，国内外缺乏相关的理论专著，为推动该方法在理论和应用领域的发展，有必要对该方法进行阶段性的分析总结。本书基于国内外相场格子玻尔兹曼方法的高水平研究论文，结合笔者对该方法的理解以及模型开发经验，建立起相场格子玻尔兹曼方法的基本理论体系。内容编排具有以下特色：

(1)系统性：根据序参量的守恒性，将相关内容分为守恒型相场格子玻尔兹曼模型和非守恒型相场格子玻尔兹曼模型两大部分，前者用于多相流模拟，后者用于枝晶生长模拟。本书以应用背景为线索介绍不同相场格子玻尔兹曼模型的基本理论、基本模型和应用实例。各章节内容相对独立，读者可根据需要查阅相关章节；同时，本书各章节之间又存在层层递进的联系，便于读者由浅及深地进行系统学习。

(2)实用性：本书所提供的应用实例均基于笔者自编程模拟计算程序，结合代码阅读能加深读者对相场格子玻尔兹曼方法的理解。同时，示例程序提供了算法的实施细节，便于读者进行算法复现和应用拓展。

(3)回顾性：本书各章节所涉及的模型既包括早期粗糙的数值格式，也包含后来修正或者优化之后的不同变式，从一定程度上反映了相场格子玻尔兹曼方法的发展历程。本书并非对已有模型进行简单搬运，而是结合笔者对相场格子玻尔兹曼方法的理解，从准确性、局部性、有界性、稳定性等数值指标对不同模型进行综合比较，并对原始文献存在的推导错误进行了纠正。

(4)前瞻性：本书介绍了一系列改进的相场格子玻尔兹曼模型，这些模型具有优良的数值特性，在复杂界面演化追踪模拟中具有潜在的应用价值，有望为相场格子玻尔兹曼方法的进一步发展提供思路。

全书由徐兴春编写，朱嘉琦、曹文鑫审校。在编写过程中，何玉荣老师、胡彦伟老师、赵坤龙博士等人对本书提出了宝贵的建议，在此表示深深的谢意。受笔者学识所限，书中选材或者表述难免有不当之处，诚望读者批评指正。

作　者

2024 年 3 月

目录

绪 论

第1章

绪　论

多相系统的研究与应用在能源、化工、水利、增材制造等重大工程领域中占有举足轻重的地位,深入理解多相系统的传热传质机制和规律,有助于提升能源利用效率、改善工艺性能并推动相关技术的更新换代。相界面的追踪模拟是多相系统建模的关键和难点,而相场格子玻尔兹曼方法是最近 20 年来迅速发展的界面捕捉方法,它是相场法和格子玻尔兹曼方法的有机结合体,兼具相场法的界面捕捉能力和格子玻尔兹曼方法的高效并行优势,有望在大规模多相模拟中发挥重要作用。

1.1　运动界面数值模拟方法

运动界面追踪是多相系统数值建模的关键和难点,复杂界面演化与多相、多物理过程相互耦合,使得这类问题的研究极具挑战性。根据相界面不同描述方法,运动界面数值模拟方法可分为尖锐界面法和扩散界面法两大类,如图 1-1 所示。下面对两类运动界面模拟方法作简要介绍。

1.1.1　尖锐界面法

如图 1-1(a)所示,尖锐界面描述下相邻两相之间的相界面视作厚度为零

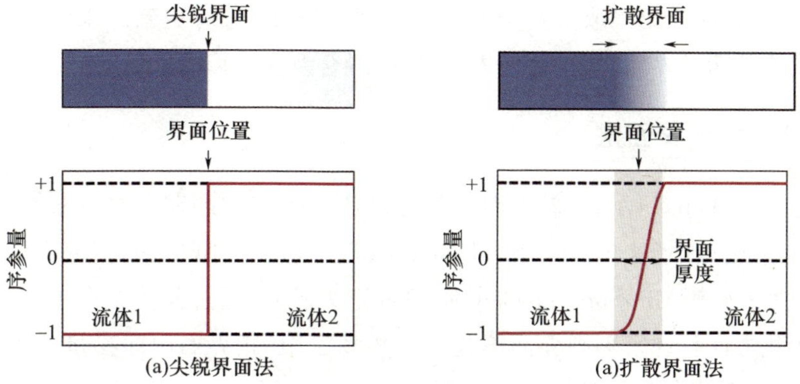

图 1-1 运动界面模拟方法

的几何曲面,相间的物理参数可能会发生突变。常用的尖锐界面法包括前沿追踪法(Front Tracking Method,FTM)、流体体积法[1](Volume of Fluid,VOF)和水平集法[2](Level-Set Method,LSM)等。

前沿追踪法采用欧拉-拉格朗日(Euler-Lagrange)两套网格,其中欧拉网格用于流场计算,拉格朗日网格用于相界面追踪,两套网格之间相互传递信息实现相间耦合。前沿追踪法能显式追踪相界面,便于精确计算界面局部曲率和界面力,但难以处理界面拓扑结构发生变化的情形。

流体体积法最早由 Hirt 和 Nichols[1]提出,该方法引入相体积分数 α,两体相分别由 $\alpha=0$ 和 $\alpha=1$ 表示,$0<\alpha<1$ 表示相界面。相体积分数的输运方程描述为

$$\frac{\partial \alpha}{\partial t}+\boldsymbol{u}\cdot\nabla\alpha=0 \tag{1.1}$$

求解输运方程可得各网格单元的相体积分数,进一步可以在欧拉网格内重构得到相界面。流体体积法广泛用于气液两相流、油水混合流等不相溶流体的界面捕捉。

水平集法由 Osher 和 Sethian[2]在 1988 年提出,其基本原理是引入符号距离函数 $\varphi(\boldsymbol{x},t)$ 表征空间各点到相界面的距离,运动界面定义为零等值面,即 $\varphi(\boldsymbol{x},t)=0$。符号距离函数满足一定的输运方程:

$$\frac{\partial \varphi}{\partial t}+\boldsymbol{u}\cdot\boldsymbol{n}\,|\nabla\varphi|=0 \tag{1.2}$$

式中:$\boldsymbol{n}=\nabla\varphi/|\nabla\varphi|$,求解输运方程得到的 $\varphi(\boldsymbol{x},t)$ 可能并不满足符号距离函

数的定义,这时需要采取重新初始化手段对 $\varphi(\boldsymbol{x},t)$ 进行更新。水平集法不需要显式追踪运动界面,便于处理界面破碎、融合及大变形等问题。

1.1.2 扩散界面法

如图 1-1(b)所示,扩散界面法假定相界面具有一定厚度,物理量在两相之间光滑过渡。相场法(Phase Field Method,PFM)是一种典型的扩散界面法,它以金兹堡-朗道(Ginzburg-Landau)唯象理论为基础,通过使体系自由能朝着能量最小化方向移动来刻画界面演化。在相场法中,相界面由序参量 $\phi(\boldsymbol{x},t)$ 描述,若相邻两相中序参量的取值分别为+1 和-1,那么相界面的位置可以通过 $\phi(\boldsymbol{x},t)=0$ 确定。描述序参量动力学演化的方程称为相场方程,经典的相场方程包括卡恩-希利亚德方程(Cahn-Hilliard Equation,CHE)[3]和艾伦卡恩方程(Allen-Cahn Equation,ACE)方程[4],它们可以从金兹堡-朗道自由能泛函的梯度流得到,即

$$\partial_t\phi=\begin{cases}-M\dfrac{\delta\mathcal{F}}{\delta\phi}, & \text{ACE}\\[2ex] \boldsymbol{\nabla}\cdot\left(M\boldsymbol{\nabla}\dfrac{\delta\mathcal{F}}{\delta\phi}\right), & \text{CHE}\end{cases}\tag{1.3}$$

式中:M 为迁移率;$\delta\mathcal{F}/\delta\phi$ 为自由能泛函 $\mathcal{F}$关于序参量的变分。渐进分析表明,相场模型在界面厚度趋于零时与尖锐界面描述下的界面边界条件一致。求解相场方程即可得到序参量分布,相界面由序参量的等值线或等值面识别,从而实现相界面的隐式追踪。

相场法因其物理背景明晰、可拓展性强、长于捕捉复杂界面变形等优点而受到越来越多的关注。在处理多物理场问题时,相场法可以很容易地与其他物理场相耦合,目前相场模型广泛应用于两相流、多组分流、枝晶生长和裂纹扩展等领域。

1.2 格子玻尔兹曼方法

格子玻尔兹曼方法(Lattice Boltzmann Method,LBM)起源于 20 世纪 90 年代,经过 30 多年已经发展成为一种相对成熟、应用广泛的数值模拟方法。与宏观计算流体力学方法相比,格子玻尔兹曼方法具有以下 4 个方面的优势[5]:

(1)格子玻尔兹曼方程的平流项是完全线性的,而纳维-斯托克斯方程(Navier-Stokes Equations,NSE)中包含非线性对流项。

(2)格子玻尔兹曼方法中的压力场可以根据密度分布直接推导得到;而传统计算流体动力学方法中,压力场需要迭代求解泊松方程获得,计算量相对较大。

(3)得益于格子玻尔兹曼方法的粒子属性,复杂几何边界上无滑移边界条件可以通过对粒子分布函数施加反弹格式轻松实现。

(4)格子玻尔兹曼方法采用显式离散方案和完全局部化的碰撞算子,适合进行大规模并行计算。

格子玻尔兹曼方法同其他理论、方法联系紧密,如图 1-2 所示。从不同角度审视格子玻尔兹曼方法可能有不同的认识,下面从历史起源、介观属性、宏观联系和数值本质 4 个层面对格子玻尔兹曼进行介绍。

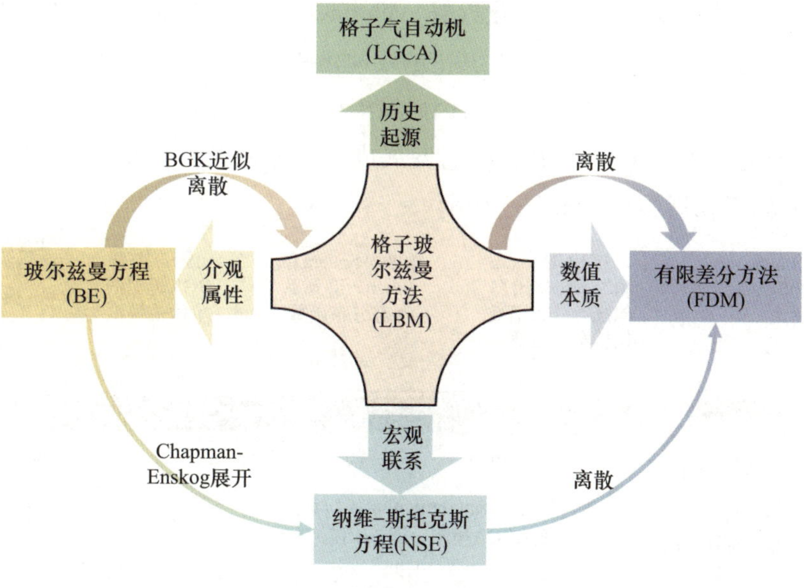

图 1-2 格子玻尔兹曼方法与其他理论方法的联系

1.2.1 历史起源:格子气自动机

从历史发展的角度看,格子玻尔兹曼方法起源于格子气自动机(Lattice Gas Cellular Automata,LGCA)。格子气自动机的基本思想是将连续介质划分成规则的网格,每个格点代表一个离散的状态,表示格点上流体粒子的存在与否。定义碰撞规则能够实现粒子间的相互作用，这种碰撞规则通常基于粒子之间的排斥/吸引力和动量守恒等基本原理。通过不断迭代更新格点状态即可模拟整个流场的动力学行为，如流动、扩散、激波等。

1972 年，Hardy、Pomeau 和 Pazzis[6]开发了第一个离散的 LGCA 模型，称为 HPP 模型。1986 年，Frisch、Hasslacher 和 Pomeau[7]提出对称性更好的正六边形 LGCA 模型，即 FHP 模型。经过多年的发展，LGCA 模型仍存在一些不可避免的缺点：①从 LGCA 中恢复得到的宏观动量方程不满足伽利略不变性；②状态方程除了同密度和温度相关，还依赖于流体速度；③需要额外的计算来避免布尔运算引起的数值噪声；④碰撞算子具有指数复杂性，对计算能力和内存大小要求较高。

1988 年，McNamara 和 Zanetti[8]提出将 LGCA 中的布尔运算改为局部概率分布函数，并采用玻尔兹曼方程代替演化方程。后来 Higuera 和 Jiménez[9]引入平衡分布函数对碰撞算子线性化近似。Martínez 等[10]和 Qian 等[11]进一步简化碰撞算子，提出单松弛时间模型，其中的线性化碰撞算子可以追溯到 Bhatnagar、Gross 和 Krook[12]提出的碰撞理论，因此该模型也命名为 BGK 模型。至此，BGK 模型完全克服了 LGCA 模型的缺点，发展成为一种独立的新方法，即格子玻尔兹曼方法，其发展历程如图 1-3 所示。

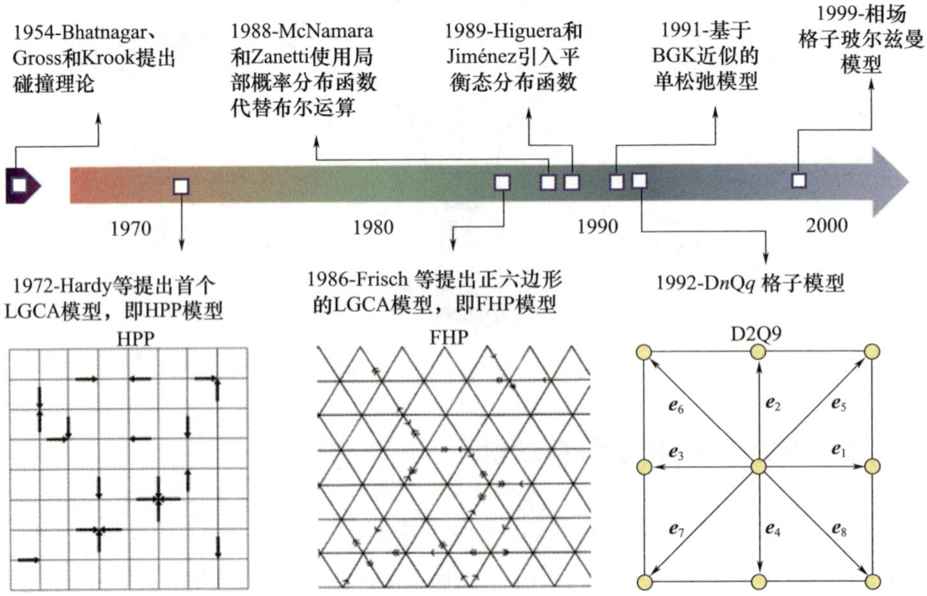

图 1-3　格子玻尔兹曼方法溯源

近年来,大量学者在模型改进、数值方法优化以及应用拓展等方面开展了一系列研究,格子玻尔兹曼方法得以广泛应用于传热/传质、多相流、多孔介质流、湍流、相变、磁流体和晶体生长等领域。

1.2.2 介观属性:离散的玻尔兹曼方程

玻尔兹曼方程(Boltzmann Equation, BE)由路德维希·玻尔兹曼(Ludwig Boltzmann)提出,是描述非热力学平衡状态下热力学系统统计行为的偏微分方程,表示形式如下:

$$\partial_t f + \boldsymbol{v} \cdot \boldsymbol{\nabla} f + \boldsymbol{a} \cdot \boldsymbol{\nabla}_v f = \Omega_f \tag{1.4}$$

式中:$f = f(\boldsymbol{x}, \boldsymbol{v}, t)$ 是粒子速度分布函数(Velocity Distribution Function)。方程左侧三项分别是速度分布函数的瞬态项、平流项和作用力项,方程右侧 Ω_f 表示碰撞导致的速度分布函数变化率。

连续玻尔兹曼方程是一个高维度、非线性偏微分方程,直接求解非常困难。针对具体问题,通常会采用一些近似方法对碰撞算子进行简化。其中,以基于BGK 近似的碰撞算子较为典型,它假设碰撞过程是弛豫过程,速度分布函数在每个时间步都朝着平衡态的方向演化,玻尔兹曼 BGK 方程表示为

$$\frac{\partial f}{\partial t} + \boldsymbol{v} \cdot \boldsymbol{\nabla} f = -\frac{1}{\tau}(f - f^{\mathrm{M}}) \tag{1.5}$$

式中:τ 为弛豫时间,用于控制系统的演化速率;f^{M} 为局部平衡态下的分布函数,通常由麦克斯韦-玻尔兹曼(Maxwell-Boltzmann)分布给出。玻尔兹曼 BGK 方程在速度、时间、空间上离散即可得到格子玻尔兹曼方程(Lattice Boltzmann Equation, LBE):

$$f_i(\boldsymbol{x} + \boldsymbol{e}_i\delta_t, t + \delta_t) = f_i(\boldsymbol{x}, t) - \frac{1}{\tau_f}[f_i(\boldsymbol{x}, t) - f_i^{\mathrm{eq}}(\boldsymbol{x}, t)] \tag{1.6}$$

式中:τ_f 为弛豫时间;δ_t 为时间步长;$\boldsymbol{e}_i$ 为第 i 个离散方向的速度矢量;f_i 为第 i 个离散方向上的速度分布函数;$f_i^{\mathrm{eq}}(\boldsymbol{x}, t)$ 为速度分布函数的平衡态。考虑到格子玻尔兹曼方法由玻尔兹曼方程简化、离散得到,它能够揭示微观尺度的统计行为,因此其属于介观描述范畴。

1.2.3 宏观联系:多尺度恢复输运方程

格子玻尔兹曼方法架起了宏观描述和微观描述的桥梁,既可以在介观尺

度上描述粒子的相互作用,又能在宏观尺度上刻画流体的动力学行为。基于查普曼-恩斯科格(Chapman-Enskog)多尺度展开,格子玻尔兹曼方程能够恢复得到宏观输运方程[13]。在 Chapman-Enskog 展开中,首先需要引入特征时间和特征尺寸进行标定,假设流体处于局部平衡状态,将速度分布函数在平衡态附近进行展开。通过匹配展开项的系数,逐阶求矩计算得到宏观方程。一般情况下,通过匹配零阶矩(质量守恒)、一阶矩(动量守恒)和二阶矩(能量守恒)可以分别得到连续介质的连续性方程、纳维-斯托克斯方程和能量方程。Chapman-Enskog 展开为理解和研究格子玻尔兹曼方法与连续介质力学之间的关系提供了理论工具。格子玻尔兹曼方程也可以通过渐近分析(Asymptotic analysis)[14]或者麦克斯韦迭代(Maxwell iteration)[15]等方法与宏观流体控制方程建立联系。

1.2.4 数值本质:多级差分计算格式

格子玻尔兹曼方法可以看作一种特殊的差分格式。一些学者试图建立格子玻尔兹曼方法与有限差分方法的联系——一维格子玻尔兹曼模型可以直接推导得到对应的多级差分格式[16-17]。对于更一般的情况,可以将格子玻尔兹曼方程改写为

$$f_i(\boldsymbol{x}+\boldsymbol{e}_i\delta_t,t+\delta_t)=\left(1-\frac{1}{\tau_f}\right)f_i^{\mathrm{neq}}(\boldsymbol{x},t)+f_i^{\mathrm{eq}}(\boldsymbol{x},t) \tag{1.7}$$

为了得到等效差分格式,需要消除碰撞步中非平衡分布函数$f_i^{\mathrm{neq}}(\boldsymbol{x},t)$,文献报道了以下三种处理方法:

(1)令标准格子玻尔兹曼模型中松弛时间$\tau_f=1$,演化方程退化成中心差分格式,但此时黏性系数不可调节。

(2)正则格子玻尔兹曼方法[18](Regularized Lattice Boltzmann Method):尽管非平衡分布的显式表达式无法求得,但基于 Chapman-Enskog 展开能够获得非平衡分布函数所需要满足的各阶速度矩,通过构造满足这些矩条件的非平衡分布函数进行代替即可得到正则格子玻尔兹曼格式。

(3)预测步-修正步格式[19]:其核心思想是利用平衡分布函数的差分格式代替演化方程中的非平衡分布。

1.3 相场格子玻尔兹曼方法

相场格子玻尔兹曼方法本质上是在格子玻尔兹曼方法理论框架下重构控制方程，充分利用相场法的界面捕捉能力和格子玻尔兹曼方法的高效并行优势，实现大规模复杂界面演化的追踪模拟。建立相场格子玻尔兹曼模型的一般思路如下：根据控制方程的数目，引入适当数目的分布函数分别求解相场方程和流体力学方程。目前，基于相场方程的格子玻尔兹曼方法已经在多相流、多组分流、枝晶生长、共晶生长等研究领域得到了成功的应用。本节梳理已有的相场格子玻尔兹曼模型，从守恒性、准确性、局部性、有界性和稳定性 5 个指标对相场格子玻尔兹曼模型作简要综述，如图 1-4 所示。

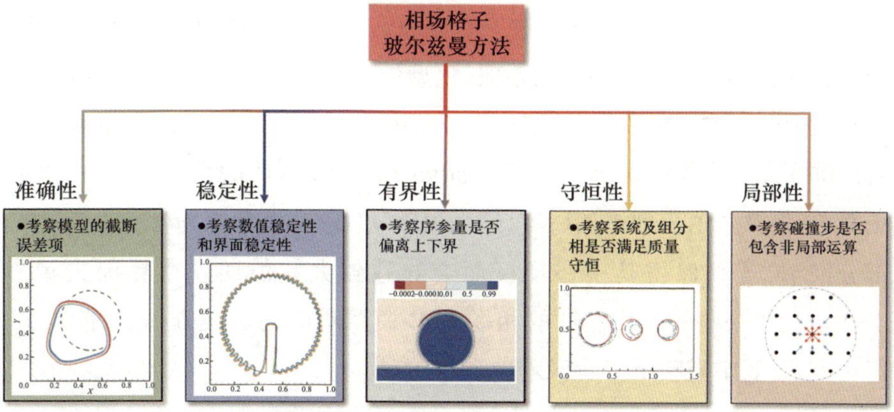

图 1-4 相场格子玻尔兹曼方法的评价指标

1. 守恒性

根据所研究问题中序参量是否守恒选择合适的相场方程。常用的相场方程包括 Cahn-Hilliard 方程和 Allen-Cahn 方程。Cahn-Hilliard 方程具有保守形式，序参量全局守恒，适用于不混溶两相流模拟。Cahn-Hilliard 方程中相分离驱动力由化学势或压力张量提供，求解 Cahn-Hilliard 方程需要处理四阶偏微分运算。当液滴或者气泡小于临界尺寸时，Cahn-Hilliard 模型存在液滴或气泡自发收缩的缺点[20]。为了减小或者消除收缩效应，一些学者试图对 Cahn-Hilliard 方程进行修正，得到轮廓校正格式[21]和通量校正格式[22]。

经典 Allen-Cahn 方程中只含有二阶空间导数,形式相对简单,但它并不满足序参量守恒性,主要用于固液相变模拟。考虑到经典 Allen-Cahn 方程中质量不守恒由曲率引起的界面移动所导致,Sun 和 Beckermann[23]引入了消除曲率驱动的补偿项,得到了一种改进的 Allen-Cahn 相场方程。后来,受保守水平集法[24]的启发,Chiu 和 Lin[25]进一步将该方程改写成守恒形式,称为局部守恒型 Allen-Cahn 方程。另一种修正守恒性的方法是引入拉格朗日(Lagrange)乘子项[26],保证系统的序参量守恒,称为全局守恒型 Allen-Cahn 方程。局部守恒型 Allen-Cahn 方程因其形式简单和良好的守恒性受到越来越多的关注,广泛应用于两相流和多组分流的相场 LBE 模拟。

2. 准确性

相场 LBE 方法的准确性主要考察 LBE 模型能否准确恢复目标相场方程。若采用标准 LBE 模型进行建模,基于 Chapman-Enskog 多尺度展开所恢复得到的相场方程在二阶尺度上存在偏差项,模型的二阶精度难以保证。采用线性平衡分布函数时模型对应的误差项为 $\nabla\cdot\partial_t(\phi\boldsymbol{u})$,而采用二次平衡分布函数时模型对应的误差项为 $\nabla\cdot[\partial_t(\phi\boldsymbol{u})+\nabla\cdot(\phi\boldsymbol{uu})]$。需要说明的是,尽管前者的误差项更简单,但其数值表现不如后者,这是由于 $\partial_t(\phi\boldsymbol{u})$ 和 $\nabla\cdot(\phi\boldsymbol{uu})$ 的展开式可以部分抵消,若只保留其中一项反而会导致较大数值误差或界面失稳[27]。表 1-1 总结了一些具有代表性的相场 LBE 模型对应的宏观方程、二阶误差项及修正方法,表中省略了二阶误差项系数 M/c_s^2。

表 1-1 守恒型相场方程的格子玻尔兹曼模型总结

文献	相场方程	非局部运算	二阶误差项	修正方法
He 等[28]	CHE	$\nabla(p_0-\phi c_s^2)$	$\nabla\cdot[\partial_t(\phi\boldsymbol{u})+\nabla\cdot(\phi\boldsymbol{uu})]$	—
Inamuro 等[29]	CHE	$\nabla\phi,\nabla^2\phi$	$\nabla\cdot\partial_t(\phi\boldsymbol{u})$	—
Lee 和 Lin[30]	CHE	$\mu_\phi,\nabla\phi,\nabla\mu_\phi$	$\nabla\cdot[\partial_t(\phi\boldsymbol{u})+\nabla\cdot(\phi\boldsymbol{uu})]$	—
Geier 等[31]	ACE	$\nabla\phi$	$\nabla\cdot[\partial_t(\phi\boldsymbol{u})+\nabla\cdot(\phi\boldsymbol{uu})]$	—
Amaya-Bower 和 Lee[32]	CHE	$\mu_\phi,\nabla p,\nabla\phi,\nabla\mu_\phi,\nabla^2\mu_\phi$	0	方案Ⅲ
Lee 和 Lin[33]	CHE	$\mu_\phi,\nabla p,\nabla\phi,\nabla\mu_\phi,\nabla^2\mu_\phi$	0	方案Ⅲ
Huang 等[34]	CHE	$\mu_\phi,\nabla(p-\rho c_s^2),\nabla\mu_\phi$	0	方案Ⅲ

续表

文献	相场方程	非局部运算	二阶误差项	修正方法
Zheng 等[35]	CHE	$\mu_\phi, f_{i,\mathrm{nb}}$	0	方案Ⅱ
Zu 和 He[36]	CHE	$\mu_\phi, f_{i,\mathrm{nb}}^{\mathrm{eq}}$	0	方案Ⅱ
Zu 等[37]	ACE	$\nabla\phi, f_{i,\mathrm{nb}}^{\mathrm{eq}}$	0	方案Ⅱ
Xu 等[38]	ACE	$\nabla\phi$	0	方案Ⅱ
Liang 等[39]	CHE	μ_ϕ	0	方案Ⅰ
Ren 等[40]	ACE	$\nabla\phi$	0	方案Ⅰ
Wang 等[41]	ACE	—	0	方案Ⅰ
Xu 等[42]	ACE	$\nabla\phi$	0	方案Ⅳ

注：$f_{i,\mathrm{nb}}$ 和 $f_{i,\mathrm{nb}}^{\mathrm{eq}}$ 分别表示相邻格点间分布函数或平衡分布函数的差分运算。

为了消除误差项，文献中报道了以下 4 种修正方案：

（1）针对型如 $\nabla\cdot\partial_t(\phi\boldsymbol{u})$ 的误差项，一种简单直接的方式是通过引入离散源项进行抵消，离散源项的二阶矩应为 $\partial_t(\phi\boldsymbol{u})$ 。这种修正方案广泛应用于基于 Cahn-Hilliard 方程的 LBE 模型[39]和基于守恒型 Allen-Cahn 方程的 LBE 模型[40-41]。

（2）误差项 $\nabla\cdot\partial_t(\phi\boldsymbol{u})$ 也可以通过在演化方程中引入分布函数或平衡分布函数的差分项进行修正[35-38]，这类修正模型称为碰撞步修正模型。修正模型中包含自由松弛参数，通过调整自由松弛参数能够获得准确稳定的相界面。

（3）针对形如 $\nabla\cdot[\partial_t(\phi\boldsymbol{u})+\nabla\cdot(\phi\boldsymbol{uu})]$ 的误差项，利用纳维-斯托克斯方程可以将括号内的两项改写成与作用力有关的形式，进一步设计相应的离散源项将其消除[32-34]。若速度场给定，流场作用力项未知，则不能利用此方法进行二阶误差项消除。

（4）在多松弛 LBE 理论框架下，Xu 等[42]引入了非对角松弛矩阵，耦合矩所产生的扩散项 $\partial_t\nabla\cdot(\phi\boldsymbol{u})$ 能够与误差项 $\nabla\cdot\partial_t(\phi\boldsymbol{u})$ 相互抵消。改进模型无须引入额外的修正项，可在二阶尺度上准确恢复目标相场方程。

3. 局部性

为了保持格子玻尔兹曼模型的高效并行优势，应尽量避免在碰撞步中引入非局部运算。相场 LBE 模型的局部性与目标相场方程、格子玻尔兹曼算法实施细节和两相流模拟中界面力格式有关。表 1-1 列举了一些具有代表性的相场 LBE 模型所涉及的非局部运算。

一般而言,压力张量型 Cahn-Hilliard 方程的压力张量涉及序参量的一阶和二阶偏导数[29],标准 Cahn-Hilliard 方程中化学势需要求解序参量的拉普拉斯(Laplace)算子,守恒型 Allen-Cahn 方程只需计算序参量的梯度即可,而序参量梯度又可以借助非平衡分布的一阶矩求得[41]。因此,压力张量型 Cahn-Hilliard 方程局部性最差,标准 Cahn-Hilliard 方程次之,守恒型 Allen-Cahn 方程最好。良好的局部性是守恒型 Allen-Cahn 方程广受欢迎的原因之一。

上一小节所提到的不同修正模型可能会引入额外的非局部运算。例如,基于流体动量方程的修正模型[32-34]引入了压力梯度及界面力等非局部项,碰撞步修正模型[35-38]需要处理分布函数或平衡分布的差分运算。如何平衡模型的准确性和局部性是设计和改进相场 LBE 模型需要关注的重点,应尽量在不牺牲模型并行计算效率的基础上消除误差项。本书第 4 章针对碰撞步修正模型,设计了碰撞-迁移-修正的三步算法,能够显著改善碰撞步的局部性。

4. 有界性

理想状态下,序参量演化过程中两体相分别保持其初始极大值 $\phi_{\max}$ 和极小值 $\phi_{\min}$。然而,由于离散误差,实际模拟中序参量的取值可能超出其初始上下界,序参量的有界性难以严格满足。由于两相流体的密度和黏性系数由序参量插值计算得到,序参量有界性破坏将可能产生负密度或负黏性系数,造成程序发散。此外,序参量上下界偏移还可能导致界面位置误判,形成液滴或者气泡自发收缩的假象[20]。

为了保证序参量的有界性,通常采用截断法进行处理,将不满足有界性的格点直接赋值为 $\phi_{\max}$ 或者 $\phi_{\min}$,这种处理方法在求解类 Cahn-Hilliard 方程[29]、Cahn-Hilliard 方程[43]和守恒型 Allen-Cahn 方程[40]时均有报道。截断法虽然简单,但这种处理会导致相场分布不光滑、系统质量不守恒。为了保证质量守恒,可以将截断处理产生的质量变化分配到界面区域的所有格点上。当采用中心差分格式离散守恒型 Allen-Cahn 方程时,合理选取迁移率和界面厚度可证明序参量严格有界[44]。这一结论能否推广到相场 LBE 模型,尚缺乏相关研究。

5. 稳定性

单松弛 LBE 模型在高佩克莱特(Péclet)数、大密度比或高雷诺数工况下存在数值发散的问题。为了改善单松弛模型的稳定性,可选择不同进阶版本的 LBE 模型,包括多松弛 LBE 模型、级联 LBE 模型、正则 LBE 模型和熵 LBE 模型等,这些进阶模型能够有效拓展 LBE 模型的参数适用范围。其中,多松弛 LBE 模型中包含较多的自由松弛参数,通过调节自由松弛参数能够改善模型的数值稳定性,但如何调节仍缺乏理论指导。

相场 LBE 模型中相界面的稳定性同样值得关注。这里的相界面稳定性特指模型截断误差导致的界面失稳。当采用二次平衡分布,相场 LBE 模型的二阶截断误差为 $\nabla\cdot[\partial_t(\phi\boldsymbol{u})+\nabla\cdot(\phi\boldsymbol{u}\boldsymbol{u})]$,若只消除其中一项可能会导致界面失稳[27];当相场 LBE 模型采用线性平衡分布,二阶误差项为 $\nabla\cdot\partial_t(\phi\boldsymbol{u})$,这将导致 Zelasak 算例中出现锯齿状扰动的相界面[42];即使完全消除了二阶误差项,一些模型仍然存在界面非物理扭曲或者失稳现象,这是由高阶截断误差导致的[38]。

1.4 本书内容

本书在总结国内外相场格子玻尔兹曼方法的理论和应用研究的基础上,结合笔者前期的模型开发经验编写完成,形成了相场格子玻尔兹曼方法相对完整的理论体系:理论模型从二阶模型到高阶模型,从单松弛时间到多松弛时间,从守恒型相场到非守恒型相场。应用领域涵盖了简单两相流、轴对称两相流、纯金属枝晶生长及合金枝晶生长模拟。

本书共 10 章。其中,第 2 章介绍格子玻尔兹曼方法的基础理论及应用。第 3 章基于 Cahn-Hilliard 方程介绍了相场模型的曲率驱动效应及消除方法。第 4 章基于守恒型 Allen-Cahn 方程介绍了相场格子玻尔兹曼二阶修正模型。在第 4 章的基础上,第 5 章和第 6 章介绍了相场格子玻尔兹曼的高阶修正模型和多松弛模型。第 7 章介绍了相场格子玻尔兹曼两相流模型及其应用。第 8 章和第 9 章是第 7 章在柱坐标系下的拓展,介绍了轴对称相场格子玻尔兹曼两相流模型及其高阶修正模型。第 10 章介绍非守恒型各向异性相场方程的格子玻尔兹曼模型在枝晶生长领域的模型拓展和应用。

参考文献

[1] HIRT C W, NICHOLS B D. Volume of fluid(VOF) method for the dynamics of free boundaries [J]. Journal of Computational Physics, 1981, 39(1): 201-225.

[2] OSHER S, SETHIAN J A. Fronts propagating with curvature-dependent speed: Algorithms based on Hamilton-Jacobi formulations[J]. Journal of Computational Physics, 1988, 79(1): 12-49.

[3] CAHN J W, HILLIARD J E. Free energy of a nonuniform system. I. Interfacial free energy[J]. The Journal of Chemical Physics, 1958, 28(2): 258-267.

[4] ALLEN S M, CAHN J W. A microscopic theory for antiphase boundary motion and its application to antiphase domain coarsening[J]. Acta Metallurgica, 1979, 27(6): 1085-1095.

[5] LI L, WAN Y, LU J, et al. Lattice Boltzmann method for fluid-thermal systems: status, hotspots, trends and outlook. IEEE Access, 2020, 99: 1-1.

[6] HARDY J, POMEAU Y, PAZZIS O. Time evolution of a two-dimensional classical lattice system[J]. Physical Review Letters, 1973, 31(5): 276-279.

[7] FRISCH U, HASSLACHER B, POMEAU Y. Lattice-gas automata for the Navier-Stokes equation[J]. Physical Review Letters, 1986, 56(14): 1505-1508.

[8] MCNAMARA G R, ZANETTI G, Use of the Boltzmann equation to simulate lattice gas automata[J]. Physical Review Letters, 1988, 61(20): 2332-2335.

[9] HIGUERA F J, JIMÉNEZ J. Boltzmann approach to lattice gas simulations[J]. Europhysics Letters, 1989, 9(7): 663-668.

[10] MARTÍNEZ D O, CHEN S Y, MATTHAEUS W H. Lattice Boltzmann Magnetohydrodynamics [J]. Physics of Plasmas, 1994, 1(6): 1850-1867.

[11] QIAN Y H, D'HUMIÈRES D, LALLEMAND P. Lattice BGK models for Navier-Stokes equation[J]. Europhysics Letters, 1992, 17(6): 479-484.

[12] BHATNAGAR P L, GROSS E P, KROOK M. A model for collision processes in gases. I. Small amplitude processes in charged and neutral one-component systems[J]. Physical Review, 1954, 94(3): 511-525.

[13] LALLEMAND P, LUO L S. Theory of the lattice Boltzmann method: Dispersion, dissipation, Isotropy, Galilean invariance, and stability[J]. Physical Review E, 2000, 61(6): 6546-6562.

[14] JUNK M,KLAR A,LUO L S. Asymptotic analysis of the lattice Boltzmann equation[J]. Journal of Computational Physics,2005,210(2):676-704.

[15] YONG W A,ZHAO W F,LUO L S. Theory of the Lattice Boltzmann method: Derivation of macroscopic equations via the Maxwell iteration [J]. Physical Review E, 2016, 93 (3):033310.

[16] SUGA S. An accurate multi-level finite difference scheme for 1D diffusion equations derived from the lattice Boltzmann method[J]. Journal of Statistical Physics,2010,140(3):494-503.

[17] LIN Y X,HONG N,SHI B C,et al. Multiple-relaxation-time lattice Boltzmann model-based four-level finite-difference scheme for one-dimensional diffusion equations[J]. Physical Review E,2021. 104(1/2):015312.

[18] LATT J,CHOPARD B. Lattice Boltzmann method with regularized pre-collision distribution functions[J]. Mathematics and computers in simulation,2006,72(2/6):165-168.

[19] CHEN Z,SHU C,TAN D S,et al. Simplified multiphase lattice Boltzmann method for simulating multiphase flows with large density ratios and complex interfaces[J]. Physical Review E, 2018,98(6):063314.

[20] YUE P T,ZHOU C F,FENG J J. Spontaneous shrinkage of drops and mass conservation in phase-field simulations[J]. Journal of Computational Physics,2007,223(1):1-9.

[21] LI Y B,CHOI J I,KIM J. A phase-field fluid modeling and computation with interfacial profile correction term[J]. Communications in Nonlinear Science and Numerical Simulation, 2016,30(1/3):84-100.

[22] ZHANG Y J,YE W J. A flux-corrected phase-field method for surface diffusion[J]. Communications in Computational Physics,2017,22(2):422-440.

[23] SUN Y,BECKERMANN C. Sharp interface tracking using the phase-field equation[J]. Journal of Computational Physics,2007,220(2):626-653.

[24] OLSSON E,KREISS G. A conservative level set method for two phase flow[J]. Journal of Computational Physics,2005,210(1):225-246.

[25] CHIU P H,LIN Y T. A conservative phase field method for solving incompressible two-phase flows[J]. Journal of Computational Physics,2011,230(1):185-204.

[26] YANG X F,FENG J J,LIU C,et al. Numerical simulations of jet pinching-off and drop formation using an energetic variational phase-field method[J]. Journal of Computational Physics,2006,218(1):417-428.

[27] BEGMOHAMMADI A,HAGHANI-HASSAN-ABADI R,FAKHARI A,et al. Study of phase-field lattice Boltzmann models based on the conservative Allen-Cahn equation[J]. Physical

Review E,2020,102(2):023305.

[28] HE X Y,CHEN S Y,ZHANG R Y. A lattice Boltzmann scheme for incompressible multiphase flow and its application in simulation of Rayleigh-Taylor instability[J]. Journal of Computational Physics,1999,152(2):642-663.

[29] INAMURO T,OGATA T,TAJIMA S,et al. A lattice Boltzmann method for incompressible two-phase flows with large density differences[J]. Journal of Computational Physics,2004,198(2):628-644.

[30] LEE T,LIN C L. A stable discretization of the lattice Boltzmann equation for simulation of incompressible two-phase flows at high density ratio[J]. Journal of Computational Physics,2005,206(1):16-47.

[31] GEIER M,FAKHARI A,LEE T. Conservative phase-field lattice Boltzmann model for interface tracking equation[J]. Physical Review E,2015,91(6):063309.

[32] AMAYA-BOWER L,LEE T. Single bubble rising dynamics for moderate Reynolds number using lattice Boltzmann Method[J]. Computers & Fluids,2010,39(7):1191-1207.

[33] LEE T,LIU L. Lattice Boltzmann simulations of micron-scale drop impact on dry surfaces[J]. Journal of Computational Physics,2010,229(20):8045-8063.

[34] HUANG H,SUKOP M C,LU X Y. Multiphase lattice Boltzmann Methods:Theory and application[M]. Hoboken UK:John Wiley & Sons,Ltd,2015.

[35] ZHENG H W,SHU C,CHEW Y T. Lattice Boltzmann interface capturing method for incompressible flows[J]. Physical Review E,2005,72(5):056705.

[36] ZU Y Q,HE S. Phase-field-based lattice Boltzmann model for incompressible binary fluid systems with density and viscosity contrasts[J]. Physical Review E,2013,87(4):043301.

[37] ZU Y Q,LI A D,WEI H. Phase-field lattice Boltzmann model for interface tracking of a binary fluid system based on the Allen-Cahn equation[J]. Physical Review E, 2020, 102:053307.

[38] XU X C,HU Y W,HE Y R,et al. High-order analysis of lattice Boltzmann models for the conservative Allen-Cahn equation[J]. Computers & Mathematics with Applications,2023, 146:106-125.

[39] LIANG H,SHI B C,GUO Z L,et al. Phase-field-based multiple-relaxation-time lattice Boltzmann model for incompressible multiphase flows[J]. Physical Review E, 2014, 89(5):053320.

[40] REN F,SONG B W,SUKOP M C,et al. Improved lattice Boltzmann modeling of binary flow based on the conservative Allen-Cahn equation[J]. Physical Review E, 2016, 94

(2):023311.

[41] WANG H L,CHAI Z H,SHI B C,et al. Comparative study of the lattice Boltzmann models for Allen-Cahn and Cahn-Hilliard equations[J]. Physical Review E,2016,94(3):033304.

[42] XU X C,HU Y W,DAI B,et al. Modified phase-field-based lattice Boltzmann model for incompressible multiphase flows[J]. Physical Review E,2021,104(3 Pt. B):035305-1-035305-14.

[43] DONG S,SHEN J. A time-stepping scheme involving constant coefficient matrices for phase-field simulations of two-phase incompressible flows with large density ratios[J]. Journal of Computational Physics,2012,231(17):5788-5804.

[44] MIRJALILI S,IVEY C B,MANI A. A conservative diffuse interface method for two-phase flows with provable boundedness properties[J]. Journal of Computational Physics,2020,401:109006.

2

格子玻尔兹曼方法基础理论及应用

第2章

格子玻尔兹曼方法基础理论及应用

本章从格子玻尔兹曼方法的基本模型入手，介绍离散速度模型、平衡态分布函数、碰撞-迁移算法以及宏观量更新方法。以平行平板黏性流、方腔自然对流和柱腔瑞利-贝纳德(Rayleigh-Bénard)对流为例，介绍了格子玻尔兹曼方法的程序实现流程。

2.1 格子玻尔兹曼方程

格子玻尔兹曼方程是连续玻尔兹曼方程的一种特殊离散形式。基于 BGK 近似，连续玻尔兹曼方程在速度、时间和空间上离散可以得到格子玻尔兹曼演化方程[1]：

$$f_i(\boldsymbol{x}+\boldsymbol{e}_i\delta_t, t+\delta_t)=f_i(\boldsymbol{x},t)+\frac{f_i^{\mathrm{eq}}(\rho,\boldsymbol{u})-f_i(\boldsymbol{x},t)}{\tau_f} \tag{2.1}$$

式中：松弛时间 τ_f 由黏性系数 $\nu=c_s^2(\tau_f-1/2)\delta_t$ 决定；δ_t 为时间步长；f_i 和 f_i^{eq} 分别为分布函数和平衡分布函数；$\boldsymbol{e}_i$ 为第 i 个方向的离散速度矢量。下面从离散速度模型、平衡分布函数、碰撞-迁移算法和宏观量更新 4 个方面介绍格子玻尔兹曼方法。

2.1.1　离散速度模型

最常用的离散速度模型是 DnQq 模型[1]，其中 n 表示维度，q 表示离散速度个数。采用少量离散速度可以最大限度地降低内存需求和计算时间，与较小的速度集相比，较大的速度集具有更好的各向同性性质，在多相流模拟中有助于降低伪流速度并提高稳定性。二维模拟中通常采用 D2Q9 模型，三维模拟中最广泛使用的离散速度模型是 D3Q19 模型，D3Q19 模型在计算效率和精度之间实现平衡。表 2-1 列举了常用离散速度模型的速度矢量、权系数和格子声速，其中权系数 $w_i = w(|\boldsymbol{e}_i|^2)$ 。

表 2-1　不同格子模型的速度矢量、权系数和格子声速

示意图	速度矢量 $\boldsymbol{e}_i$	$w(\|\boldsymbol{e}_i\|^2)$	c_s
D2Q4 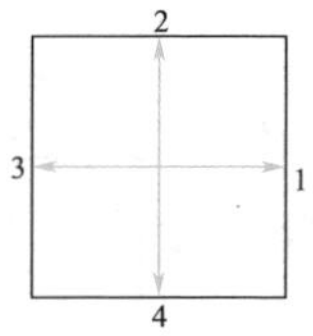	$\left[\begin{pmatrix}\pm 1\\0\end{pmatrix}\ \begin{pmatrix}0\\\pm 1\end{pmatrix}\right]$	$w(1) = 1/4$	$c/\sqrt{2}$
D2Q5 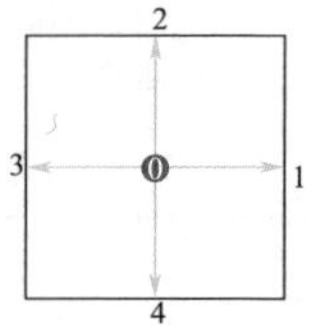	$\left[\begin{pmatrix}0\\0\end{pmatrix}\ \begin{pmatrix}\pm 1\\0\end{pmatrix}\ \begin{pmatrix}0\\\pm 1\end{pmatrix}\right]$	$w(0) = 1/3$ $w(1) = 1/6$	$c/\sqrt{3}$
D2Q9 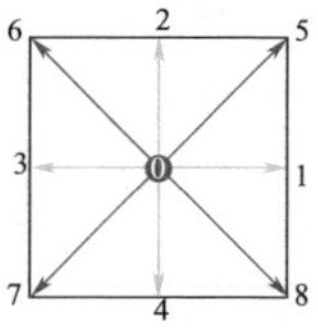	$\left[\begin{pmatrix}0\\0\end{pmatrix}\ \begin{pmatrix}\pm 1\\0\end{pmatrix}\ \begin{pmatrix}0\\\pm 1\end{pmatrix}\ \begin{pmatrix}\pm 1\\\pm 1\end{pmatrix}\right]$	$w(0) = 4/9$ $w(1) = 1/9$ $w(2) = 1/36$	$c/\sqrt{3}$

续表

示意图	速度矢量 $\boldsymbol{e}_i$	$w(\lvert \boldsymbol{e}_i \rvert^2)$	c_s
D3Q7 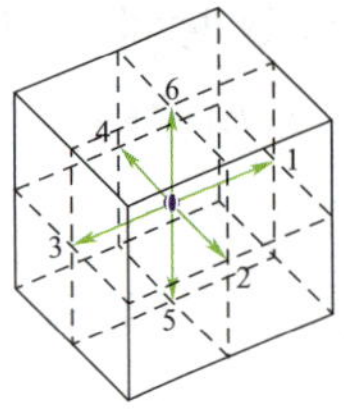	$\left[\begin{pmatrix}0\\0\\0\end{pmatrix}\ \begin{pmatrix}\pm1\\0\\0\end{pmatrix}\ \begin{pmatrix}0\\\pm1\\0\end{pmatrix}\ \begin{pmatrix}0\\0\\\pm1\end{pmatrix}\right]$	$w(0)=1/4$ $w(1)=1/8$	$c/2$
D3Q15 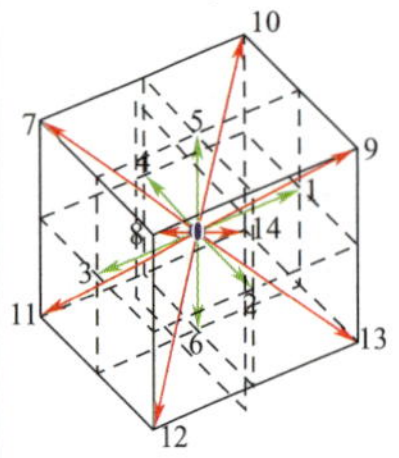	$\left[\begin{pmatrix}0\\0\\0\end{pmatrix}\ \begin{pmatrix}\pm1\\0\\0\end{pmatrix}\ \begin{pmatrix}0\\\pm1\\0\end{pmatrix}\ \begin{pmatrix}0\\0\\\pm1\end{pmatrix}\ \begin{pmatrix}\pm1\\\pm1\\\pm1\end{pmatrix}\right]$	$w(0)=2/9$ $w(1)=1/9$ $w(3)=1/72$	$c/\sqrt{3}$
D3Q19 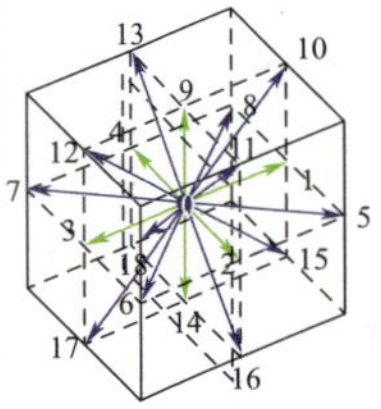	$\left[\begin{matrix}\begin{pmatrix}0\\0\\0\end{pmatrix}\ \begin{pmatrix}\pm1\\0\\0\end{pmatrix}\ \begin{pmatrix}0\\\pm1\\0\end{pmatrix}\ \begin{pmatrix}0\\0\\\pm1\end{pmatrix}\\ \begin{pmatrix}\pm1\\\pm1\\0\end{pmatrix}\ \begin{pmatrix}\pm1\\0\\\pm1\end{pmatrix}\ \begin{pmatrix}0\\\pm1\\\pm1\end{pmatrix}\end{matrix}\right]$	$w(0)=1/3$ $w(1)=1/18$ $w(2)=1/36$	$c/\sqrt{3}$
D3Q27 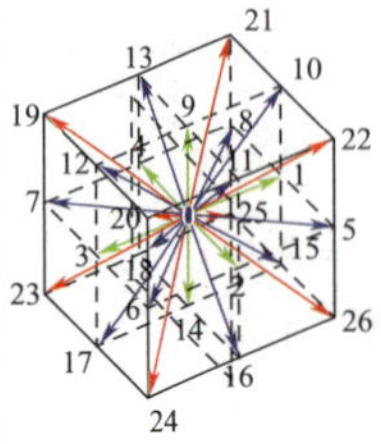	$\left[\begin{matrix}\begin{pmatrix}0\\0\\0\end{pmatrix}\ \begin{pmatrix}\pm1\\0\\0\end{pmatrix}\ \begin{pmatrix}0\\\pm1\\0\end{pmatrix}\ \begin{pmatrix}0\\0\\\pm1\end{pmatrix}\\ \begin{pmatrix}\pm1\\\pm1\\0\end{pmatrix}\ \begin{pmatrix}\pm1\\0\\\pm1\end{pmatrix}\ \begin{pmatrix}0\\\pm1\\\pm1\end{pmatrix}\ \begin{pmatrix}\pm1\\\pm1\\\pm1\end{pmatrix}\end{matrix}\right]$	$w(0)=8/27$ $w(1)=2/27$ $w(2)=1/54$ $w(2)=1/216$	$c/\sqrt{3}$

离散速度模型满足

$$
\begin{cases}
\sum w_i = 1 \\
\sum w_i \boldsymbol{e}_i = 0 \\
\sum w_i \boldsymbol{e}_i \boldsymbol{e}_i = c_s^2 \boldsymbol{I} \\
\sum w_i \boldsymbol{e}_i \boldsymbol{e}_i \boldsymbol{e}_i = 0 \\
\sum w_i \boldsymbol{e}_i \boldsymbol{e}_i \boldsymbol{e}_i \boldsymbol{e}_i = c_s^4 \boldsymbol{\Delta}
\end{cases}
\tag{2.2}
$$

式(2.2)在推导平衡分布或者源项的各阶速度矩中需要用到,其中 $\boldsymbol{I}$ 是二阶单位张量,其指标形式为 δ_{ij} ,当 $i=j$ 时 $\delta_{ij}=1$,否则 $\delta_{ij}=0$, $\Delta_{ijkl}=\delta_{ij}\delta_{kl}+\delta_{ik}\delta_{jl}+\delta_{il}\delta_{jk}$ 为四阶张量。

下面以 D2Q9 格子模型为例证明式(2.2)。

证明:D2Q9 格子模型的离散速度和权系数分别为

$$
\boldsymbol{e} = c\begin{bmatrix} 0 & 1 & 0 & -1 & 0 & 1 & -1 & -1 & 1 \\ 0 & 0 & 1 & 0 & -1 & 1 & 1 & -1 & -1 \end{bmatrix}
\tag{2.3}
$$

$$
c_s = \frac{c}{\sqrt{3}}, \quad w_i = \begin{cases} 4/9, & i = 0 \\ 1/9, & i = 1 \sim 4 \\ 1/36, & i = 5 \sim 8 \end{cases}
\tag{2.4}
$$

零阶速度矩满足

$$
\sum w_i = \frac{4}{9} + \frac{1}{9} \times 4 + \frac{1}{36} \times 4 = 1
\tag{2.5}
$$

一阶速度矩满足

$$
\begin{aligned}
\sum w_i \boldsymbol{e}_i = {} & \frac{4c}{9}\begin{bmatrix} 0 \\ 0 \end{bmatrix} + \frac{c}{9}\left(\begin{bmatrix} 1 \\ 0 \end{bmatrix} + \begin{bmatrix} 0 \\ 1 \end{bmatrix} + \begin{bmatrix} -1 \\ 0 \end{bmatrix} + \begin{bmatrix} 0 \\ -1 \end{bmatrix}\right) + \\
& \frac{c}{36}\left(\begin{bmatrix} 1 \\ 0 \end{bmatrix} + \begin{bmatrix} 0 \\ 1 \end{bmatrix} + \begin{bmatrix} -1 \\ 0 \end{bmatrix} + \begin{bmatrix} 0 \\ -1 \end{bmatrix}\right) \\
= {} & \boldsymbol{0}
\end{aligned}
\tag{2.6}
$$

二阶速度矩中可以将 $\boldsymbol{e}_i\boldsymbol{e}_i$ 表示成矩阵形式:

$$
\boldsymbol{e}_i \boldsymbol{e}_i = \begin{bmatrix} e_{ix}e_{ix} & e_{ix}e_{iy} \\ e_{iy}e_{ix} & e_{iy}e_{iy} \end{bmatrix}
\tag{2.7}
$$

各个离散速度方向对应的矩阵可以表示为

$$\begin{cases}\boldsymbol{e}_0\boldsymbol{e}_0 = c^2\begin{bmatrix}0 & 0\\0 & 0\end{bmatrix},\\ \boldsymbol{e}_1\boldsymbol{e}_1 = \boldsymbol{e}_3\boldsymbol{e}_3 = c^2\begin{bmatrix}1 & 0\\0 & 0\end{bmatrix}, \boldsymbol{e}_2\boldsymbol{e}_2 = \boldsymbol{e}_4\boldsymbol{e}_4 = c^2\begin{bmatrix}0 & 0\\0 & 1\end{bmatrix}\\ \boldsymbol{e}_5\boldsymbol{e}_5 = \boldsymbol{e}_7\boldsymbol{e}_7 = c^2\begin{bmatrix}1 & 1\\1 & 1\end{bmatrix}, \boldsymbol{e}_6\boldsymbol{e}_6 = \boldsymbol{e}_8\boldsymbol{e}_8 = c^2\begin{bmatrix}1 & -1\\-1 & 1\end{bmatrix}\end{cases} \tag{2.8}$$

从而可以求得二阶速度矩

$$\begin{aligned}\sum w_i\boldsymbol{e}_i\boldsymbol{e}_i &= \frac{4c^2}{9}\begin{bmatrix}0 & 0\\0 & 0\end{bmatrix} + \frac{c^2}{9}\left(2\begin{bmatrix}1 & 0\\0 & 0\end{bmatrix} + 2\begin{bmatrix}0 & 0\\0 & 1\end{bmatrix}\right) + \\ &\quad \frac{c^2}{36}\left(2\begin{bmatrix}1 & 1\\1 & 1\end{bmatrix} + 2\begin{bmatrix}1 & -1\\-1 & 1\end{bmatrix}\right)\\ &= c_s^2\boldsymbol{I}\end{aligned} \tag{2.9}$$

为了求得三阶速度矩，定义 $\boldsymbol{e}_i$ 的反方向矢量为 $\boldsymbol{e}_{\bar{i}}$，则 $\boldsymbol{e}_i = -\boldsymbol{e}_{\bar{i}}$，相应的权系数满足 $w_i = w_{\bar{i}}$。因此，有

$$\begin{aligned}\sum w_i\boldsymbol{e}_i\boldsymbol{e}_i\boldsymbol{e}_i &= \sum w_{\bar{i}}\boldsymbol{e}_{\bar{i}}\boldsymbol{e}_{\bar{i}}\boldsymbol{e}_{\bar{i}}\\ &= \sum w_i(-\boldsymbol{e}_i)(-\boldsymbol{e}_i)(-\boldsymbol{e}_i)\\ &= -\sum w_i\boldsymbol{e}_i\boldsymbol{e}_i\boldsymbol{e}_i\end{aligned} \tag{2.10}$$

从而得到三阶速度矩 $\sum w_i\boldsymbol{e}_i\boldsymbol{e}_i\boldsymbol{e}_i = 0$，采用类似的方法可证明任意奇数阶速度矩为零。

对于四阶速度矩，为了方便求和，可以将 $\boldsymbol{E}_i = \boldsymbol{e}_i\boldsymbol{e}_i\boldsymbol{e}_i\boldsymbol{e}_i$ 表示成矩阵形式：

$$\boldsymbol{E}_i = \begin{bmatrix}e_{ix}e_{ix}\\ e_{ix}e_{iy}\\ e_{iy}e_{ix}\\ e_{iy}e_{iy}\end{bmatrix}\begin{bmatrix}e_{ix}e_{ix} & e_{ix}e_{iy} & e_{iy}e_{ix} & e_{iy}e_{iy}\end{bmatrix} \tag{2.11}$$

离散速度方向 i 所对应的矩阵为

$$\begin{cases} \boldsymbol{E}_0 = c^4\begin{bmatrix}0&0&0&0\\0&0&0&0\\0&0&0&0\\0&0&0&0\end{bmatrix}, \\ \boldsymbol{E}_1 = \boldsymbol{E}_3 = c^4\begin{bmatrix}1&0&0&0\\0&0&0&0\\0&0&0&0\\0&0&0&0\end{bmatrix}, \boldsymbol{E}_2 = \boldsymbol{E}_4 = c^4\begin{bmatrix}0&0&0&0\\0&0&0&0\\0&0&0&0\\0&0&0&1\end{bmatrix} \\ \boldsymbol{E}_5 = \boldsymbol{E}_7 = c^4\begin{bmatrix}1&1&1&1\\1&1&1&1\\1&1&1&1\\1&1&1&1\end{bmatrix}, \boldsymbol{E}_6 = \boldsymbol{E}_8 = c^4\begin{bmatrix}1&-1&-1&1\\-1&1&1&-1\\-1&1&1&-1\\1&-1&-1&1\end{bmatrix} \end{cases} \tag{2.12}$$

求和可得

$$\sum_i w_i\boldsymbol{E}_i = \frac{c^4}{9}\begin{bmatrix}3&0&0&1\\0&1&1&0\\0&1&1&0\\1&0&0&3\end{bmatrix} \tag{2.13}$$

仿照定义式(2.11)，$\delta_{ij}\delta_{kl}$、$\delta_{il}\delta_{jk}$ 和 $\delta_{ik}\delta_{jl}$ 可以写为

$$\delta_{ij}\delta_{kl} = \begin{bmatrix}1&0&0&1\\0&0&0&0\\0&0&0&0\\1&0&0&1\end{bmatrix}, \delta_{il}\delta_{jk} = \begin{bmatrix}1&0&0&0\\0&0&1&0\\0&1&0&0\\0&0&0&1\end{bmatrix}, \delta_{ik}\delta_{jl} = \begin{bmatrix}1&0&0&0\\0&1&0&0\\0&0&1&0\\0&0&0&1\end{bmatrix} \tag{2.14}$$

式(2.2)得证。

以 D2Q9 模型为例，离散速度模型在程序里可以按照如下方式定义：

```
%%离散速度模型:D2Q9
Q=9;
e=[0 0;1 0;0 1;-1 0;0 -1;1 1;-1 1;-1 -1;1 -1];          % 离散速度矢量
w=[4/9 1/9 1/9 1/9 1/9 1/36 1/36 1/36 1/36];     % 权系数
c=1;dt=1;cs2=c^2/3;
```

2.1.2 平衡分布函数

DnQq 模型中常采用二次平衡态分布函数[1]

$$f_i^{\mathrm{eq}} = w_i \rho \left(1 + \frac{\boldsymbol{e}_i \cdot \boldsymbol{u}}{c_s^2} + \frac{(\boldsymbol{e}_i \cdot \boldsymbol{u})^2}{2c_s^4} - \frac{u^2}{2c_s^2} \right) \tag{2.15}$$

求解对流扩散方程时,也可以采用线性平衡分布函数

$$h_i^{\mathrm{eq}} = w_i \phi \left(1 + \frac{\boldsymbol{e}_i \cdot \boldsymbol{u}}{c_s^2} \right) \tag{2.16}$$

在 $NX \times NY$ 的计算域中,宏观量采用 $(NX + 1) \times (NY + 1)$ 的数组存储,分布函数和平衡分布函数则需要采用 $(NX + 1) \times (NY + 1) \times 9$ 的数组存储。平衡分布函数可以按照如下方式编程:

```
%----------平衡分布-----------------------------
uv=ux.*ux+uy.*uy;
for k=1:9
    eu=e(k,1).*ux+e(k,2).*uy;
    feq(:,:,k)=w(k).*rho.*(1.+3.*eu+4.5.*eu.*eu-1.5.*uv);
end
```

```
%----------线性平衡分布-----------------------------
for k=1:9
    eu=e(k,1).*ux+e(k,2).*uy;
    heq(:,:,k)=w(k).*phi.*(1.+3.*eu);
end
```

2.1.3 碰撞-迁移算法

按照经典的碰撞-迁移算法,演化方程(2.1)求解步骤如下。

碰撞步:

$$f_i^*(\boldsymbol{x},t) = f_i(\boldsymbol{x},t) + \frac{f_i^{\mathrm{eq}}(\rho,\boldsymbol{u}) - f_i(\boldsymbol{x},t)}{\tau_f} \tag{2.17}$$

迁移步：

$$f_i(\boldsymbol{x}+\boldsymbol{e}_i\delta_t,t+\delta_t)=f_i^*(\boldsymbol{x},t) \tag{2.18}$$

执行碰撞步前需要更新宏观量，如密度和宏观速度等，由此计算得到平衡分布函数，进一步得到碰后分布函数 $f_i^*(\boldsymbol{x},t)$。碰撞-迁移算法示意图如图 2-1 所示，碰撞步需要更新格点处各方向的分布函数，这一过程只涉及当前时刻当前格点的信息，是一个完全局部的代数运算；迁移步需要将碰后分布函数 $f_i^*(\boldsymbol{x},t)$ 按离散速度矢量方向迁移到相邻格点，迁移步只处理相邻格点间的信息传递。交替迭代执行碰撞步和迁移步，得到速度分布函数在空间和时间上的演化，进一步可以获得流体的宏观物理量，如流速、密度、压力等。碰撞-迁移算法具有良好的并行性，便于执行大规模并行计算。

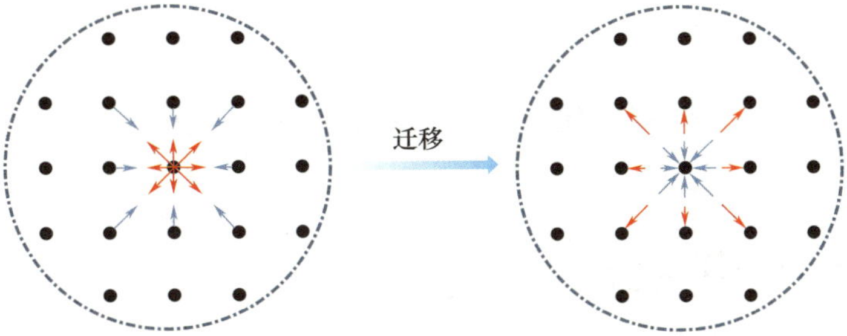

图 2-1　格子玻尔兹曼的碰撞-迁移算法流程

碰撞-迁移算法在程序中可以按照以下方式实现：

```
%--------碰撞-迁移算法------------------------
fcol=f+(feq-f)./tauf;                                  %碰撞步
for k=1:9
    f(:,:,k)=circshift(fcol(:,:,k),[e(k,1),e(k,2)]);   %迁移步
end
```

2.1.4　宏观量更新

宏观量可以通过分布函数求矩得到，具体表达式为

$$\rho=\sum_i f_i \tag{2.19}$$

$$\rho \boldsymbol{u} = \sum_i \boldsymbol{e}_i f_i \tag{2.20}$$

在程序里可以按照如下方式实现分布函数到宏观量的更新：

```
%--------宏观量更新---------------------------
rho=sum(f(:,:,:),3);                                          %密度
ux=zeros(NX+1,NY+1);uy=zeros(NX+1,NY+1);
for k=1:9
    ux=ux+e(k,1).*f(:,:,k);
    uy=uy+e(k,2).*f(:,:,k);
end
ux=ux./rho;uy=uy./rho;                                        %速度
```

2.2 格子玻尔兹曼方法应用

2.2.1 平板黏性流

1. 问题描述

如图 2-2 所示，无穷大平行板之间充满不可压黏性流体，板间距为 $2h$。假定下板不动，上板以恒定速度 U 向右移动。水平方向的压力梯度为常数 $\partial_x p = P$。假定初始时刻流场速度为 0，进出口之间压差 $\Delta p = p_{\text{in}} - p_{\text{out}}$。

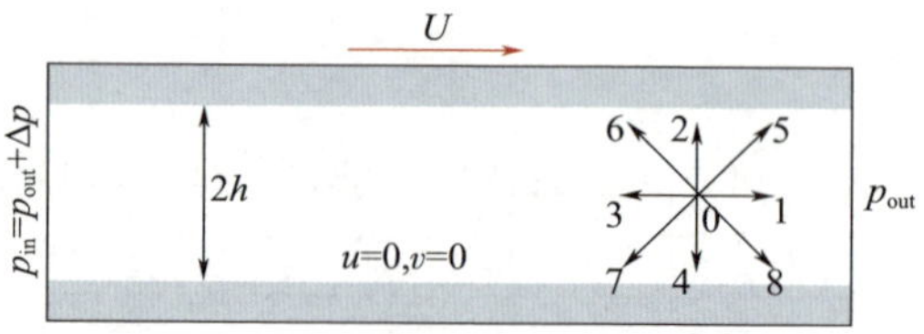

图 2-2　平行平板黏性流的示意图

流场控制方程为

$$\frac{\partial u}{\partial x} + \frac{\partial v}{\partial y} = 0 \tag{2.21a}$$

$$u\frac{\partial u}{\partial x}+v\frac{\partial u}{\partial y}=-\frac{1}{\rho}\frac{\partial p}{\partial x}+\nu\left(\frac{\partial^2 u}{\partial x^2}+\frac{\partial^2 u}{\partial y^2}\right) \tag{2.21b}$$

$$u\frac{\partial v}{\partial x}+v\frac{\partial v}{\partial y}=-\frac{1}{\rho}\frac{\partial p}{\partial y}+\nu\left(\frac{\partial^2 v}{\partial x^2}+\frac{\partial^2 v}{\partial y^2}\right) \tag{2.21c}$$

边界条件为

$$\begin{aligned} y=-h:&\quad u=0,\quad v=0\\ y=h:&\quad u=U,\quad v=0 \end{aligned} \tag{2.22}$$

当流体流动达到稳态,满足 $\partial_x u=0$,由连续性方程可得 $\partial_y v=0$,结合 y 方向速度边界条件,可知 $v=0$。由 y 方向的动量方程(2.21c)可得 $\partial_y p=0$。因此,控制方程可以化简为

$$v=0,\quad \frac{\mathrm{d}p(x)}{\mathrm{d}x}=P,\quad \mu\frac{\mathrm{d}^2u(y)}{\mathrm{d}y^2}=P \tag{2.23}$$

式中:μ 为动力学黏性系数,$\mu=\rho\nu$。积分求得 u 的表达式为

$$u=\frac{U}{2h}(y+h)+\frac{P}{2\mu}(y^2-h^2) \tag{2.24}$$

(1)当 $P=0$ 时,称为库埃特(Couette)流,此时流体流动由上板滑移引起,速度剖面沿 y 方向线性分布。

(2)当 $U=0$ 时,称为泊肃叶(Poiseuille)流,流体由压力梯度驱动,速度剖面呈对称的抛物线分布,最大速度为 $u_{\max}=Ph^2/(2\mu)$。

(3)一般情况下,流场可以看作上述两种流动的组合。上下壁面受到的剪应力为 $\tau_{\mathrm{w}}=\tau_{y=\pm h}=\mu\left(\frac{\mathrm{d}u}{\mathrm{d}y}\right)_{y=\pm h}=\frac{\mu U}{2h}\pm Ph$,当 P 和 U 同号且 $\frac{h^2}{\mu U}P>\frac{1}{2}$ 时,靠近下板的区域出现逆向流动。

2. LBE 模型

当前问题可以由格子玻尔兹曼模型进行求解,采用 D2Q9 格子模型,流场的演化方程表示为

$$f_i(\boldsymbol{x}+\boldsymbol{e}_i\delta_t,t+\delta_t)=f_i(\boldsymbol{x},t)-\frac{1}{\tau_f}(f_i(\boldsymbol{x},t)-f_i^{\mathrm{eq}}(\boldsymbol{x},t)) \tag{2.25}$$

式中:松弛时间由黏性系数决定,即 $\nu=(\tau_f-0.5)c_{\mathrm{s}}^2\delta_t$。平衡态分布函数为

$$f_i^{\mathrm{eq}}=w_i\rho\left(1+\frac{\boldsymbol{e}_i\cdot\boldsymbol{u}}{c_{\mathrm{s}}^2}+\frac{(\boldsymbol{e}_i\cdot\boldsymbol{u})^2}{2c_{\mathrm{s}}^4}-\frac{u^2}{2c_{\mathrm{s}}^2}\right) \tag{2.26}$$

宏观密度和速度更新如下：

$$\rho = \sum_i f_i \tag{2.27}$$

$$\rho \boldsymbol{u} = \sum_i \boldsymbol{e}_i f_i \tag{2.28}$$

3. 算法实现

平板黏性流问题较为基础，在格子玻尔兹曼理论框架下易于求解。式(2.25)按照碰撞-迁移算法更新分布函数，宏观量由式(2.27)和式(2.28)得到。边界处迁入分布函数未知，无法由迁移步得到，需要补充相应的边界条件。上下壁面采用 half-way 反弹边界格式[2]：

$$f_{\bar{i}}(\boldsymbol{x}_f, t+\delta_t) = f_i^*(\boldsymbol{x}_f, t) - 2w_i\rho\frac{\boldsymbol{e}_i \cdot \boldsymbol{u}_\mathrm{w}}{c_\mathrm{s}^2} \tag{2.29}$$

式中：$\bar{i}$ 表示 i 的反方向；$\boldsymbol{u}_\mathrm{w}$ 表示壁面速度。库埃特流中左右边界可采用周期边界条件：

```
f(1,:,:)=f(NX,:,:);                                    %左边界
f(NX+1,:,:)=f(2,:,:);                                  %右边界
```

尽管泊肃叶流中速度分布具有周期性，但存在压力梯度，无法直接采用周期边界。这里采用非平衡外推边界条件[3]，进出口密度由压力梯度约束条件设定，宏观速度假定满足周期性，程序实现如下：

```
%--------宏观边界更新-------------------------
jk=2:NY;
rho(1,jk)=rho_in;ux(1,jk)=ux(NX,jk);uy(1,jk)=uy(NX,jk);
rho(NX+1,jk)=rho_ou;ux(NX+1,jk)=ux(2,jk);uy(NX+1,jk)=uy(2,jk);
rho(:,N+1)=rho(:,NY);ux(:,NY+1)=0.0;uy(:,NY+1)=0.0;
rho(:,1)=rho(:,2);ux(:,1)=0.0;uy(:,1)=0.0;
%----------平衡分布---------------------------
uv=ux.*ux+uy.*uy;
for k=1:9
    eu=e(k,1).*ux+e(k,2).*uy;
    feq(:,:,k)=w(k).*rho.*(1.+3.*eu+4.5.*eu.*eu-1.5.*uv);
end
```

```
%----------非平衡外推边界----------------------------
jk=2:NY;
f(1,jk,:)=f(2,jk,:)+feq(1,jk,:)-feq(2,jk,:);                    %左边界
f(NX+1,jk,:)=f(NX,jk,:)+feq(NX+1,jk,:)-feq(NX,jk,:);            %右边界
f(:,1,:)=f(:,2,:)+feq(:,1,:)-feq(:,2,:);                        %下边界
f(:,NY+1,:)=f(:,NY,:)+feq(:,NY+1,:)-feq(:,NY,:);                %上边界
```

4. 程序验证

在 LBE 模拟中,选取 $L\times H=100\times 100$ 的计算网格,黏性系数为 $\nu=0.07$。假定理论解截面最大速度 $U=0.01$,那么在库埃特流算例中上壁速度应设置为 0.01,在泊肃叶算例中由 $P=-8\mu U/H^2$ 求得 P。流体的可压缩性由 $Ma=U/c_s$ 定义,当前设定下 $Ma<0.1$,可认为流体满足不可压假设条件。图 2-3 和图 2-4 分别给出了库埃特流和泊肃叶流的 LBE 模拟结果,两种情况下均与理论解吻合良好。

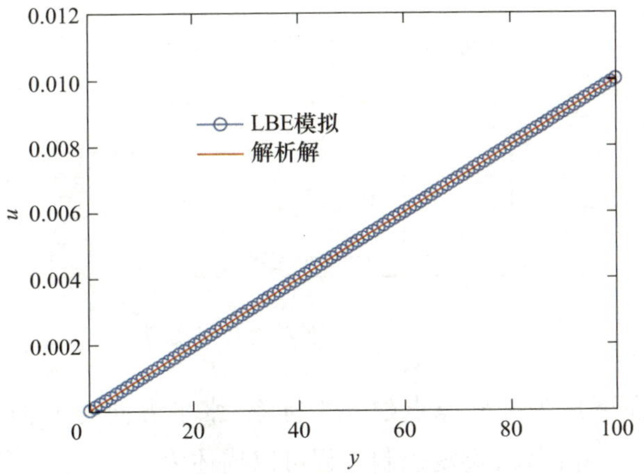

图 2-3　库埃特流速度剖面对比

2.2.2　方腔自然对流

1. 问题描述

图 2-5 所示为方腔自然对流的物理模型,方腔边长为 H,上下壁面绝热,左右壁面为恒温边界,其中左侧壁面温度为 T_{hot},右侧壁面为 T_{cold},流体温度差将

导致密度变化，密度变化产生的浮升力使得流体发生自然对流。

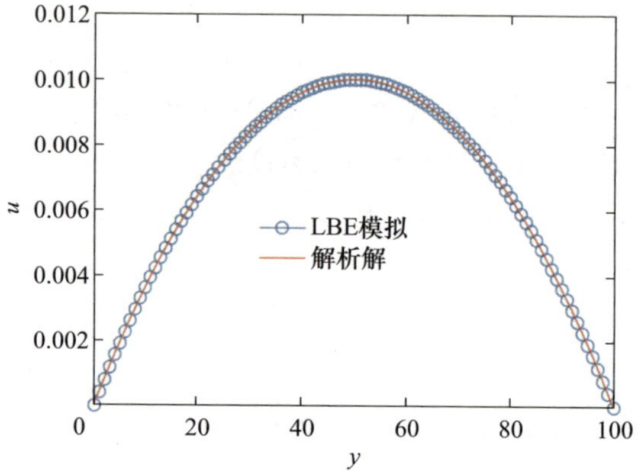

图 2-4　泊肃叶流速度剖面对比

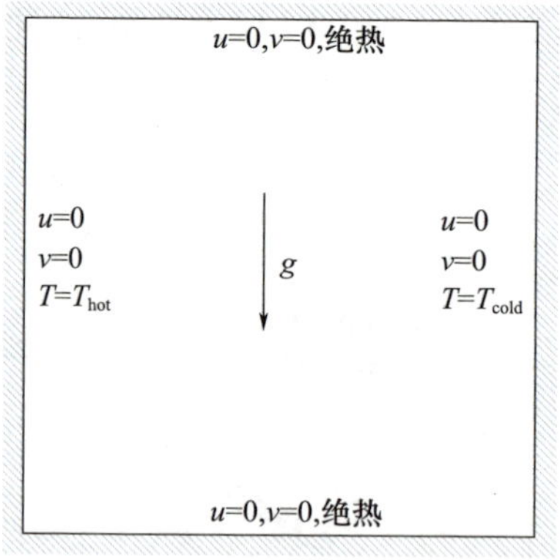

图 2-5　方腔自然对流几何模型

以方腔的左下角为坐标原点建立坐标系，水平方向为 x 轴，竖直方向为 y 轴。基于 Boussinesq 假设，宏观控制方程可以描述为

$$\nabla \cdot \boldsymbol{u} = 0 \tag{2.30a}$$

$$\partial_t \boldsymbol{u} + \boldsymbol{u} \cdot \nabla \boldsymbol{u} = -\frac{1}{\rho} \nabla p + \nu \nabla^2 \boldsymbol{u} - \boldsymbol{g}\beta(T - T_0) \tag{2.30b}$$

$$\partial_t T + \boldsymbol{u} \cdot \nabla T = \alpha \nabla^2 T \tag{2.30c}$$

式中：T_0 为参考温度，$T_0 = (T_{\text{hot}} + T_{\text{cold}})/2$；$\nu$ 为运动学黏性系数；α 为热扩散系数。边界条件设置为

$$\begin{cases} y=0: & u=v=0,\ \partial T/\partial y=0 \\ y=H: & u=v=0,\ \partial T/\partial y=0 \\ x=0: & u=v=0,\ T=T_{\text{hot}} \\ x=H: & u=v=0,\ T=T_{\text{cold}} \end{cases} \tag{2.31}$$

2. LBE 模型

本节中用到的热格子玻尔兹曼模型基于参考文献[4-5],具体地,采用双分布函数模型分别模拟流场和温度场,演化方程分别为

$$f_i(\boldsymbol{x}+\boldsymbol{e}_i\delta_t,t+\delta_t)=f_i(\boldsymbol{x},t)-\frac{1}{\tau_f}(f_i(\boldsymbol{x},t)-f_i^{\text{eq}}(\boldsymbol{x},t))+\left(1-\frac{1}{2\tau_f}\right)\delta_t F_i(\boldsymbol{x},t) \tag{2.32}$$

$$g_i(\boldsymbol{x}+\boldsymbol{e}_i\delta_t,t+\delta_t)=g_i(\boldsymbol{x},t)-\frac{1}{\tau_g}(g_i(\boldsymbol{x},t)-g_i^{\text{eq}}(\boldsymbol{x},t)) \tag{2.33}$$

式中:平衡态分布函数为

$$f_i^{\text{eq}}=w_i\rho\left(1+\frac{\boldsymbol{e}_i\cdot\boldsymbol{u}}{c_s^2}+\frac{(\boldsymbol{e}_i\cdot\boldsymbol{u})^2}{2c_s^4}-\frac{u^2}{2c_s^2}\right) \tag{2.34}$$

$$g_i^{\text{eq}}=w_iT\left(1+\frac{\boldsymbol{e}_i\cdot\boldsymbol{u}}{c_s^2}\right) \tag{2.35}$$

离散作用力项表示为

$$F_i=\frac{(\boldsymbol{e}_i-\boldsymbol{u})\cdot\boldsymbol{F}}{\rho c_s^2}f_i^{\text{eq}},\quad \boldsymbol{F}=\rho\boldsymbol{a}=-\rho\beta(T-T_0)\boldsymbol{g} \tag{2.36}$$

两分布函数演化方程中的松弛时间分别由黏性系数和热扩散系数决定,即

$$\begin{cases} \nu=c_s^{\,2}\left(\tau_f-\dfrac{1}{2}\right)\delta_t \\ \alpha=c_s^{\,2}\left(\tau_g-\dfrac{1}{2}\right)\delta_t \end{cases} \tag{2.37}$$

宏观量由分布函数求矩得

$$\begin{cases} \rho=\sum\limits_i f_i \\ \rho\boldsymbol{u}=\sum\limits_i \boldsymbol{e}_i f_i+\dfrac{\delta_t}{2}\rho\boldsymbol{a} \\ T=\sum\limits_i g_i \end{cases} \tag{2.38}$$

在二维方腔模拟中，流场采用 D2Q9 格子模型，而温度场求解可以采用 D2Q4、D2Q5 和 D2Q9 格子模型，这里温度场采用 D2Q4 模型。

真实流体的黏性系数或者热扩散系数往往特别小，由式(2.37)得到的松弛时间将趋近于 0.5，导致 LBE 模型的稳定性差。因此，在实际模拟中一般采用格子单位下的黏性系数 ν_{lattice} 和热扩散系数 α_{lattice}。为了保证两套单位系统下所描述的问题等效，根据相似性原理，它们对应的宏观方程的无量纲形式应相同，即应保证无量纲数相同。当前问题涉及以下无量纲数：

普朗特数：

$$Pr = \frac{\nu}{\alpha} \tag{2.39}$$

瑞利数：

$$Ra = \frac{g\beta\Delta TH^3}{\alpha\nu} \tag{2.40}$$

式中：$\Delta T = T_{\text{hot}} - T_{\text{cold}}$。为了满足流体不可压假设，还需要保证马赫数 $Ma = U/c_s$ 为小量。若取特征速度 $U = \sqrt{g\beta\Delta TH}$，黏性系数和热扩散系数可以表示为

$$\nu = c_s HMa\sqrt{\frac{Pr}{Ra}}, \quad \alpha = \nu/Pr \tag{2.41}$$

若给定马赫数、格子模型和网格密度，利用式(2.41)可以得到格子单位下的黏性系数和热扩散系数，进一步能够确定对应的松弛时间。

3. 算法实现

该 LBE 模型的计算流程如下：

(1)初始化：对密度、速度、温度宏观量进行初始化；由平衡分布函数对分布函数初始化。

(2)碰撞-迁移：分别计算流场和温度场的演化方程。

(3)边界条件及宏观量更新：更新宏观密度、速度和温度，采用非平衡外推边界条件更新边界上的分布函数。

(4)重复执行碰撞-迁移-边界施加-宏观量更新，直到满足收敛条件结束循环。

温度场部分计算代码如下：

```
%#################温度场的 LBE 模型#################
%%
%%------------碰撞-迁移算法-------------------
tcol=t+(teq-t)./tau_t;
for k=1:4
    t(:,:,k)=circshift(tcol(:,:,k),[et(k,1),et(k,2)]);
end

%%------------宏观量---------------------
Tc(:,:)=sum(t(:,:,:),3);
%温度边界
Tc(:,1)=Tc(:,2);Tc(:,NY+1)=Tc(:,NY);
Tc(NX+1,:)=Tcold;Tc(1,:)=Thot;

%%------------平衡分布---------------------
uv=ux.*ux+uy.*uy;
for k=1:4
    eu=et(k,1).*ux+et(k,2).*uy;
    teq(:,:,k)=wt(k).*Tc.*(1+2.*eu);
end

%%------------非平衡外推边界---------------------
t(1,2:NY,:)=t(2,2:NY,:)+teq(1,2:NY,:)-teq(2,2:NY,:);
t(NX+1,2:NY,:)=t(NX,2:NY,:)+teq(NX+1,2:NY,:)-teq(NX,2:NY,:);
t(:,1,:)=t(:,2,:)+teq(:,1,:)-teq(:,2,:);
t(:,NY+1,:)=t(:,NY,:)+teq(:,NY+1,:)-teq(:,NY,:);
```

流场部分计算代码如下：

```
%#################流场的 LBE 模型#################
%%
%%------------碰撞-迁移算法-------------------
az=gbeta.*(Tc-Tref);
```

```
for k=1:9
    F(:,:,k)=3.0.*(e(k,2)-uy(:,:)).*az(:,:).*feq(:,:,k);
end
fcol=f+(feq-f)./tauf+(1.0-1.0/2.0/tauf).*F;              %碰撞步
for k=1:9
    f(:,:,k)=circshift(fcol(:,:,k),[e(k,1),e(k,2)]);     %迁移步
end

%%------------宏观量----------------------
%密度
rho=sum(f(:,:,:),3);
%速度
ux=zeros(NX+1,NY+1);uy=zeros(NX+1,NY+1);
for k=1:9
    ux=ux+e(k,1).*f(:,:,k);
    uy=uy+e(k,2).*f(:,:,k);
end
ux=ux./rho;
uy=uy./rho+0.5.*az;
%宏观边界
rho(1,:)=rho(2,:);ux(1,:)=0.0;uy(1,:)=0.0;
rho(NX+1,:)=rho(NX,:);ux(NX+1,:)=0.0;uy(NX+1,:)=0.0;
rho(:,NY+1)=rho(:,NY);ux(:,NY+1)=0.0;uy(:,NY+1)=0.0;
rho(:,1)=rho(:,2);ux(:,1)=0.0;uy(:,1)=0.0;

%%------------平衡分布----------------------
uv=ux.*ux+uy.*uy;
for k=1:9
    eu=e(k,1).*ux+e(k,2).*uy;
    feq(:,:,k)=w(k).*rho.*(1.+3.*eu+4.5.*eu.*eu-1.5.*uv);
end
```

```
%%------------非平衡外推边界----------------------
jk=2:NY;ik=1:NX+1;
f(1,jk,:)=f(2,jk,:)+feq(1,jk,:)-feq(2,jk,:);
f(NX+1,jk,:)=f(NX,jk,:)+feq(NX+1,jk,:)-feq(NX,jk,:);
f(ik,1,:)=f(ik,2,:)+feq(ik,1,:)-feq(ik,2,:);
f(ik,NY+1,:)=f(ik,NY,:)+feq(ik,NY+1,:)-feq(ik,NY,:);
```

4. 程序验证

假设封闭方腔内介质为空气（$Pr=0.71$），左壁被加热至 $T_{hot}=0.5$，右壁被冷却至 $T_{cold}=-0.5$，网格数给定为 $L\times L=256\times256$，黏性系数 $\nu_{lattice}=0.07$。下面模拟瑞利数为 $Ra=10^4$ 和 $Ra=10^6$ 两种工况下的自然对流换热，为了便于同文献结果对比，这里的特征速度定义为 $U=\alpha/L$ 。

当 $Ra=10^4$ 时，图 2-6 给出了方腔内的等温线和流线分布。可以看出，在 Ra 数相对较小时，方腔内流线呈椭圆形，方腔内靠近左右壁面处的等温线与左右壁面平行，在靠近方腔中心的区域，等温线弯曲较为明显。表 2-2 定量比较了直线 $x=L/2$ 上的最大速度 U_{max}，直线 $y=L/2$ 上的最大速度 V_{max} 以及相应的位置坐标 $(L/2,Y)$ 和 $(X,L/2)$ 。由表 2-2 可以看出，当前模型预测得到的速度幅值与文献结果吻合良好。

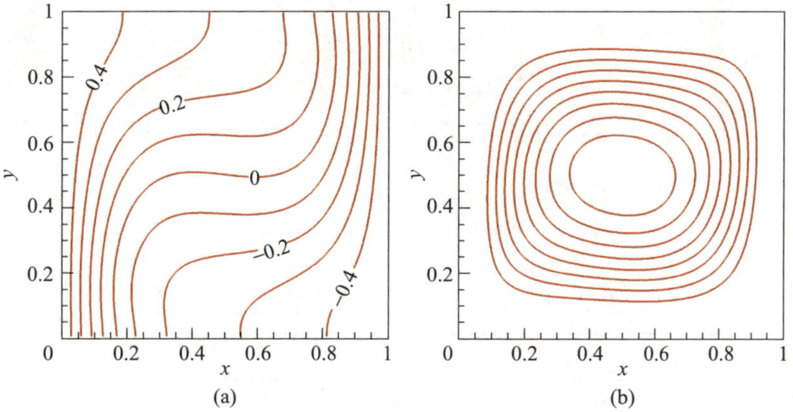

图 2-6　$Ra=10^4$ 时方腔内的等温线和流线

表 2-2 $Ra=10^4$ 时速度幅值定量比较

模型	U_{max}	Y	V_{max}	X
参考文献[4]	16.163	0.828	19.569	0.125
参考文献[6]	16.182	0.823	19.509	0.120
当前模拟	16.167	0.828	19.628	0.121

当 $Ra=10^6$ 时,图 2-7 给出了方腔内的等温线和流线分布。在等温线分布图中,由于流场的作用,方腔内的热交换得到加强,从热传导模式为主转变成对流换热模式为主,等温线在方腔中央变得平坦,在热壁面和冷壁面附近的薄边界层内保持竖直。在流线图中,方腔内产生的涡结构偏离方腔中心,并开始分裂为两个涡。表 2-3 比较了直线 $x=L/2$ 和直线 $y=L/2$ 上的最大速度,与文献相比,中心线上最大速度的大小和位置存在一定的偏差,这可能是因为当前工况下网格选择不合理所致,可通过增加网格数改善模拟结果的准确性。

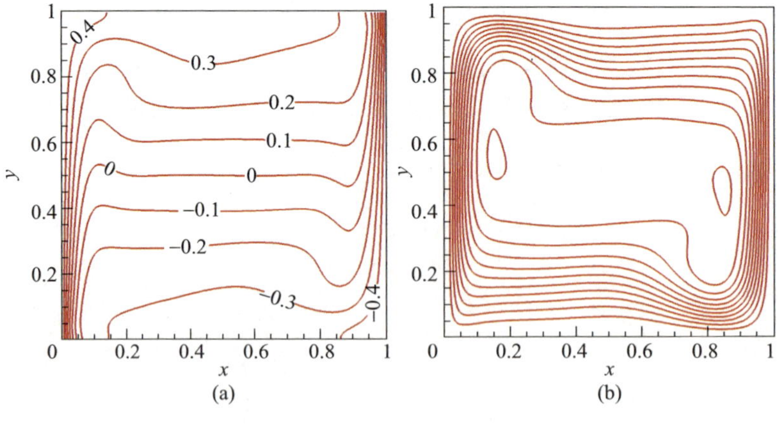

图 2-7 $Ra=10^6$ 时方腔内的等温线图和流线

表 2-3 $Ra=10^6$ 时速度幅值定量比较

模型	U_{max}	Y	V_{max}	X
参考文献[4]	64.186	0.8496	219.87	0.0371
参考文献[6]	64.630	0.850	219.36	0.0379
当前模型	65.782	0.8594	221.0	0.0430

2.2.3　柱腔瑞利-贝纳德对流

1. 问题描述

本小节针对柱腔瑞利-贝纳德对流问题开展轴对称格子玻尔兹曼模拟，柱腔底部以恒定温度 T_{hot} 加热，顶部以恒定温度 T_{cold} 降温。计算域如图 2-8 所示，柱腔深径比为 $H/D = 1/2$，其中 H 和 D 分别是柱腔的高度和直径。

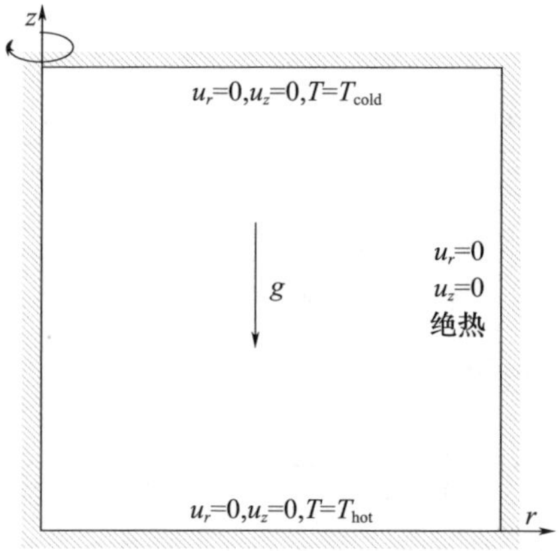

图 2-8　柱腔瑞利-贝纳德对流的几何模型

控制方程组在伪直角坐标系下可以表示为

$$\partial_\alpha u_\alpha + \frac{u_r}{r} = 0 \tag{2.42a}$$

$$\rho(\partial_t u_\beta + u_\alpha \partial_\alpha u_\beta) = -\partial_\beta p + \partial_\alpha[\rho\nu(\partial_\alpha u_\beta + \partial_\beta u_\alpha)] + F_\beta + \frac{\rho\nu(\partial_r u_\beta + \partial_\beta u_r)}{r} - \frac{2\rho\nu u_r}{r^2}\delta_{\beta r} \tag{2.42b}$$

$$\partial_t T + u_\alpha \partial_\alpha T = \partial_\alpha(\alpha \partial_\alpha T) + \frac{\alpha \partial_r T}{r} \tag{2.42c}$$

式中：浮升力为 $F_z = \rho g\beta(T - T_0)$ ，边界条件为

$$\begin{cases} z = 0: & u_r = u_z = 0,\ T = T_{hot} \\ z = H: & u_r = u_z = 0,\ T = T_{cold} \\ r = 0: & u_r = 0,\ \partial_r u_z = 0,\ \partial_r T = 0 \\ r = R: & u_r = u_z = 0,\ \partial_r T = 0 \end{cases} \tag{2.43}$$

2. LBE 模型

针对轴对称控制方程(2.42a)~(2.42c),引入分布函数 $f_i(\boldsymbol{x},t)$ 和 $g_i(\boldsymbol{x},t)$ 分别求解流场和温度场,相应的演化方程分别为[7]

$$f_i(\boldsymbol{x}+\boldsymbol{e}_i\delta_t,t+\delta_t)-f_i(\boldsymbol{x},t)=-\frac{1}{\tau_f}(f_i-f_i^{\mathrm{eq}})+\delta_t\left(1-\frac{1}{2\tau_f}\right)F_i \quad (2.44)$$

$$g_i(\boldsymbol{x}+\boldsymbol{e}_i\delta_t,t+\delta_t)-g_i(\boldsymbol{x},t)=-\frac{1}{\tau_g}(g_i-g_i^{\mathrm{eq}})+\delta_t\left(1-\frac{1}{2\tau_g}\right)G_i \quad (2.45)$$

式中:离散源项分别为

$$F_i=\frac{(\boldsymbol{e}_i-\boldsymbol{u})\cdot\tilde{\boldsymbol{a}}}{c_s^2}f_i^{\mathrm{eq}},\quad \tilde{\boldsymbol{a}}=\left(\frac{1}{r}\left(c_s^2-\frac{2\nu u_r}{r}\right)+a_r,a_z\right) \quad (2.46)$$

$$G_i=w_ie_{ir}T \quad (2.47)$$

式中:$(a_r,a_z)=(0,g\beta(T-T_0))$ 为外力产生的加速度。

平衡态分布函数分别为

$$f_i^{\mathrm{eq}}=r\rho w_i\left[1+\frac{\boldsymbol{e}_i\cdot\boldsymbol{u}}{c_s^2}+\frac{(\boldsymbol{e}_i\cdot\boldsymbol{u})^2}{2c_s^4}-\frac{u^2}{2c_s^2}\right] \quad (2.48)$$

$$g_i^{\mathrm{eq}}=rTw_i\left[1+\frac{\boldsymbol{e}_i\cdot\boldsymbol{u}}{c_s^2}+\frac{(\boldsymbol{e}_i\cdot\boldsymbol{u})^2}{2c_s^4}-\frac{u^2}{2c_s^2}\right] \quad (2.49)$$

运动黏性系数及热扩散系数的表达式分别为

$$\nu=c_s^2\left(\tau_f-\frac{1}{2}\right)\delta_t,\quad \alpha=c_s^2\left(\tau_g-\frac{1}{2}\right)\delta_t \quad (2.50)$$

宏观密度、速度以及温度的求解表达式为

$$\rho=\frac{1}{r}\sum_i f_i \quad (2.51)$$

$$\rho u_\alpha=\frac{r}{r^2+\delta_t\nu\delta_{\alpha r}}\left[\sum_i \boldsymbol{e}_if_i+\frac{\delta_t}{2}\rho(c_s^2\delta_{\alpha r}+ra_\alpha)\right] \quad (2.52)$$

$$T=\frac{1}{r}\sum_i g_i \quad (2.53)$$

3. 算法实现

当前算例同方腔自然对流的计算流程几乎一致,对称轴采用对称边界条件,壁面采用非平衡外推边界条件:

$$f_i(\boldsymbol{x}_b,t)=f_i^{eq}(\rho(\boldsymbol{x}_b,t),\boldsymbol{u}_w)+[f_i(\boldsymbol{x}_f,t)-f_i^{eq}(\boldsymbol{x}_f,t)] \tag{2.54}$$

壁面位置 x_b 处的非平衡分布函数由相邻流体格点的非平衡分布近似得到。

温度场部分计算代码如下：

```
for k=1:9
    hlpt=wt(k).*et(k,1).*Tc;
    tcol(:,:,k)=t(:,:,k)+(teq(:,:,k)-t(:,:,k))./taut…
                +(1.0-0.5./taut)*hlpt;
end
%轴对称边界
tcol(1,1:NY+1,6)=tcol(2,1:NY+1,7);
tcol(1,1:NY+1,2)=tcol(2,1:NY+1,4);
tcol(1,1:NY+1,9)=tcol(2,1:NY+1,8);
%
for k=1:9
    t(:,:,k)=circshift(tcol(:,:,k),[et(k,1),et(k,2)]);
end
%宏观量
Tc(:,:)=sum(t(:,:,:),3)./Rmat;
%宏观边界
Tc(:,1)=Thot;
Tc(:,NY+1)=Tcold;
Tc(NX+1,:)=Tc(NX,:);
%平衡分布函数
uv=ur.*ur+uz.*uz;
for k=1:9
    eu=et(k,1).*ur+et(k,2).*uz;
    teq(:,:,k)=wt(k).*Rmat.*Tc.*(1.+3.*eu…
               +4.5.*eu.*eu-1.5.*uv);
end
%非平衡外推边界
t(:,1,:)=t(:,2,:)+teq(:,1,:)-teq(:,2,:);
t(:,NY+1,:)=t(:,NY,:)+teq(:,NY+1,:)-teq(:,NY,:);
t(NX+1,2:NY,:)=t(NX,2:NY,:)+teq(NX+1,2:NY,:)-teq(NX,2:NY,:);
```

流场部分计算代码如下：

```
for k=1:9
    fcol(:,:,k)=f(:,:,k)+(feq(:,:,k)-f(:,:,k))./tauf…
                +(1.0-0.5./tauf).*hlpF(:,:,k);
end
%
%轴对称边界
fcol(1,1:NY+1,6)=fcol(2,1:NY+1,7);
fcol(1,1:NY+1,2)=fcol(2,1:NY+1,4);
fcol(1,1:NY+1,9)=fcol(2,1:NY+1,8);
%迁移
for k=1:9
    f(:,:,k)=circshift(fcol(:,:,k),[e(k,1),e(k,2)]);
end
%宏观量更新
rho=sum(f(:,:,:),3)./Rmat;
az=gbeta.*(Tc-Tref);
ar=cs.^2./Rmat;
ur=(f(:,:,2)-f(:,:,4)+f(:,:,6)-f(:,:,7)f(:,:,8)+f(:,:,9))…
    ./rho./Rmat + 0.5.*ar;
uz=(f(:,:,3)-f(:,:,5)+f(:,:,6)+f(:,:,7)-f(:,:,8)-f(:,:,9))…
    ./rho./Rmat + 0.5.*az;
ur = ur .* Rmat .* Rmat./( Rmat .* Rmat + nu);
%宏观边界
rho(NX+1,:)=rho(NX,:);ur(NX+1,:)=0;uz(NX+1,:)=0;                %右
rho(:,NY+1)=rho(:,NY);ur(:,NY+1)=0.0;uz(:,NY+1)=0.0;            %上
rho(:,1)=rho(:,2);ur(:,1)=0.0;uz(:,1)=0.0;                      %下
%平衡分布及离散作用力项
az=gbeta.*(Tc-Tref);                                            %
adr=cs.^2./Rmat-2.0.*ur.*nu./(Rmat.*Rmat);
for k=1:9
    eu=e(k,1).*ur+e(k,2).*uz;
```

```
    uv=ur.*ur+uz.*uz;
    feq(:,:,k)=w(k).*Rmat.*rho.*(1.+3.*eu+4.5.*eu.*eu-1.5.*uv);
    hlpF(:,:,k)=(e(k,1)-ur).*adr+(e(k,2)-uz).*az;
    hlpF(:,:,k)=3.*hlpF(:,:,k).*feq(:,:,k);
end
%非平衡外推边界
f(NX+1,2:NY,:)=f(NX,2:NY,:)+feq(NX+1,2:NY,:)-feq(NX,2:NY,:);
f(:,1,:)=f(:,2,:)+feq(:,1,:)-feq(:,2,:);
f(:,NY+1,:)=f(:,NY,:)+feq(:,NY+1,:)-feq(:,NY,:);
```

4. 程序验证

在 $R\times H$= 100 × 100 计算域中模拟轴对称瑞利-贝纳德对流，无量纲数选择 $Pr=0.7, Ra=5000$。在 LBE 模拟中，初始密度设为 1，格子单位下的黏性系数和热扩散系数分别为 $\nu_{\text{lattice}}=0.07$ 和 $\alpha_{\text{lattice}}=0.1$。为了同文献对比，采用无量纲速度描述流场，其中特征速度 $U=\sqrt{g\beta\Delta TH}$。图 2-9 给出了流场速度矢量和温度分布，根据初始温度 T_0 的不同取值，可能会出现两种不同的流形：当初始温度设

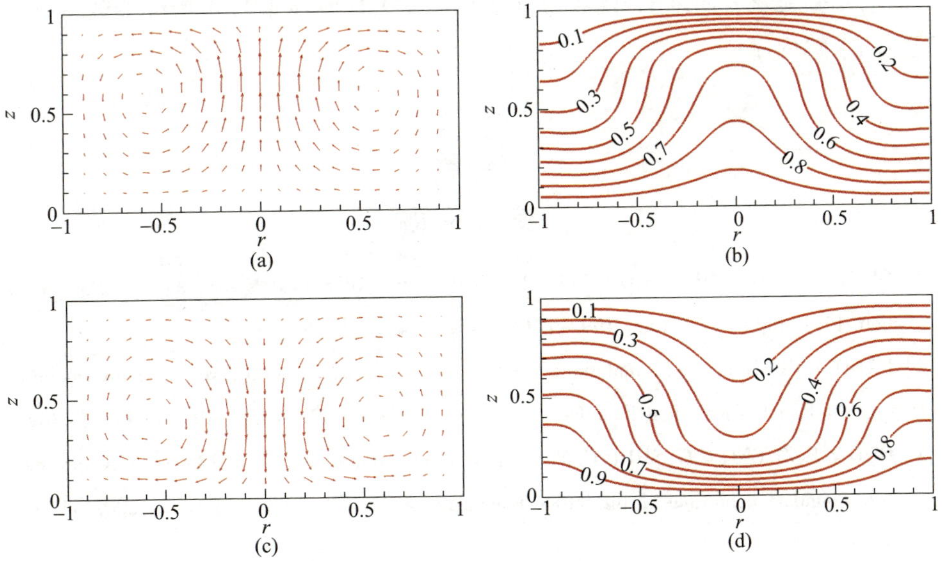

图 2-9 不同截面无量纲速度分布

置为 $T_0 = T_{cold}$ 时，中心流体向上流动，见图 2-9(a)、(b)；当初始温度设置为 $T_0 = T_{hot}$ 时，中心流体向下流动，见图 2-9(c)、(d)。为了定量比较数值结果，表 2-4 给出了两种工况下流场的最大速度值以及相关文献的数值结果，当前 LBE 模型预测的最大速度与文献中的结果一致。

表 2-4　轴对称瑞利-贝纳德对流的速度幅值对比

模型	$T_0 = T_{cold}$	$T_0 = T_{hot}$
参考文献[8]	0.353	0.353
参考文献[9]	0.354	0.351
LBM	0.355	0.352

2.3　本章小结

本章介绍了格子玻尔兹曼方法基础模型和程序实现方法，在基准算例中穿插介绍了双分布函数策略、柱坐标系处理技巧、离散作用力格式植入以及不同边界格式的施加方法。后续章节的相场格子玻尔兹曼方法是在格子玻尔兹曼方法的基础上发展而来的，读者可基于本章相关代码段编写相场格子玻尔兹曼模型的求解程序。

参考文献

[1] QIAN Y H, D'HUMIÉRES D, LALLEMAND P. Lattice BGK models for Navier-Stokes equation[J]. Europhysics Letters, 1992, 17(6): 479-484.

[2] LADD A J C. Numerical simulations of particulate suspensions via a discretized Boltzmann equation. Part I. Theoretical Foundation[J]. Journal of Fluid Mechanics, 1994, 271: 285-309.

[3] GUO Z L, ZHENG C G, SHI B C. Non-equilibrium extrapolation method for velocity and pressure boundary conditions in the lattice Boltzmann method[J]. Chinese Physics, 2002, 11(4): 366-374.

[4] DIXIT H N, BABU V. Simulation of high Rayleigh number natural convection in a square cavity using the lattice Boltzmann method[J]. International Journal of Heat and Mass Transfer,

2006,49(3/4):727-739.

[5] GUO Z L,SHI B C,ZHENG C G. A coupled lattice BGK model for the Boussinesq equations [J]. International Journal for Numerical Methods in Fluids,2002,39(4):325-342.

[6] DAVIS G D V. Natural convection of air in a square cavity:A bench mark numerical solution [J]. International journal for Numerical Methods in Fluids,1983,3(3):249-264.

[7] GUO Z L,HAN H F,Shi B C,et al. Theory of the lattice Boltzmann equation:Lattice Boltzmann model for axisymmetric flows[J]. Physical Review E,2009,79:046708.

[8] LEMEMBRE A,PETIT J. Laminar natural convection in a laterally heated and upper cooled vertical cylindrical enclosure[J]. International Journal of Heat and Mass Transfer,1998,41(16):2437-2454.

[9] WANG Y,SHU C,TEO C, et al. A fractional-step lattice Boltzmann flux solver for axisymmetric thermal flows[J]. Numerical Heat Transfer,Part B:Fundamental,2016,69(2):111-129.

相场模型曲率驱动效应及消除方法

第3章

相场模型曲率驱动效应及消除方法

基于 Cahn-Hilliard 方程(Cahn-Hilliard Equation,CHE)的相场模型是一种典型的扩散界面方法,广泛应用于多相流体流动过程中的相界面追踪模拟。由于 Cahn-Hilliard 方程具有保守形式,通过施加合适的边界条件能够保证系统的质量守恒。然而,经典的 Cahn-Hilliard 方程在演化过程中无法保持各分散相的体积守恒,会产生气泡或液滴自发收缩的现象。本章将揭示这一非物理现象的根源并提出修正的 Cahn-Hilliard 方程,基于格子玻尔兹曼方法对比研究修正前后两方程的平衡态轮廓以及在平移流场和剪切流场中的界面捕捉。结果表明,修正后的 Cahn-Hilliard 方程能够消除液滴自发收缩效应并显著改善序参量的有界性,在大密度两相流模拟中具有潜在的应用价值。

3.1 引　言

在相场理论框架下,两相界面视为具有有限厚度的薄层,界面轮廓可以通过定义适当的标量场(序参量)进行识别。在平衡条件下,序参量近似呈双曲正切分布,分别在两体相中取得极大值和极小值,并在界面区域快速平滑地过渡。序参量的动力学演化过程可由 Cahn-Hilliard 方程进行描述,耦合 Cahn-Hilliard 方程和纳维-斯托克斯方程即可实现两相流相界面的隐式追踪[1-2]。

从形式上看,Cahn-Hilliard 方程是典型的对流-扩散方程,可以采用格子玻尔兹曼方法进行简单高效的离散求解。理论上,通过施加合适的边界条件,基于 Cahn-Hilliard 方程的格子玻尔兹曼模型能够保证系统质量守恒,但无法保持分散相的体积守恒[3-4]。Yue 等[3]探究了单个静置液滴的自发收缩机理,结果表明液滴在收缩的同时会伴随着序参量上下界的迁移,以满足系统对总质量和总能量的约束;存在与计算域尺寸和界面宽度有关的液滴临界半径,低于该临界半径,液滴最终会消失。Zhang 和 Guo[4]采用类似的分析方法得到了液滴与壁面接触时临界半径的解析表达式。为了保持分散相的体积,Hu 等[5]采用拉格朗日乘子法强制分散相体积守恒,但 CHE 模型的上下界偏移并未从根本上得到解决。

本章从理论分析的角度揭示了 CHE 模型中序参量有界性和体积守恒性破坏的根源,通过设计构造补偿项得到了修正的 Cahn-Hilliard 方程(mCHE)。基于格子玻尔兹曼方法,对比研究了 CHE 模型和 mCHE 模型的数值精度、序参量有界性和分散相体积守恒性等数值特性。

3.2 数值模型及计算方法

3.2.1 宏观方程

基于扩散界面描述,为了追踪不混溶两相流的界面演化,需引入序参量 $\phi(\boldsymbol{r},t)$ 表征相界面,这里序参量可以表示某一组分的体积分数。假定两相序参量取值分别为 ϕ_h 和 ϕ_l,则相界面由 $\phi_0=(\phi_h+\phi_l)/2$ 确定。本小节采用 Cahn-Hilliard 方程描述相场的动力学演化[2]:

$$\partial_t\phi + \nabla\cdot(\phi\boldsymbol{u}) = \nabla\cdot(M_\phi\nabla\mu_\phi) \tag{3.1}$$

式中:M_ϕ 为迁移率;化学势 μ_ϕ 由系统的自由能泛函变分得到,$\mu_\phi=\delta\mathcal{F}(\phi)/\delta\phi$。一般地,自由能泛函采用金兹堡-朗道形式[8]:

$$\mathcal{F}[\phi] = \int_\Omega\left\{\psi(\phi) + \frac{k}{2}|\nabla\phi|^2\right\}\mathrm{d}\boldsymbol{r} \tag{3.2}$$

式中:第一项 $\psi(\phi)=\beta(\phi-\phi_l)^2(\phi-\phi_h)^2$ 表示体相自由能密度;第二项表示界面自由能密度。图 3-1 所示为当 $\phi_h=-\phi_l=1$ 时,体相自由能密度关于序参量的函数曲线，$\psi(\phi)$ 在 $\phi = \pm 1$ 处取得极小值。

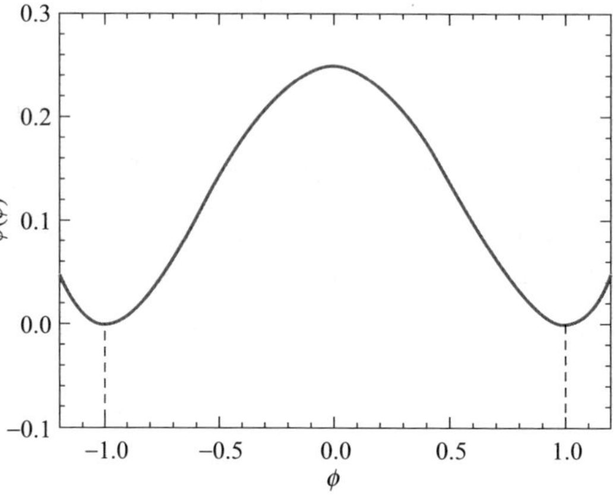

图 3-1　体相自由能密度分布

参数 k 和 β 与表面张力 σ 和界面厚度 W 满足如下关系[2]：

$$k = \frac{3}{2|\phi_h - \phi_l|^2} W\sigma, \quad \beta = \frac{12\sigma}{|\phi_h - \phi_l|^4 W} \tag{3.3}$$

由式(3.2)给定的化学势表达式为[2]

$$\mu_\phi = 2\beta(\phi - \phi_l)(\phi - \phi_h)(2\phi - (\phi_h + \phi_l)) - k\nabla^2\phi \tag{3.4}$$

由 $\delta\mathcal{F}(\phi)/\delta\phi = 0$ 可以推导得到序参量在平直界面附近的分布[2]

$$\phi(\xi) = \frac{\phi_h + \phi_l}{2} + \frac{\phi_h - \phi_l}{2}\tanh\left(\frac{2\xi}{W}\right) \tag{3.5}$$

式中：ξ 表示沿着界面法向的局部坐标。然而，当界面具有一定曲率时，相界面附近的序参量分布不再满足式(3.5)所给出的双曲正切分布。为了说明这一点，将式(3.4)中拉普拉斯算子改写成界面局部坐标系下的形式，即

$$\nabla^2\phi = \frac{\partial^2\phi}{\partial\xi^2} + \kappa\frac{\partial\phi}{\partial\xi} = \frac{\partial^2\phi}{\partial\xi^2} + \kappa|\nabla\phi| \tag{3.6}$$

式中：κ 表示曲率，$\kappa = \nabla\cdot\boldsymbol{n} = \nabla\cdot(\nabla\phi/|\nabla\phi|)$。

将式(3.6)和式(3.5)代入式(3.4)，等式右侧为

$$\text{RHS} = -k\nabla\cdot(\nabla\phi/|\nabla\phi|)|\nabla\phi| \tag{3.7}$$

显然，这一偏差项在界面附近不为0，其绝对值与曲率成正比。当界面曲率半径较小时，偏差项将驱动界面远离式(3.5)所给出的平衡态分布，这解释了参

考文献[3-4]中所报道的液滴自发收缩现象。

为了消除曲率驱动效应，有必要在化学势中引入补偿项。Folch 等[6]针对 Allen-Cahn 方程引入了修正项 $k\nabla\cdot(\nabla\phi/|\nabla\phi|)|\nabla\phi|$，将其应用到 Cahn-Hilliard 方程，修正后的化学势表示为

$$\mu_\phi^{\mathrm{m}} = 2\beta(\phi-\phi_{\mathrm{l}})(\phi-\phi_{\mathrm{h}})(2\phi-(\phi_{\mathrm{h}}+\phi_{\mathrm{l}})) + k[\nabla\cdot(\nabla\phi/|\nabla\phi|)|\nabla\phi| - \nabla^2\phi] \tag{3.8}$$

相应地，修正的 Cahn-Hilliard 方程表示为[7]

$$\partial_t\phi + \nabla\cdot(\phi\boldsymbol{u}) = \nabla\cdot(M_\phi\nabla\mu_\phi^{\mathrm{m}}) \tag{3.9}$$

当界面曲率为零时，修正的 Cahn-Hilliard 方程退化成原始相场方程。

耦合相场方程和不可压纳维-斯托克斯方程，可以得到两相流模拟的控制方程组

$$\nabla\cdot\boldsymbol{u} = 0 \tag{3.10a}$$

$$\rho(\partial_t\boldsymbol{u} + \boldsymbol{u}\cdot\nabla\boldsymbol{u}) = -\nabla p + \nabla\cdot[\mu(\nabla\boldsymbol{u} + \nabla\boldsymbol{u}^{\mathrm{T}})] + \boldsymbol{F}_{\mathrm{s}} + \boldsymbol{F}_{\mathrm{b}} \tag{3.10b}$$

$$\partial_t\phi + \nabla\cdot(\phi\boldsymbol{u}) = \nabla\cdot(M_\phi\nabla\mu_\phi^{\mathrm{m}}) \tag{3.10c}$$

式中：$\boldsymbol{F}_{\mathrm{b}}$ 为体积力，表面张力可以表示成体积力的形式 $\boldsymbol{F}_{\mathrm{s}} = \mu_\phi\nabla\phi$。流体密度和动力学黏性系数可以通过序参量计算得到[8]：

$$\rho = \rho_{\mathrm{l}} + \frac{\phi-\phi_{\mathrm{l}}}{\phi_{\mathrm{h}}-\phi_{\mathrm{l}}}(\rho_{\mathrm{h}}-\rho_{\mathrm{l}}) \tag{3.11}$$

$$\mu = \mu_{\mathrm{l}} + \frac{\phi-\phi_{\mathrm{l}}}{\phi_{\mathrm{h}}-\phi_{\mathrm{l}}}(\mu_{\mathrm{h}}-\mu_{\mathrm{l}}) \tag{3.12}$$

3.2.2　相场格子玻尔兹曼模型

采用 D2Q9 格子模型，离散速度、权系数及格子声速分别为[8]

$$\begin{cases} \boldsymbol{e} = c\begin{bmatrix} 0 & 1 & 0 & -1 & 0 & 1 & -1 & -1 & 1 \\ 0 & 0 & 1 & 0 & -1 & 1 & 1 & -1 & -1 \end{bmatrix} \\ w_i = \begin{cases} 4/9, & i=0 \\ 1/9, & i=1\sim4, \quad c_{\mathrm{s}}^2 = c^2/3 \\ 1/36, & i=5\sim8 \end{cases} \end{cases} \tag{3.13}$$

相应的演化方程为[2]

$$h_i(\boldsymbol{x}+\boldsymbol{e}_i\delta_t, t+\delta_t) = h_i(\boldsymbol{x}, t) - \frac{h_i(\boldsymbol{x}, t) - h_i^{\mathrm{eq}}(\boldsymbol{x}, t)}{\tau_\phi} + \delta_t\left(1 - \frac{1}{2\tau_\phi}\right) R_i(\boldsymbol{x}, t) \tag{3.14}$$

式中:平衡分布函数 h_i^{eq} 的表达式为

$$h_i^{\mathrm{eq}} = \begin{cases} \phi + (w_i - 1)\,\Gamma\mu_\phi^{\mathrm{m}}, & i = 0 \\ w_i\left(\Gamma\mu_\phi^{\mathrm{m}} + \dfrac{\boldsymbol{e}_i \cdot \phi\boldsymbol{u}}{c_s^2}\right), & i \neq 0 \end{cases} \tag{3.15}$$

式(3.15)表示修正后的Cahn-Hilliard方程对应的离散平衡分布,若求解原始相场方程只需将 μ_ϕ^{m} 的表达式替换为 μ_ϕ 即可。注意到平衡分布函数 h_i^{eq} 中包括自由松弛参数 Γ ,这可以为松弛时间 τ_ϕ 的选取提供额外的自由度。松弛时间与迁移率有关,由下式确定:

$$M_\phi = \Gamma(\tau_\phi - 0.5)\, c_s^2\delta_t \tag{3.16}$$

演化方程中的离散源项为

$$R_i = w_i\boldsymbol{e}_i \cdot \frac{\partial_t(\phi\boldsymbol{u})}{c_s^2} \tag{3.17}$$

执行标准的碰撞-迁移算法更新下一时刻的分布函数,宏观量则由分布函数求零阶速度矩得到[2]:

$$\phi = \sum_i h_i \tag{3.18}$$

需要说明的是,离散源项中的时间偏导数采用向前差分格式,序参量梯度和拉普拉斯算子采用中心差分格式。

3.3 模型验证

为了评估相场模型的数值精度和有界性,本节将以零流场、平移流场、剪切流场和变形流场中的圆形界面演化作为基准算例进行模型验证。设圆形界面的圆心坐标为 (X_n, Y_n) ,半径为 R_n ,那么序参量可以通过平衡分布进行初始化:

$$\phi^{(\pm n)}(i,j) = \frac{\phi_{\mathrm{h}} + \phi_{\mathrm{l}}}{2} \pm \frac{\phi_{\mathrm{h}} - \phi_{\mathrm{l}}}{2}\tanh\left(\frac{2\left(R_n - \sqrt{(i-X_n)^2 + (j-Y_n)^2}\right)}{W}\right) \tag{3.19}$$

式中:取“+”号时表示液滴,圆形界面内外的序参量幅值分别为 ϕ_h 和 ϕ_l ;取“-”号时表示气泡,圆形界面内外的序参量幅值分别为 ϕ_l 和 ϕ_h 。多个液滴的序参量初始化为

$$\phi(i,j)=\max[\phi^{(1)}(i,j),\quad \phi^{(2)}(i,j),\quad \cdots,\quad \phi^{(n)}(i,j)] \tag{3.20}$$

多个气泡的序参量初始化为

$$\phi(i,j)=\min[\phi^{(-1)}(i,j),\quad \phi^{(-2)}(i,j),\quad \cdots,\quad \phi^{(-n)}(i,j)] \tag{3.21}$$

计算域四周设置为周期边界,由于流场存在周期性,理论上相界面将在一个周期时刻恢复到初始位置。为了量化模型的准确性,设 n 个周期后序参量的相对误差为[8]

$$Er=\frac{\sum_{\boldsymbol{x}}|\phi(\boldsymbol{x},nT)-\phi(\boldsymbol{x},0)|}{\sum_{\boldsymbol{x}}|\phi(\boldsymbol{x},0)|} \tag{3.22}$$

序参量上下界的偏移量分别表示为

$$\delta\phi_{\max}=\phi_{\max}-\phi_h,\delta\phi_{\min}=\phi_{\min}-\phi_l \tag{3.23}$$

3.3.1 界面平衡态

1. 单气泡

首先针对单气泡比较 CHE 模型和 mCHE 模型所得到的序参量平衡态分布。给定零外流场,半径为 0.25 的气泡位于计算域 [0,1] × [0,1] 中心,序参量上下界分别为 $\phi_h=1$ 和 $\phi_l=0$,无量纲松弛时间设定 $\tau_\phi=0.8$。在格子玻尔兹曼模拟中,当采用 40 × 40 均匀网格时,格子单位下的气泡半径 $R=10$,图 3-2 比较了两模型的界面预测结果:在 CHE 模型中,气泡发生收缩,序参量上下界发生明显偏移,偏移量达到 $O(10^{-2})$ 量级;在消除曲率驱动效应的 mCHE 模型中,相界面与理论解吻合良好,序参量偏移量降低到 $O(10^{-5})$ 量级,模型有界性得到明显改善。

由式(3.7)可知,原始 CHE 模型中曲率驱动影响与曲率半径成反比,下面比较不同气泡半径对上下界偏移和相对误差的影响。如表 3-1 所列,两模型的数值表现随着气泡半径增大而得到一定程度的改善。相较于 CHE 模型,mCHE 模型相对误差降低一个数量级,上下界偏差降低两个数量级,这说明了消除 CHE 模型中曲率驱动效应的必要性。

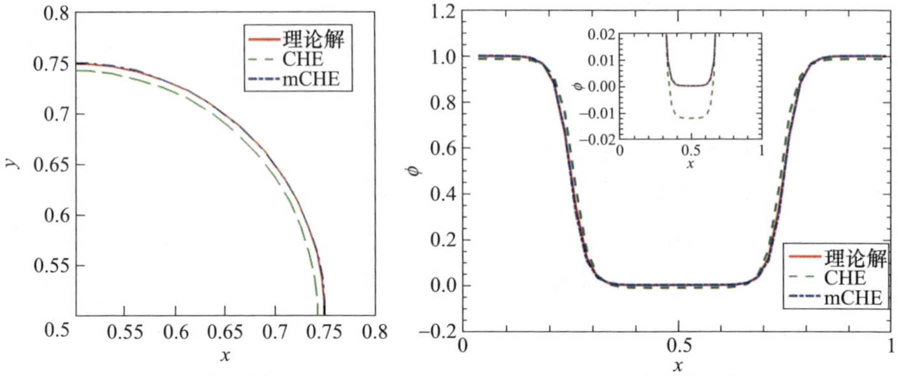

(a)界面轮廓　　(b)序参量分布

图 3-2　静置界面的平衡态对比

表 3-1　曲率半径对相对误差和有界性的影响

半径 R	模型	$\delta\phi_{min}$	$\delta\phi_{max}$	Er
10	CHE	-1.2×10^{-2}	-1.3×10^{-2}	2.29%
	mCHE	-7.3×10^{-5}	6.8×10^{-5}	0.20%
15	CHE	-8.1×10^{-3}	-7.9×10^{-3}	1.58%
	mCHE	-4.4×10^{-5}	4.8×10^{-5}	0.14%
20	CHE	-6.1×10^{-3}	-4.6×10^{-3}	1.11%
	mCHE	-3.4×10^{-5}	3.7×10^{-5}	0.11%

2. 双液滴

在双液滴平衡分布测试中，计算域给定为 80 × 80，液滴圆心分别为（25，40）和（60，40），半径分别为 15 和 10，界面厚度 $W = 3$，迁移率 $M_\phi = 0.01$，松弛时间为 0.8。图 3-3 对比了经历 10^7 次迭代后两模型得到的界面轮廓及序参量在 x 方向上的分布。在 CHE 模型中，大液滴以牺牲小液滴为代价不断增大，这一现象称为“界面粗化”。需要指出的是，界面粗化过程中，两液滴界面始终保持一定的距离，并未发生界面融合。在 mCHE 模型中，界面位置始终与初始状态一致，保持双曲正切分布。CHE 模型中序参量上下界偏移分别为 $\delta\phi_{max} = 1.40\times10^{-2}$ 和 $\delta\phi_{min} = 1.35\times10^{-2}$，mCHE 模型能够将序参量偏移量减小到 $\delta\phi_{max} = -5.74\times10^{-5}$ 和 $\delta\phi_{min} = -9.73\times10^{-5}$。

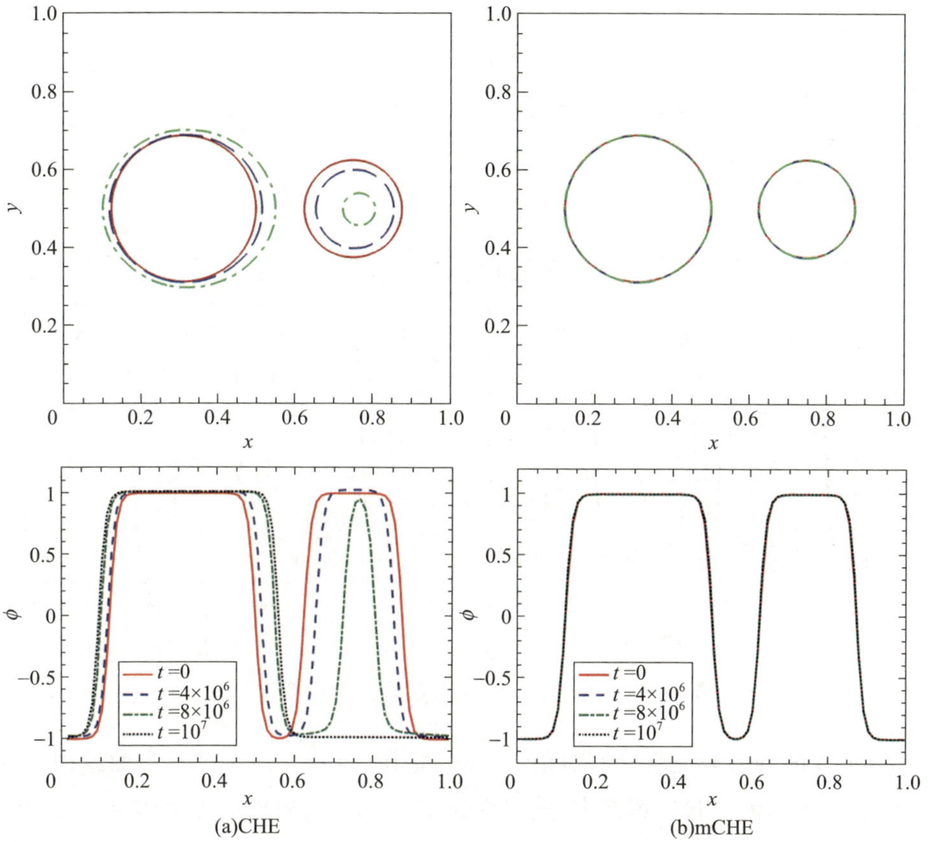

图 3-3 双液滴界面演化及序参量沿直线 $y=0.5$ 上的分布

3. 三液滴

在计算域 115 × 80 中水平布置三颗液滴，前两颗液滴的位置及大小同上一小节，第三颗液滴半径为 10，圆心坐标为（95，40）。图 3-4 比较了两模型预测的界面轮廓和在对称轴上的序参量分布。同双液滴模拟结果类似，mCHE 模型始终保持初始界面形貌，而原始 CHE 模型中液滴发生界面粗化。此外，修正后的相场模型能够将序参量上下界的偏移量幅值降低两个数量级。

3.3.2 平移流场界面捕捉

考虑具有周期边界的方形计算域 $L×L$，在速度场 $\boldsymbol{u}=(U,U)$ 的作用下，半径

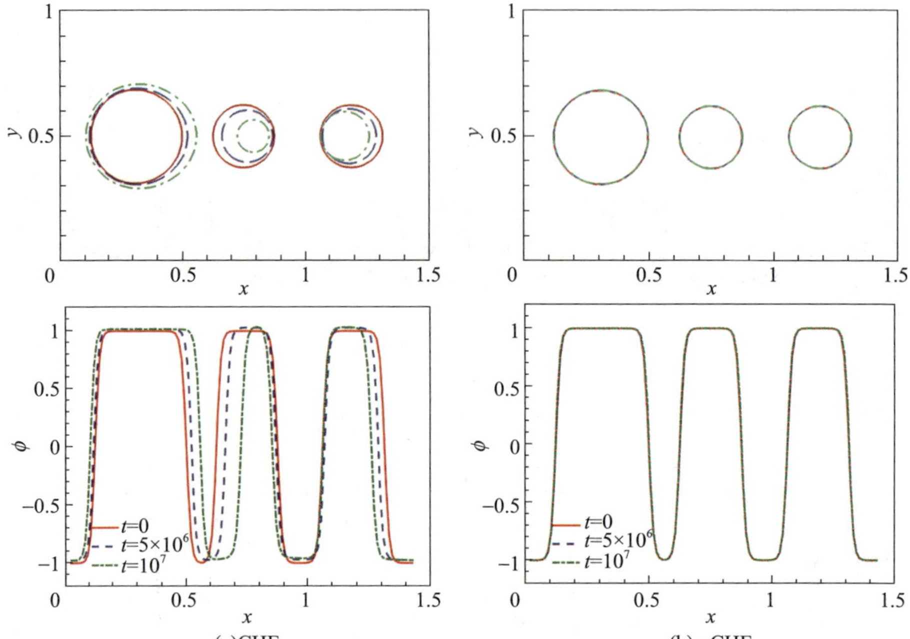

(a)CHE (b)mCHE

图 3-4　三液滴界面演化及序参量沿直线 $y=0.5$ 上的分布

为 $R=L/4$ 的圆形界面将沿着对角线平移，并在 $T=L/U$ 时刻圆形界面返回到初始位置。在当前的验证算例中，迁移率为 $M_\phi=0.01$，界面厚度为 $W=3$，序参量上下界分别设置为 $\phi_h=1$ 和 $\phi_l=0$。

若界面平移速度 $U=0.01$，图 3-5 比较了 10 个周期之后不同松弛时间下对应的序参量分布，只保留了 $0.02\leqslant\phi\leqslant0.98$ 的云图，相界面由黑色线条表示。当松弛时间为 0.53、0.7 和 0.9 时，两模型所预测得到的界面轮廓误差较大，气泡质心位置在速度方向上发生偏移，这是由于格子玻尔兹曼模型的三阶截断误差引起的。Zhang 等[1]基于高阶展开得到了三阶尺度上的主要误差项，可以通过设定 $\tau_\phi=0.5+\sqrt{3}/6$ 进行消除，当前的数值模拟结果验证了这一结论。

表 3-2 定量比较了不同松弛时间对相对误差和序参量有界性的影响。注意到序参量最小值 $\phi_{\min}$ 均为负值，由式(3.11)和式(3.12)可知，当密度比较大时可能产生负密度或负黏性系数，进一步导致计算发散，这限制了相场法在大密度比两相流中的应用。

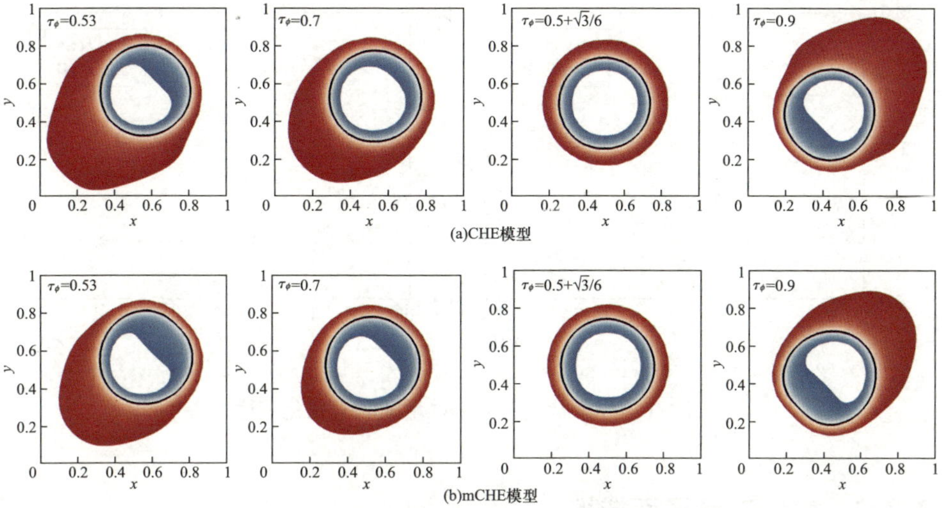

图 3-5　松弛时间对相界面的影响

表 3-2　松弛时间对相对误差和序参量有界性的影响

松弛时间 τ_ϕ	模型	$\delta\phi_{min}$	$\delta\phi_{max}$	Er
0.53	CHE	-4.9×10^{-2}	3.46×10^{-2}	10.31%
	mCHE	-4.3×10^{-2}	4.4×10^{-2}	10.21%
0.7	CHE	-3.1×10^{-2}	1.3×10^{-2}	5.71%
	mCHE	-2.2×10^{-2}	2.9×10^{-2}	5.35%
$0.5+\sqrt{3}/6$	CHE	-1.4×10^{-2}	-8.2×10^{-3}	1.84%
	mCHE	-1.5×10^{-3}	1.86×10^{-3}	0.49%
0.9	CHE	-4.9×10^{-2}	3.4×10^{-3}	9.88%
	mCHE	-4.3×10^{-2}	4.3×10^{-3}	9.77%

当松弛时间取值为 $\tau_\phi = 0.5 + \sqrt{3}/6$ 时,图 3-6 给出了序参量上下界偏移量的时间演化曲线。经历 10^4 次迭代之后,CHE 模型中序参量最小值基本保持不变而最大值不断减小,由于系统总质量守恒,这意味着气泡体积也在不断减小。尽管 mCHE 模型中在初始阶段也存在一定量的上下界偏移,但幅值较小且很快稳定,序参量分布近似呈双曲正切的理论分布,有助于保持分散相的体积不变。

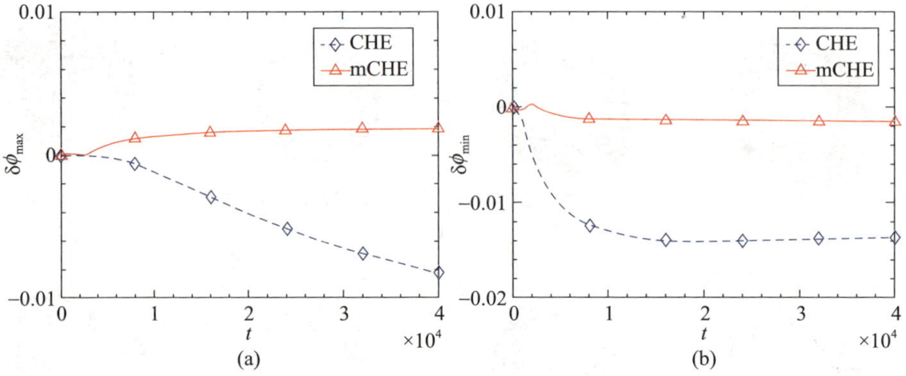

图 3-6　序参量上下界偏移量随时间变化规律

3.3.3　剪切流场界面捕捉

为了检验相场模型捕捉界面变形的能力，考察计算域 $L \times L$ 内半径为 $R = L/5$ 的圆形界面在剪切流场中的界面演化，其中圆心坐标为 $(L/2, 3L/4)$。给定随时间周期变化的速度场为[9]

$$\begin{cases} u_x = U\sin^2\left(\dfrac{\pi x}{L}\right)\sin\left(\dfrac{2\pi y}{L}\right)\cos\dfrac{\pi t}{T} \\ u_y = -U\sin\left(\dfrac{2\pi x}{L}\right)\sin^2\left(\dfrac{\pi y}{L}\right)\cos\dfrac{\pi t}{T} \end{cases} \tag{3.24}$$

式中：U 为特征速度；周期 $T = L/U$，初始时刻速度场矢量分布如图 3-7(a) 所示。界面在前半周期拉伸并在 $T/2$ 时刻变形最大形成条带状，后半周期速度场反向，界面逐渐恢复到初始形貌，如图 3-7(b) 所示。在当前 LBE 模拟中，设置 $U = 0.01$，$M_\phi = 0.01$，$\tau_\phi = 0.5 + \sqrt{3}/6$，$\phi_h = 1$ 和 $\phi_l = 0$。

图 3-8 对比了两模型在 $L = 100$ 和 $L = 200$ 时得到的界面轮廓，图中对应的时刻分别为 $t=0$、$t=0.25T$、$t=0.75T$ 和 $t=T$。理想状态下，关于 $t=0.5T$ 对称的时刻得到界面轮廓应当重合。然而，由于条带尾部的曲率较大，曲率驱动效应导致 CHE 模型产生较大误差。对比图 3-8(a)、(b) 和 (c)、(d) 可知，随着计算域 L 增大，曲率半径 R 增大，曲率驱动效应引起的界面移动得到抑制。mCHE 模型消除了曲率驱动项，一个周期之后得到的界面轮廓与初始分布吻合良好。

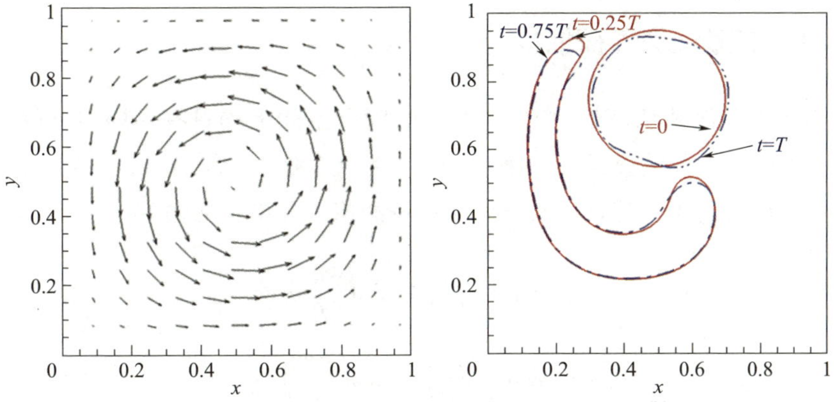

(a)　　(b)

图 3-7　剪切流场及界面演化

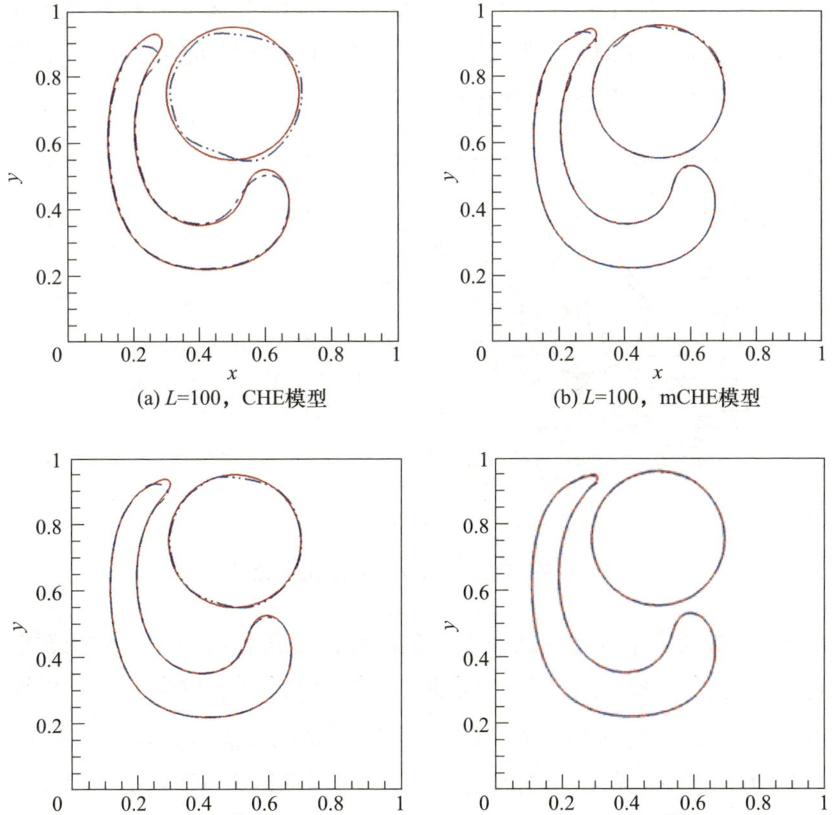

(a) L=100，CHE模型　　(b) L=100，mCHE模型

(c) L=100，CHE模型　　(d) L=200，mCHE模型

图 3-8　剪切流场中的界面演化

3.3.4 变形流场界面捕捉

不同于单涡剪切流场,变形流场在时间和空间上均具有周期性,可消除周期边界条件引入的数值误差。在 $L \times L = 500 \times 500$ 的计算域中,半径为 $R = L/5$ 的圆形界面放置于计算域中心。变形流场的速度分量定义如下:

$$\begin{cases} u_x = -U\sin\left(\dfrac{4\pi x}{L}\right) \times \sin\left(\dfrac{4\pi y}{L}\right) \cos\dfrac{\pi t}{T} \\ u_y = -U\cos\left(\dfrac{4\pi x}{L}\right) \times \cos\left(\dfrac{4\pi y}{L}\right) \cos\dfrac{\pi t}{T} \end{cases} \tag{3.25}$$

式中:$U = 0.01$, $T = 0.8L/U$ 。在格子玻尔兹曼模拟中,其余参数设置为 $M_\phi = 0.01$, $\phi_h = 1$, $\phi_l = 0$ 和 $\tau_\phi = 0.5 + \sqrt{3}/6$。变形流场的速度分布及界面演化如图 3-9 所示,相界面在前半周期拉伸并在 $T/2$ 时刻变形达到最大;后半周期速度场反向,界面逐渐恢复到初始形貌。

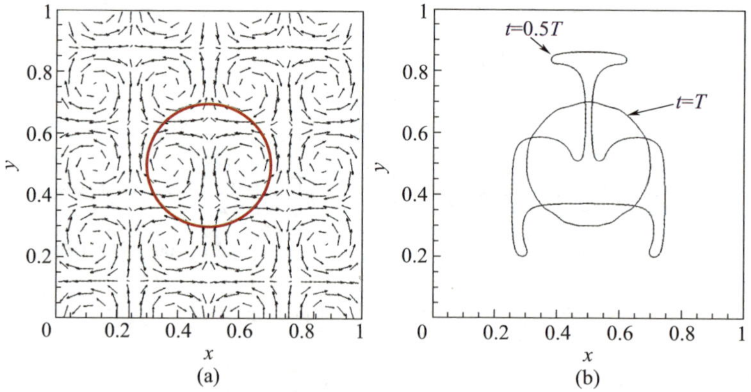

图 3-9 变形流场及界面演化示意图

图 3-10 对比了单周期内两模型得到的界面演化。在 $t = T/2$ 时刻相界面的曲率具有极大值,原始 CHE 模型受到曲率驱动效应影响,序参量上下界在颈部和尾部发生较大偏移。mCHE 模型在 $t = T/2$ 时刻能够保持良好的有界性,说明由曲率驱动导致的有界性变化得以消除。一个周期结束,CHE 模型中界面发生较大的扭曲变形,而 mCHE 模型得到的相界面与初始分布吻合良好。在一个周期内,mCHE 模型的有界性明显优于 CHE 模型。

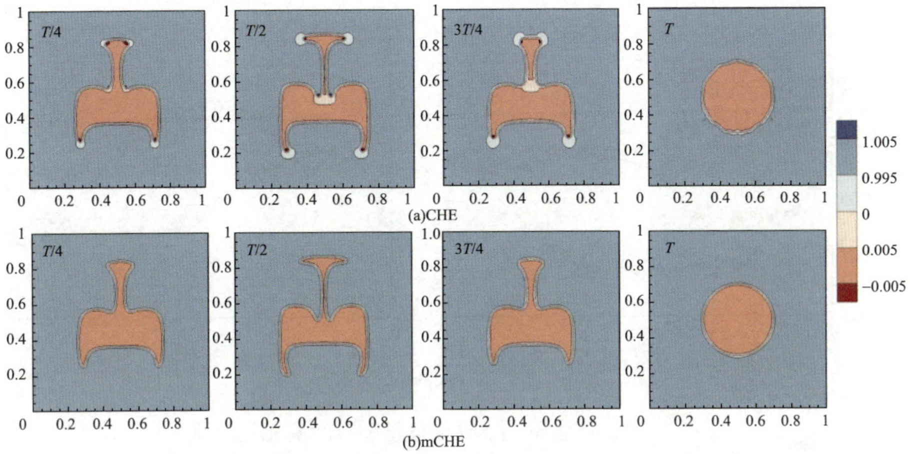

图 3-10　两模型在单周期内得到的相界面演化

图 3-11 和表 3-3 讨论了界面厚度对序参量有界性的影响。当 $W=2$ 时，序参量上下界偏移量的时间历程曲线发生轻微振荡，此时两模型的有界性变化规

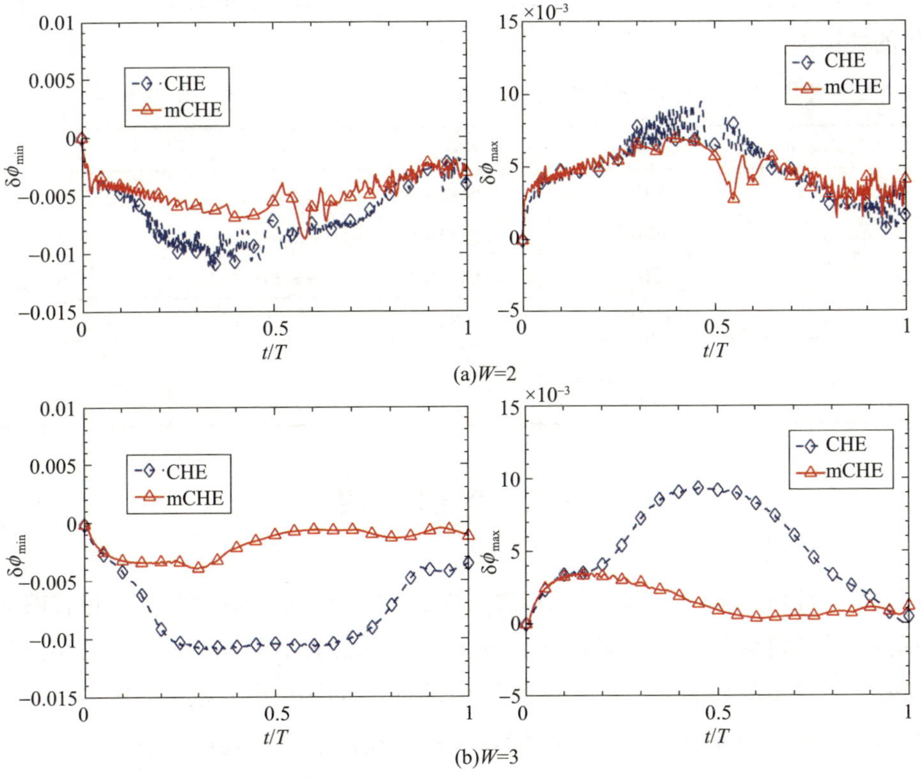

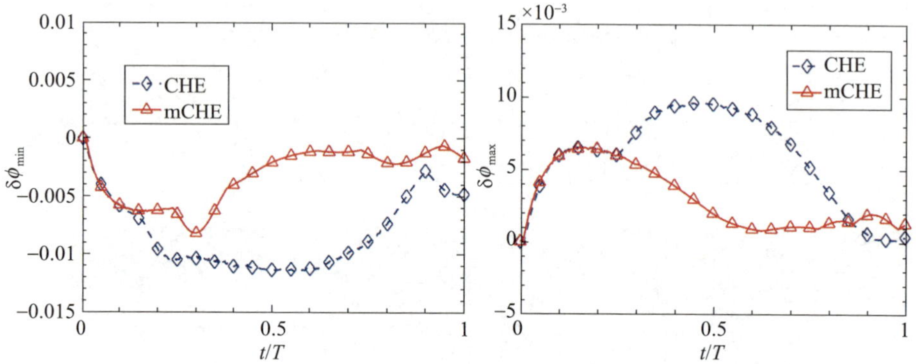

(c)W=4

图 3-11 序参量上下界偏移量随时间变化规律

律相近;随着界面厚度增大,mCHE 模型在 $T/2$ 时刻能够抑制序参量上下界偏移的幅值。当界面厚度从 $W=3$ 增加到 $W=4$ 时,模型的相对误差不降反增,这是因为 $T/2$ 时刻相界面的颈部尺寸与界面厚度相当,导致相界面在经历大变形之后难以恢复到其初始轮廓。因此,选择合适的界面厚度 W 是准确捕捉界面演化的关键因素。

表 3-3 不同界面厚度对序参量上下界偏移和相对误差的影响

界面厚度 W	模型	$\delta\phi_{max}$	$\delta\phi_{min}$	Er
2	CHE	1.66×10^{-3}	-4.06×10^{-3}	0.22%
	mCHE	4.15×10^{-3}	-3.03×10^{-3}	0.07%
3	CHE	4.63×10^{-4}	-3.39×10^{-3}	0.27%
	mCHE	1.19×10^{-3}	-1.05×10^{-3}	0.05%
4	CHE	3.68×10^{-4}	-4.76×10^{-3}	0.33%
	mCHE	1.25×10^{-3}	-1.69×10^{-3}	0.10%

3.4 本章小结

本章针对 Cahn-Hilliard 相场方程,通过引入补偿项消除化学势中包含的曲率驱动效应,得到修正的 Cahn-Hilliard 方程。以静置液滴、液滴平移、剪切流场和变形流场中的界面捕捉作为基准算例,验证了 mCHE 模型在保持序参量有界性和分散相体积守恒性等方面的优势,提高模型的有界性能够拓展其在大密度比两相流模拟中的应用。

参考文献

[1] ZHANG C H,GUO Z L,LIANG H. High-order lattice-Boltzmann model for the Cahn-Hilliard equation[J]. Physical Review E,2019,99(4):043310.

[2] LIANG H,SHI B C,GUO Z L,et al. Phase-field-based multiple-relaxation-time lattice Boltzmann model for incompressible multiphase flows [J]. Physical Review E, 2014, 89 (5):053320.

[3] YUE P T,ZHOU C F,FENG J J. Spontaneous shrinkage of drops and mass conservation in phase-field simulations[J]. Journal of Computational Physics,2007. 223(1):1-9.

[4] ZHANG C H,GUO Z L. Spontaneous shrinkage of droplet on a wetting surface in the phase-field model[J]. Physical Review E,2019. 100(6):061302.

[5] HU Y,HE Q,LI D C,et al. On the total mass conservation and the volume preservation in the diffuse interface method[J]. Computers & Fluids,2019,193:104291.

[6] FOLCH R,CASADEMUNT J,HERNÁNDEZ-MACHADO A,et al. Phase-field model for Hele-Shaw flows with arbitrary viscosity contrast. I. Theoretical approach[J]. Physical Review E, 1999,60:1724-1733.

[7] DADVAND A, BAGHERI M, SAMKHANIANI N, et al. Advected phase-field method for bounded solution of the Cahn-Hilliard Navier-Stokes equations[J]. Physics of Fluids,2021. 33(5):053311.

[8] XU X C,HU Y W,DAI B,et al. Modified phase-field-based lattice Boltzmann model for incompressible multiphase flows[J]. Physical Review E,2021,104(3):035305.

[9] REN F,SONG B W,SUKOP M C,et al. Improved lattice Boltzmann modeling of binary flow based on the conservative Allen - Cahn equation [J]. Physical Review E, 2016, 94 (2):023311.

相场格子玻尔兹曼二阶修正模型

第4章 相场格子玻尔兹曼二阶修正模型

常规单松弛 LBE 模型在求解守恒型相场方程时将产生二阶误差项,为了消除误差项,大量学者尝试对标准 LBE 模型进行修正,包括碰撞步修正型[1-3]和源项修正型[4-6]。这些修正模型都引入了自由松弛参数,当迁移率给定时,松弛时间可以自由选取。由于缺乏关于松弛时间对不同模型影响的研究,针对不同模型如何选择合适的松弛时间仍然是一个有待解决的问题。本章以守恒型 Allen-Cahn 方程为例,针对三类具有代表性的二阶修正模型,建立了二阶修正模型的统一格式。基于四阶多尺度展开分析,提取识别得到三阶和四阶尺度上的主要误差项。针对一系列基准算例,系统研究了不同松弛时间对三类模型的收敛速率、准确性、有界性和界面稳定性的影响。本章的研究结果可以为松弛时间的选择提供理论指导。

4.1 常规单松弛模型

4.1.1 守恒型 Allen-Cahn 方程

作为一种扩散界面方法,相场模型广泛应用于多相流体(有或无相变)流动的模拟之中。在相场理论框架下,不相溶两相流界面演化可以用序参量 $\phi(\boldsymbol{r},t)$

来描述，其中 $\boldsymbol{r}$ 表示空间坐标，t 表示时间。指定两相序参量的值分别为 ϕ_h 和 ϕ_l，$\phi_h > \phi_l$，则界面可以由 $\phi_0 = (\phi_l + \phi_h)/2$ 确定。系统的自由能泛函采用金兹堡-朗道形式[7]：

$$\mathcal{F}(\phi) = \int_{\Omega} \left\{ \psi(\phi) + \frac{k}{2} |\nabla \phi|^2 \right\} \mathrm{d}\boldsymbol{r} \tag{4.1}$$

式中：梯度平方项描述界面的自由能密度；$\psi(\phi)$ 为描述体相自由能密度的双势阱函数，可表示为[4]

$$\psi(\phi) = \beta(\phi - \phi_l)^2(\phi - \phi_h)^2 \tag{4.2}$$

式中：参数 k 和 β 与表面张力 σ 和界面厚度 W 满足关系[4]：

$$k = \frac{3}{2|\phi_h - \phi_l|^2} W\sigma \tag{4.3}$$

$$\beta = \frac{12\sigma}{|\phi_h - \phi_l|^4 W} \tag{4.4}$$

将式(4.1)最小化可以得到序参量在平直界面下的平衡态分布：

$$\phi(z) = \frac{\phi_h + \phi_l}{2} + \frac{\phi_h - \phi_l}{2} \tanh\left(\frac{2\xi}{W}\right) \tag{4.5}$$

式中：ξ 为沿着界面法向的局部坐标。由自由能泛函可以得到化学势 μ_ϕ 的表达式为

$$\mu_\phi = \frac{\delta \mathcal{F}}{\delta \phi} = \frac{\mathrm{d}\psi}{\mathrm{d}\phi} - k \nabla^2 \phi \tag{4.6}$$

若采用 Allen-Cahn 方程描述界面动力学行为，则有[7]

$$\partial_t \phi + \boldsymbol{u} \cdot \nabla \phi = M_\phi \left(\nabla^2 \phi - \frac{1}{k} \frac{\mathrm{d}\psi}{\mathrm{d}\phi} \right) \tag{4.7}$$

此时，相界面按照能量最小化的最速梯度方向移动，描述了非守恒序参量的动力学演化。然而，不混溶两相流问题实际上是严格守恒的。为了解决这一矛盾，Folch 等[8]建议在等式(4.7)右侧添加一个修正项以消除曲率 κ 对界面的驱动[9]，即

$$\partial_t \phi + \boldsymbol{u} \cdot \nabla \phi = M_\phi \left(\nabla^2 \phi - \frac{1}{k} \frac{\mathrm{d}\psi}{\mathrm{d}\phi} - \kappa(\phi) |\nabla \phi| \right) \tag{4.8}$$

式中：序参量的等高线曲率可表示为 $\kappa(\phi) = \nabla \cdot \boldsymbol{n}$，法向单位矢量 $\boldsymbol{n} = \nabla \phi / |\nabla \phi|$。基于渐近分析可知，修正项的引入可以消除平衡界面对曲率的

依赖性[8]。因此,式(4.8)能够保证任意初始相场分布松弛到双曲正切轮廓,并在界面平流过程维持该轮廓。假定平衡状态下序参量的梯度用 θ 表示,根据式(4.5)可得

$$\theta=\frac{\partial\phi}{\partial z}=\frac{4(\phi-\phi_h)(\phi-\phi_l)}{W(\phi_l-\phi_h)} \tag{4.9}$$

$$\boldsymbol{n}\cdot\boldsymbol{\nabla}\theta=\frac{\partial^2\phi}{\partial z^2}=\frac{1}{k}\frac{\mathrm{d}\psi}{\mathrm{d}\phi} \tag{4.10}$$

式(4.8)中等号右侧的第二项和第三项可以合并整理得

$$-\frac{1}{k}\frac{\mathrm{d}\psi}{\mathrm{d}\phi}-\kappa(\phi)\ |\boldsymbol{\nabla}\phi|\approx-\boldsymbol{n}\cdot\boldsymbol{\nabla}\theta-(\boldsymbol{\nabla}\cdot\boldsymbol{n})\theta=-\boldsymbol{\nabla}\cdot(\theta\boldsymbol{n}) \tag{4.11}$$

假定流场不可压,即 $\boldsymbol{\nabla}\cdot\boldsymbol{u}=0$,因此 Allen-Cahn 方程表示为

$$\partial_t\phi+\boldsymbol{\nabla}\cdot(\phi\boldsymbol{u})=M_\phi[\boldsymbol{\nabla}^2\phi-\boldsymbol{\nabla}\cdot(\theta\boldsymbol{n})] \tag{4.12}$$

式(4.12)在适当的边界条件下可以保证质量守恒[10],称为守恒型 Allen-Cahn 方程,守恒型 Allen-Cahn 方程也可以从界面平流方程或通量守恒方程导出[10-11]。

取特征长度 L、特征速度 U,守恒型 Allen-Cahn 方程涉及的变量可以归一化表示为

$$\bar{x}=x/L,\bar{\boldsymbol{u}}=\boldsymbol{u}/U,\bar{t}=tU/L,\bar{\phi}=\frac{\phi-\phi_l}{\phi_h-\phi_l} \tag{4.13}$$

因此,守恒型 Allen-Cahn 方程可以整理成无量纲形式

$$\partial_{\bar{t}}\bar{\phi}+\bar{\boldsymbol{\nabla}}\cdot(\bar{\boldsymbol{u}}\bar{\phi})=\frac{M^*}{Cn}\bar{\boldsymbol{\nabla}}\cdot\left[\bar{\boldsymbol{\nabla}}\bar{\phi}-\frac{4(1-\bar{\phi})\bar{\phi}}{Cn}\bar{\boldsymbol{n}}\right] \tag{4.14}$$

式中:M^* 为迁移率的无量纲数,$M^*=M_\phi W/(L^2U)$;Cn 为卡恩(Cahn)数,$Cn=W/L$。基于 Magaletti 等[12]的渐近展开分析,为了满足界面厚度趋于零时相场描述与尖锐界面描述一致,迁移率 M^* 应与 Cahn 数的平方成比例,即 $M^*\propto Cn^2$。尽管这一比例关系是从 Cahn-Hilliard 方程推导出来的,但它也同样适用于守恒型 Allen-Cahn 方程[13]。本书引入佩克莱特(Péclet)数 $Pe^*=UW/M_\phi$,使得这一比例关系简化为 $Pe^*\propto 1$。

4.1.2 标准 LBE 模型

作为一类典型的对流扩散方程,守恒型 Allen-Cahn 方程(4.12)可以很方

便地在格子玻尔兹曼方法理论框架下进行求解。Fakhari 等[14]基于守恒型 Allen-Cahn 方程构造了相应的格子玻尔兹曼方程：

$$\frac{Dh_i}{Dt}=\frac{\partial h_i}{\partial t}+\boldsymbol{e}_i\cdot\nabla h_i=-\frac{h_i-h_i^{\mathrm{eq}}}{\lambda_\phi}+R_i \tag{4.15}$$

式中：h_i 为粒子分布函数；λ_ϕ 为弛豫时间；$\boldsymbol{e}_i$ 为离散速度。接下来的研究中将采用 D2Q9 格子模型，其权系数为 w_i 分别为 $w_0=4/9$、$w_{1\sim4}=1/9$ 和 $w_{5\sim8}=1/36$，相应的离散速度矢量 $\boldsymbol{e}_i$ 为

$$[\boldsymbol{e}_0,\boldsymbol{e}_1,\boldsymbol{e}_2,\boldsymbol{e}_3,\boldsymbol{e}_4,\boldsymbol{e}_5,\boldsymbol{e}_6,\boldsymbol{e}_7,\boldsymbol{e}_8]=c\begin{bmatrix}0 & 1 & 1 & 0 & -1 & -1 & -1 & 0 & 1\\ 0 & 0 & 1 & 1 & 1 & 0 & -1 & -1 & -1\end{bmatrix} \tag{4.16}$$

式中：c 为迁移速度，$c=\delta_x/\delta_t$，由格子步长 δ_x 和时间步长 δ_t 的比值确定，声速表示为 $c_s=c/\sqrt{3}$。式(4.15)中的平衡分布函数 h_i^{eq} 和源项 R_i 分别为

$$h_i^{\mathrm{eq}}=w_i\phi\left(1+\frac{\boldsymbol{e}_i\cdot\boldsymbol{u}}{c_s^2}+\frac{(\boldsymbol{e}_i\cdot\boldsymbol{u})^2}{2c_s^4}-\frac{u^2}{2c_s^2}\right) \tag{4.17}$$

$$R_i=w_i\boldsymbol{e}_i\cdot\theta\boldsymbol{n} \tag{4.18}$$

基于梯形积分公式，式(4.15)展开可得

$$h_i(\boldsymbol{x}+\boldsymbol{e}_i\delta_t,t+\delta_t)=h_i(\boldsymbol{x},t)-\frac{\delta_t}{2\lambda_\phi}(h_i-h_i^{\mathrm{eq}})\Big|_{(\boldsymbol{x},t)}-\frac{\delta_t}{2\lambda_\phi}(h_i-h_i^{\mathrm{eq}})\Big|_{(\boldsymbol{x}+\boldsymbol{e}_i\delta_t,t+\delta_t)}+\frac{\delta_t}{2}R_i\Big|_{(\boldsymbol{x},t)}+\frac{\delta_t}{2}R_i\Big|_{(\boldsymbol{x}+\boldsymbol{e}_i\delta_t,t+\delta_t)} \tag{4.19}$$

定义 $\bar{h}_i=h_i+\dfrac{\delta_t}{2\lambda_\phi}(h_i-h_i^{\mathrm{eq}})-\dfrac{\delta_t}{2}R_i$，式(4.19)可以显式表示为

$$h_i(\boldsymbol{x}+\boldsymbol{e}_i\delta_t,t+\delta_t)-h_i(\boldsymbol{x},t)=-\frac{h_i(\boldsymbol{x},t)-h_i^{\mathrm{eq}}(\boldsymbol{x},t)}{\tau_\phi}+\left(1-\frac{1}{2\tau_\phi}\right)\delta_t R_i(\boldsymbol{x},t) \tag{4.20}$$

式中：松弛时间 $\tau_\phi=\lambda_\phi/\delta_t+0.5$，它满足关系 $M_\phi=(\tau_\phi-0.5)c_s^2\delta_t$，可由迁移率唯一确定。为了书写简单，式(4.20)略去了分布函数 $\bar{h}_i$ 上的短横标记。

为了得到式(4.18)中的单位法向矢量 $\boldsymbol{n}$，这里采用二阶各向同性插值求解序参量梯度：

$$\nabla \phi = \frac{3}{\Delta x} \sum_{i=1}^{8} \boldsymbol{e}_i w_i \phi(\boldsymbol{x} + \boldsymbol{e}_i \Delta x / c, t) \tag{4.21}$$

与基于非平衡分布求矩方法相比,差分近似具有更好的准确性和稳定性。

序参量可由分布函数进行更新:

$$\phi = \sum_{i=0}^{8} h_i \tag{4.22}$$

密度可由序参量线性插值得到:

$$\rho = \rho_1 + \frac{\phi - \phi_1}{\phi_h - \phi_1}(\rho_h - \rho_1) \tag{4.23}$$

式中:ρ_1 和 ρ_h 分别为轻流体和重流体的密度。

式(4.17)、式(4.18)、式(4.20)和式(4.22)给出了守恒型 Allen-Cahn 方程的格子玻尔兹曼模型。守恒型 Allen-Cahn 方程的格子玻尔兹曼模型计算流程如下:

(1)给定迁移率和界面厚度,序参量分布由式(4.5)进行初始化。

(2)分布函数由平衡分布函数(4.17)进行初始化。

(3)执行碰撞步:

$$h_i^*(\boldsymbol{x},t) = h_i(\boldsymbol{x},t) - \frac{h_i(\boldsymbol{x},t) - h_i^{\mathrm{eq}}(\boldsymbol{x},t)}{\tau_\phi} + \left(1 - \frac{1}{2\tau_\phi}\right)\delta_t R_i(\boldsymbol{x},t)$$

(4)执行迁移步:

$$h_i(\boldsymbol{x} + \boldsymbol{e}_i\delta_t, t + \delta_t) = h_i^*(\boldsymbol{x},t)$$

(5)补充从边界迁移进入的分布函数。

(6)计算宏观序参量,$\phi = \sum_{i=0}^{8} h_i$。

(7)重复步骤(3)~步骤(6),直到满足程序结束条件。

需要指出的是,施加分布函数边界条件的顺序并不固定,边界格式不同,执行的顺序也可能不同。半步反弹格式在碰撞步之后、迁移步之前执行边界条件,需要引入虚拟格点并完成虚拟格点分布函数的更新;全反弹格式在迁移步之后、宏观量更新之前实施;非平衡外推边界条件则在宏观边界量更新之后才能执行。分布函数的边界条件施加应保证"不重不漏",在角点处应特别注意这一点。

4.1.3 二阶截断误差分析

下面基于 Chapman-Enskog 多尺度展开分析 LBE 方程(4.20)在二阶尺度上的截断误差项。首先引入以下展开式:

$$\begin{cases}\partial_t = \varepsilon\partial_{t1} + \varepsilon^2\partial_{t2}\\ \boldsymbol{\nabla} = \varepsilon\boldsymbol{\nabla}_1\\ h_i = h_i^{(0)}(\boldsymbol{x},t) + \varepsilon h_i^{(1)}(\boldsymbol{x},t) + \varepsilon^2 h_i^{(2)}(\boldsymbol{x},t)\end{cases} \tag{4.24}$$

将式(4.20)在 $(\boldsymbol{x},t)$ 处作泰勒展开并略去 $O(\delta_t^2)$ 项,可得

$$\left[\delta_t(\partial_t + \boldsymbol{e}_i\cdot\boldsymbol{\nabla}) + \frac{\delta_t^2}{2}(\partial_t + \boldsymbol{e}_i\cdot\boldsymbol{\nabla})^2\right]h_i = -\frac{h_i - h_i^{\mathrm{eq}}}{\tau_\phi} + \left(1 - \frac{1}{2\tau_\phi}\right)\delta_t R_i \tag{4.25}$$

将展开式(4.24)带入式(4.25),得到 ε 序列:

$$O(\varepsilon^0):h_i^{(0)} = h_i^{\mathrm{eq}} \tag{4.26a}$$

$$O(\varepsilon^1):D_{1i}h_i^{(0)} = -\frac{h_i^{(1)}}{\tau_\phi\delta_t} + \left(1 - \frac{1}{2\tau_\phi}\right)R_i^{(1)} \tag{4.26b}$$

$$O(\varepsilon^2):\partial_{t2}h_i^{(0)} + D_{1i}h_i^{(1)} + \frac{\delta_t}{2}D_{1i}^2 h_i^{(0)} = -\frac{h_i^{(2)}}{\tau_\phi\delta_t} \tag{4.26c}$$

其中, $D_{1i} = \partial_{t1} + \boldsymbol{e}_i\cdot\boldsymbol{\nabla}_1$。将式(4.26b)带入式(4.26c)得

$$O(\varepsilon^2):\partial_{t2}h_i^{(0)} + D_{1i}\left[\left(1 - \frac{1}{2\tau_\phi}\right)\left(h_i^{(1)} + \frac{\delta_t}{2}R_i^{(1)}\right)\right] = -\frac{h_i^{(2)}}{\tau_\phi\delta_t} \tag{4.27}$$

平衡分布函数及源项的各阶矩满足

$$\begin{cases}\sum_i h_i^{\mathrm{eq}} = \phi,\quad \sum_i \boldsymbol{e}_i h_i^{\mathrm{eq}} = \phi\boldsymbol{u},\quad \sum_i \boldsymbol{e}_i\boldsymbol{e}_i h_i^{\mathrm{eq}} = \phi c_s^2\boldsymbol{I} + \phi\boldsymbol{u}\boldsymbol{u}\\ \sum_i h_i^{(l)} = 0, l \geqslant 1,\quad \sum_i R_i^{(1)} = 0,\quad \sum_i \boldsymbol{e}_i R_i^{(1)} = c_s^2\theta\boldsymbol{n}\end{cases} \tag{4.28}$$

对式(4.26b)和式(4.27)求零阶矩得到 t_1 和 t_2 尺度上的宏观方程为

$$\partial_{t1}\phi + \boldsymbol{\nabla}_1\cdot(\phi\boldsymbol{u}) = 0 \tag{4.29a}$$

$$\partial_{t2}\phi + \boldsymbol{\nabla}_1\cdot\boldsymbol{Q}^{(1)} = 0 \tag{4.29b}$$

其中, $\boldsymbol{Q}^{(1)}$ 的表达式为

$$\begin{aligned}\boldsymbol{Q}^{(1)} &= \left(1-\frac{1}{2\tau_\phi}\right)\sum_i \boldsymbol{e}_i\left(h_i^{(1)}+\frac{\delta_t}{2}R_i^{(1)}\right)\\ &=-\left(\tau_\phi-\frac{1}{2}\right)\delta_t\sum_i \boldsymbol{e}_i\left(D_{1i}h_i^{(0)}-\delta_t R_i^{(1)}\right)\\ &=-\left(\tau_\phi-\frac{1}{2}\right)c_s^2\delta_t(\boldsymbol{\nabla}_1\phi-\theta\boldsymbol{n})-\left(\tau_\phi-\frac{1}{2}\right)\delta_t\left[\partial_{t1}(\phi\boldsymbol{u})+\boldsymbol{\nabla}_1\cdot(\phi\boldsymbol{uu})\right]\end{aligned} \tag{4.30}$$

式中:第一行到第二行的推导用到了式(4.26b)。将上式 $\boldsymbol{Q}^{(1)}$ 的表达式代入式(4.29b)得到二阶尺度上的宏观方程为

$$\partial_{t2}\phi=\boldsymbol{\nabla}_1\cdot\left[M_\phi(\boldsymbol{\nabla}_1\phi-\theta\boldsymbol{n})+\frac{M_\phi}{c_s^2}\left(\partial_{t1}(\phi\boldsymbol{u})+\boldsymbol{\nabla}_1\cdot(\phi\boldsymbol{uu})\right)\right] \tag{4.31}$$

式中:迁移率为 $M_\phi=(\tau_\phi-1/2)c_s^2\delta_t$。结合式(4.29a)和式(4.31)得到宏观方程为

$$\partial_t\phi+\boldsymbol{\nabla}\cdot(\phi\boldsymbol{u})=\boldsymbol{\nabla}\cdot\left[M_\phi(\boldsymbol{\nabla}\phi-\theta\boldsymbol{n})\right]+E_\phi \tag{4.32}$$

式中:二阶截断误差项为

$$E_\phi=\frac{M_\phi}{c_s^2}\boldsymbol{\nabla}\cdot\left[\partial_t(\phi\boldsymbol{u})+\boldsymbol{\nabla}\cdot(\phi\boldsymbol{uu})\right] \tag{4.33}$$

基于式(4.29a),二阶误差项也可以简化为

$$E_\phi=\frac{M_\phi}{c_s^2}\boldsymbol{\nabla}\cdot\left[\phi(\partial_t\boldsymbol{u}+\boldsymbol{u}\cdot\boldsymbol{\nabla}\boldsymbol{u})\right] \tag{4.34}$$

当 LBE 模型采用线性平衡分布函数 $h_i^{\mathrm{eq}}=w_i\phi(1+\boldsymbol{e}_i\cdot\boldsymbol{u}/c_s^2)$,二阶展开分析步骤不变,只需将平衡分布二阶矩替换为 $\sum_i\boldsymbol{e}_i\boldsymbol{e}_ih_i^{\mathrm{eq}}=\phi c_s^2\boldsymbol{I}$,式(4.30)将不含 $-(\tau_\phi-1/2)\delta_t\boldsymbol{\nabla}_1\cdot\phi\boldsymbol{uu}$ 项,因此误差项减少为一项,即

$$E_\phi=\frac{M_\phi}{c_s^2}\boldsymbol{\nabla}\cdot\partial_t(\phi\boldsymbol{u}) \tag{4.35}$$

尽管上述分析是基于 Allen-Cahn 方程的 LBE 模型得出,所推导得到的二阶误差项广泛存在于对流扩散方程的 LBE 求解模型中。为了消除这一误差项,下一节将以守恒型 Allen-Cahn 方程为目标方程,介绍 3 种二阶修正的 LBE 模型。

4.2　二阶单松弛修正模型

下面介绍三种二阶单松弛修正模型，分别是基于分布函数差分项的校正格式、基于平衡分布差分项的校正格式以及基于时间偏导项的源项修正格式。三种修正模型均采用了线性平衡分布（不含速度二次项），模型中引入了自由松弛参数，这使得在给定迁移率的条件下，模型的松弛时间可以自由调节，为进一步提高模型的准确性提供了可能。

4.2.1　碰撞步修正模型

碰撞步修正格式的核心思想是利用相邻格点之间的分布函数（或者平衡分布函数）作空间差分运算产生人工扩散项，从而抵消二阶尺度上产生的截断误差。

1. 基于分布函数差分项校正

Zheng 等[1]首次采用这种策略对 Cahn-Hilliard 相场方程的 LBE 模型进行校正，改进模型引入了修正项 $\eta[h_i(\boldsymbol{x}+\boldsymbol{e}_i\delta_t,t)-h_i(\boldsymbol{x},t)]$，为了恢复目标相场方程，需要重新设计平衡分布函数。这里将其推广到守恒型 Allen-Cahn 方程的 LBE 模型（记为模型 A），为了恢复锐化通量 $-\boldsymbol{\nabla}\cdot(\theta\boldsymbol{n})$，离散源项需要作特殊设计。模型 A 的演化方程表示为

$$h_i(\boldsymbol{x}+\boldsymbol{e}_i\delta_t,t+\delta_t)=h_i(\boldsymbol{x},t)-\frac{h_i(\boldsymbol{x},t)-h_i^{\mathrm{eq}}(\boldsymbol{x},t)}{\tau_\phi}+\eta[h_i(\boldsymbol{x}+\boldsymbol{e}_i\delta_t,t)-h_i(\boldsymbol{x},t)]+\left(1-\frac{1}{2\tau_\phi}\right)\delta_t R_i(\boldsymbol{x},t) \tag{4.36}$$

式中：$\eta=(\tau_\phi-0.5)/(\tau_\phi+0.5)$，平衡分布函数和源项分别为

$$h_i^{\mathrm{eq}}=\begin{cases}w_i\Gamma\phi+(1-\Gamma)\phi, & i=0\\ w_i\phi\left(\Gamma+\dfrac{1}{1-\eta}\dfrac{\boldsymbol{e}_i\cdot\boldsymbol{u}}{c_s^2}\right), & i\neq 0\end{cases} \tag{4.37}$$

$$R_i = \frac{1-\eta}{2} w_i \Gamma \boldsymbol{e}_i \cdot \theta \boldsymbol{n} \tag{4.38}$$

式中：Γ 为自由松弛参数。为了便于 4.3.1 小节开展高阶截断误差分析，这里给出平衡分布和源项的各阶矩：

$$\begin{cases} \phi = \sum_i h_i^{\mathrm{eq}}, B_\alpha = \sum_i e_{i\alpha} h_i^{\mathrm{eq}} = \dfrac{\phi u_\alpha}{1-\eta}, \Pi_{\alpha\beta}^0 = \sum_i e_{i\alpha} e_{i\beta} h_i^{\mathrm{eq}} = c_s^2 \Gamma \phi \delta_{\alpha\beta} \\ Q_{\alpha\beta\gamma}^0 = \sum_i e_{i\alpha} e_{i\beta} e_{i\gamma} h_i^{\mathrm{eq}} = c_s^2 (B_\alpha \delta_{\beta\gamma} + B_\beta \delta_{\alpha\gamma} + B_\gamma \delta_{\alpha\beta}) \\ A_{\alpha\beta\gamma\delta}^0 = \sum_i e_{i\alpha} e_{i\beta} e_{i\gamma} e_{i\delta} h_i^{\mathrm{eq}} = c_s^4 \Gamma \phi (\delta_{\alpha\beta}\delta_{\gamma\delta} + \delta_{\alpha\gamma}\delta_{\beta\delta} + \delta_{\alpha\delta}\delta_{\beta\gamma}) \\ \sum_i R_i = 0, S_\alpha = \sum_i e_{i\alpha} R_i = \dfrac{1-\eta}{2} \Gamma c_s^2 \theta n_\alpha, \Psi_{\alpha\beta} = \sum_i e_{i\alpha} e_{i\beta} R_i = 0 \\ \Xi_{\alpha\beta\gamma} = \sum_i e_{i\alpha} e_{i\beta} e_{i\gamma} R_i = \dfrac{1-\eta}{2} \Gamma c_s^4 \theta (n_\alpha \delta_{\beta\gamma} + n_\beta \delta_{\alpha\gamma} + n_\gamma \delta_{\alpha\beta}) \end{cases} \tag{4.39}$$

基于多尺度分析可以得到迁移率和松弛时间的关系式：

$$M_\phi = \frac{(1-\eta)^2}{2} \Gamma (\tau_\phi - 0.5)\, c_s^2 \delta_t \tag{4.40}$$

为了改进模型的局部性，对式(4.36)的非局部项重新整理，设计了碰撞-迁移-修正的三步算法。模型 A 的三步算法表示为

碰撞步：$h_i^*(\boldsymbol{x},t) = \left(1 - \dfrac{1}{\tau_\phi} - \eta\right) h_i(\boldsymbol{x},t) + \dfrac{1}{\tau_\phi} h_i^{\mathrm{eq}}(\boldsymbol{x},t) + \delta_t R_i(\boldsymbol{x},t)$ (4.41)

迁移步：$h_i^{\mathrm{st}}(\boldsymbol{x} + \boldsymbol{e}_i \delta_t, t + \delta_t) = h_i^*(\boldsymbol{x},t)$ (4.42)

修正步：$h_i(\boldsymbol{x} + \boldsymbol{e}_i \delta_t, t + \delta_t) = h_i^{\mathrm{st}}(\boldsymbol{x} + \boldsymbol{e}_i \delta_t, t + \delta_t) + \eta h_i(\boldsymbol{x} + \boldsymbol{e}_i \delta_t, t)$ (4.43)

上述计算流程中，碰撞-迁移过程和标准的 LBE 算法一致，修正步只涉及当前格点的信息，因此模型继承了标准 LBE 模型的并行计算优势。

2. 基于平衡分布差分项校正

Zu 和 He[2] 提出了基于 Cahn-Hilliard 方程的 LBE 模型，引入修正项 $\eta[h_i^{\mathrm{eq}}(\boldsymbol{x} + \boldsymbol{e}_i \delta_t, t) - h_i^{\mathrm{eq}}(\boldsymbol{x},t)]$ 代替 $\eta[h_i(\boldsymbol{x} + \boldsymbol{e}_i \delta_t, t) - h_i(\boldsymbol{x},t)]$。随后，他们又拓展此方法，得到了 Allen-Cahn 方程的修正模型(记为模型 B)。演化方程表示为[3]

$$h_i(\boldsymbol{x}+\boldsymbol{e}_i\delta_t,t+\delta_t)=h_i(\boldsymbol{x},t)-\frac{h_i(\boldsymbol{x},t)-h_i^{\mathrm{eq}}(\boldsymbol{x},t)}{\tau_\phi}$$
$$+\eta\left[h_i^{\mathrm{eq}}(\boldsymbol{x}+\boldsymbol{e}_i\delta_t,t)-h_i^{\mathrm{eq}}(\boldsymbol{x},t)\right]+\left(1-\frac{1}{2\tau_\phi}\right)\delta_t R_i(\boldsymbol{x},t) \tag{4.44}$$

式中：$\eta=2\tau_\phi-1$，平衡分布函数与模型 A 的表达式(4.37)相同，源项设计为

$$R_i=(1-\eta)w_i\Gamma\boldsymbol{e}_i\cdot\theta\boldsymbol{n} \tag{4.45}$$

源项各阶矩的表达式为

$$\begin{cases}\sum_i R_i=0,S_\alpha=\sum_i e_{i\alpha}R_i=(1-\eta)\,\Gamma c_s^2\theta n_\alpha,\Psi_{\alpha\beta}=\sum_i e_{i\alpha}e_{i\beta}R_i=0\\ \Xi_{\alpha\beta\gamma}=\sum_i e_{i\alpha}e_{i\beta}e_{i\gamma}R_i=(1-\eta)\,\Gamma c_s^4\theta(n_\alpha\delta_{\beta\gamma}+n_\beta\delta_{\alpha\gamma}+n_\gamma\delta_{\alpha\beta})\end{cases} \tag{4.46}$$

迁移率和松弛时间的关系满足：

$$M_\phi=(1-\eta)\Gamma(\tau_\phi-0.5)\,c_s^2\delta_t \tag{4.47}$$

类似地，模型 B 的局部性改进算法描述为

碰撞步：$h_i^*(\boldsymbol{x},t)=\left(1-\frac{1}{\tau_\phi}\right)h_i(\boldsymbol{x},t)+\left(\frac{1}{\tau_\phi}-\eta\right)h_i^{\mathrm{eq}}(\boldsymbol{x},t)+\delta_t R_i(\boldsymbol{x},t)$ (4.48)

迁移步：$h_i^{\mathrm{st}}(\boldsymbol{x}+\boldsymbol{e}_i\delta_t,t+\delta_t)=h_i^*(\boldsymbol{x},t)$ (4.49)

修正步：$h_i(\boldsymbol{x}+\boldsymbol{e}_i\delta_t,t+\delta_t)=h_i^{\mathrm{st}}(\boldsymbol{x}+\boldsymbol{e}_i\delta_t,t+\delta_t)+\eta h_i^{\mathrm{eq}}(\boldsymbol{x}+\boldsymbol{e}_i\delta_t,t)$ (4.50)

4.2.2　源项修正模型

Liang 等[4]采用另外一种思路，直接在演化方程中添加宏观量的时间偏导项来消除误差项，得到源项修正型的 LBE 模型（模型 C）。模型 C 演化方程表示为[4]

$$h_i(\boldsymbol{x}+\boldsymbol{e}_i\delta_t,t+\delta_t)=h_i(\boldsymbol{x},t)-\frac{h_i(\boldsymbol{x},t)-h_i^{\mathrm{eq}}(\boldsymbol{x},t)}{\tau_\phi}+\left(1-\frac{1}{2\tau_\phi}\right)\delta_t\left[R_i(\boldsymbol{x},t)+\bar{R}_i(\boldsymbol{x},t)\right] \tag{4.51}$$

式中：平衡分布函数设计为

$$h_i^{\mathrm{eq}} = \begin{cases} w_i \Gamma \phi + (1 - \Gamma)\phi, & i = 0 \\ w_i \phi\left(\Gamma + \dfrac{\boldsymbol{e}_i \cdot \boldsymbol{u}}{c_s^2}\right), & i \neq 0 \end{cases} \tag{4.52}$$

源项和修正项分别为

$$R_i = w_i \Gamma \boldsymbol{e}_i \cdot \theta \boldsymbol{n} \tag{4.53}$$

$$\bar{R}_i = w_i \boldsymbol{e}_i \cdot \frac{\partial_t(\phi \boldsymbol{u})}{c_s^2} \tag{4.54}$$

分布函数及源项的各阶矩满足：

$$\begin{cases} \sum_i h_i^{\mathrm{eq}} = \phi,\ \sum_i \boldsymbol{e}_i h_i^{\mathrm{eq}} = \phi \boldsymbol{u},\ \sum_i \boldsymbol{e}_i \boldsymbol{e}_i h_i^{\mathrm{eq}} = \Gamma \phi c_s^2 \\ \sum_i h_i^{(l)} = 0, l \geqslant 1,\ \sum_i R_i^{(1)} = 0,\ \sum_i \boldsymbol{e}_i R_i^{(1)} = \Gamma c_s^2 \theta \boldsymbol{n} + \partial_{t1}(\phi \boldsymbol{u}) \end{cases} \tag{4.55}$$

采用类似 4.1.3 节的 Chapman-Enskog 多尺度分析，推导得到 $\boldsymbol{Q}^{(1)}$ 的表达式为

$$\boldsymbol{Q}^{(1)} = \left(1 - \frac{1}{2\tau_\phi}\right) \sum_i \boldsymbol{e}_i \left(h_i^{(1)} + \frac{\delta_t}{2} R_i^{(1)}\right) = - M_\phi (\boldsymbol{\nabla}_1 \phi - \theta \boldsymbol{n}) \tag{4.56}$$

代入式(4.29b)，可以准确恢复得到宏观 Allen-Cahn 方程，其中松弛时间和迁移率之间的关系为

$$M_\phi = \Gamma(\tau_\phi - 0.5)\, c_s^2 \delta_t \tag{4.57}$$

在执行碰撞-迁移算法时，式(4.54)采用向前差分格式：

$$\bar{R}_i = w_i \boldsymbol{e}_i \cdot \frac{(\phi \boldsymbol{u})|_{(\boldsymbol{x},t)} - (\phi \boldsymbol{u})|_{(\boldsymbol{x},t-\delta_t)}}{c_s^2 \delta_t} \tag{4.58}$$

4.2.3 二阶修正模型统一格式

碰撞步修正格式（模型 A 和模型 B）和源项修正格式（模型 C）可以整理成统一形式，分布函数演化方程表示为

$$h_i(\boldsymbol{x}+\boldsymbol{e}_i\delta_t,t+\delta_t)=h_i(\boldsymbol{x},t)-\frac{h_i(\boldsymbol{x},t)-h_i^{\mathrm{eq}}(\boldsymbol{x},t)}{\tau_\phi} \\ +\delta_t\bar{R}_i+\left(1-\frac{1}{2\tau_\phi}\right)\delta_t R_i(\boldsymbol{x},t) \tag{4.59}$$

式中:平衡分布函数统一描述为

$$h_i^{\mathrm{eq}}=\begin{cases}w_i\Gamma\phi+(1-\Gamma)\phi, & i=0\\ w_i\phi\left(\Gamma+\dfrac{1}{1-\eta}\dfrac{\boldsymbol{e}_i\cdot\boldsymbol{u}}{c_s^2}\right), & i\neq 0\end{cases} \tag{4.60}$$

修正项 $\bar{R}_i$ 用于消除二阶误差项,源项 R_i 用于恢复锐化通量 $-\nabla\cdot(\theta\boldsymbol{n})$,源项表达式为

$$R_i=\xi_s w_i\Gamma\boldsymbol{e}_i\cdot\theta\boldsymbol{n} \tag{4.61}$$

松弛参数与迁移率的关系表示为

$$M_\phi=\xi_m\Gamma(\tau_\phi-0.5)c_s^2\delta_t \tag{4.62}$$

式中:系数 η 、ξ_s 和 ξ_m 与松弛时间 τ_ϕ 有关,如表 4-1 所列。序参量均由 $\phi=\sum_i h_i$ 得到。

表 4-1　二阶修正模型统一格式涉及的相关表达式

模型	η	ξ_m	ξ_s	修正项 $\delta_t\bar{R}_i$
模型 A	$\dfrac{\tau_\phi-0.5}{\tau_\phi+0.5}$	$\dfrac{1}{2}(1-\eta)^2$	$\dfrac{1-\eta}{2}$	$\eta[h_i(\boldsymbol{x}+\boldsymbol{e}_i\delta_t,t)-h_i(\boldsymbol{x},t)]$
模型 B	$2\tau_\phi-1$	$1-\eta$	$1-\eta$	$\eta[h_i^{\mathrm{eq}}(\boldsymbol{x}+\boldsymbol{e}_i\delta_t,t)-h_i^{\mathrm{eq}}(\boldsymbol{x},t)]$
模型 C	0	1	1	$\left(1-\dfrac{1}{2\tau_\phi}\right)w_i\boldsymbol{e}_i\cdot\dfrac{(\phi\boldsymbol{u})\vert_{(\boldsymbol{x},t)}-(\phi\boldsymbol{u})\vert_{(\boldsymbol{x},t-\delta_t)}}{c_s^2}$

上述三种修正模型均能在二阶尺度上准确恢复得到守恒型 Allen-Cahn 方程,其共同特点包括:①采用了线性的平衡分布函数;②引入了自由松弛参数 Γ 。当给定迁移率参数,可以通过改变自由松弛参数 Γ 来调节无量纲松弛时间。图 4-1 比较了式(4.40)、式(4.47)和式(4.57)所给出的 Γ 和 τ_ϕ 之间的关系。当 τ_ϕ 趋近于 0.5 时,Γ 迅速增大,导致数值不稳定甚至发散。在模型 B 中,还存在另外一个特殊点 $\tau_\phi=1$,此时模型 B 的演化方程可以化简为

$h_i(\boldsymbol{x}+\boldsymbol{e}_i\delta_t,t+\delta_t)=h_i^{\mathrm{eq}}(\boldsymbol{x}+\boldsymbol{e}_i\delta_t,t)$ ，分布函数始终等于平衡分布，无法恢复宏观相场方程。

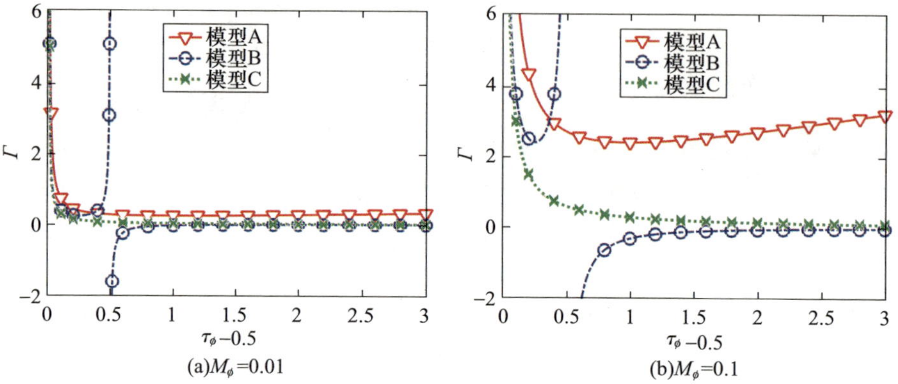

图 4-1　给定迁移率条件下 Γ 和 τ_ϕ 的关系

4.3　高阶截断误差对比分析

为了研究松弛参数对模型精度的影响，有必要进行高阶多尺度展开分析。对于当前修正的 LBE 模型，高阶 Chapman-Enskog 渐进展开分析非常复杂。为了简化分析过程，这里采用 Holdych 等[15]提出的截断误差分析方法并结合无量纲分析提取高阶主要误差项。

4.3.1　模型 A 高阶分析

以模型 A 为例，首先将演化方程(4.36)改写成

$$\begin{aligned}h_i(\boldsymbol{x},t)=&\left(1-\frac{1}{\tau_\phi}\right)h_i(\boldsymbol{x}-\boldsymbol{e}_i\delta_t,t-\delta_t)+\frac{1}{\tau_\phi}h_i^{\mathrm{eq}}(\boldsymbol{x}-\boldsymbol{e}_i\delta_t,t-\delta_t)\\&+\delta_t\left(1-\frac{1}{2\tau_\phi}\right)R_i(\boldsymbol{x}-\boldsymbol{e}_i\delta_t,t-\delta_t)\\&+\eta\left[h_i(\boldsymbol{x},t-\delta_t)-h_i(\boldsymbol{x}-\boldsymbol{e}_i\delta_t,t-\delta_t)\right]\end{aligned}\tag{4.63}$$

利用式(4.63)进行递归迭代，消除等式右侧的分布函数 h_i ，迭代 $k-1$ 次可得

$$h_i(\boldsymbol{x},t)=\sum_{n=1}^{k}\sum_{s=1}^{n}C_{n-1}^{s-1}\left(1-\frac{1}{\tau_\phi}-\eta\right)^{s-1}\eta^{n-s}$$
$$\times\left[\frac{1}{\tau_\phi}h_i^{\mathrm{eq}}(\boldsymbol{x}-s\boldsymbol{e}_i\delta_t,t-n\delta_t)+\delta_t\left(1-\frac{1}{2\tau_\phi}\right)R_i(\boldsymbol{x}-s\boldsymbol{e}_i\delta_t,t-n\delta_t)\right]$$
$$+\eta[h_i(\boldsymbol{x},t-\delta_t)-h_i(\boldsymbol{x}-\boldsymbol{e}_i\delta_t,t-\delta_t)]\tag{4.64}$$

式中:组合数定义为 $C_k^s=\dfrac{k!}{s!\ (k-s)!}$,当 $k=\infty$ 时,式(4.64)表示为

$$h_i(\boldsymbol{x},t)=\sum_{n=1}^{\infty}\sum_{s=1}^{n}C_{n-1}^{s-1}\left(1-\frac{1}{\tau_\phi}-\eta\right)^{s-1}\eta^{n-s}$$
$$\times\left[\frac{1}{\tau_\phi}h_i^{\mathrm{eq}}(\boldsymbol{x}-s\boldsymbol{e}_i\delta_t,t-n\delta_t)+\delta_t\left(1-\frac{1}{2\tau_\phi}\right)R_i(\boldsymbol{x}-s\boldsymbol{e}_i\delta_t,t-n\delta_t)\right]\tag{4.65}$$

进一步对式中平衡分布函数 $h_i^{\mathrm{eq}}(\boldsymbol{x}-s\boldsymbol{e}_i\delta_t,t-n\delta_t)$ 和源项 $R_i(\boldsymbol{x}-s\boldsymbol{e}_i\delta_t,t-n\delta_t)$ 作泰勒展开,可得

$$h_i(\boldsymbol{x},t)=h_i^{\mathrm{eq}}(\boldsymbol{x},t)+\delta_t\tau_2R_i(\boldsymbol{x},t)$$
$$+\sum_{m=0}^{\infty}\sum_{r=0}^{m}p_{mr}\tau_\phi\delta_t^m(\boldsymbol{e}_i\cdot\boldsymbol{\nabla})^r\partial_t^{m-r}[h_i^{\mathrm{eq}}(\boldsymbol{x},t)+\delta_t\tau_2R_i(\boldsymbol{x},t)]\tag{4.66}$$

式中:$\tau_2=\tau_\phi-0.5$,$p_{mr}(\tau_\phi)$ 表示第 m 阶第 r 项的系数,其定义如下:

$$p_{mr}=\frac{C_m^r}{m!\ \tau_\phi^2}\sum_{n=1}^{\infty}\sum_{s=1}^{n}C_{n-1}^{s-1}\left(1-\frac{1}{\tau_\phi}-\eta\right)^{s-1}\eta^{n-s}(-s)^r(-n)^{m-r}\tag{4.67}$$

将方程(4.66)关于 i 求和并保留前四阶项,可得

$$0=p_{10}\partial_t\phi+p_{11}\partial_\alpha B_\alpha$$
$$+\delta_t[p_{20}\partial_{tt}\phi+p_{21}\partial_{t\alpha}B_\alpha+p_{22}\partial_{\alpha\beta}\Pi_{\alpha\beta}^0+\tau_2p_{11}\partial_\alpha S_\alpha]$$
$$+\delta_t^2[p_{30}\partial_{ttt}\phi+p_{31}\partial_{tt\alpha}B_\alpha+p_{32}\partial_{t\alpha\beta}\Pi_{\alpha\beta}^0+p_{33}\partial_{\alpha\beta\gamma}Q_{\alpha\beta\gamma}^0]$$
$$+\delta_t^2[\tau_2p_{21}\partial_{t\alpha}S_\alpha+\tau_2p_{22}\partial_{\alpha\beta}\Psi_{\alpha\beta}]$$
$$+\delta_t^3[p_{40}\partial_{tttt}\phi+p_{41}\partial_{ttt\alpha}B_\alpha+p_{42}\partial_{tt\alpha\beta}\Pi_{\alpha\beta}^0+p_{43}\partial_{t\alpha\beta\gamma}Q_{\alpha\beta\gamma}^0+p_{44}\partial_{\alpha\beta\gamma\delta}A_{\alpha\beta\gamma\delta}^0]$$
$$+\delta_t^3[\tau_2p_{31}\partial_{tt\alpha}S_\alpha+\tau_2p_{32}\partial_{t\alpha\beta}\Psi_{\alpha\beta}+\tau_2p_{33}\partial_{\alpha\beta\gamma}\Xi_{\alpha\beta\gamma}]+O(\delta_t^3)\tag{4.68}$$

式(4.68)用到了 $p_{00}=1/\tau_\phi$，式中其他 20 项的系数可由定义式(4.67)直接求得，这里只给出后面推导将会用到的系数表达式：

$$\begin{cases} p_{10}=-1, p_{11}=-(1-\eta) \\ p_{20}=\tau_\phi-0.5, p_{21}=-1+2(1-\eta)\tau_\phi, p_{22}=(1-\eta)\left(-\tau_\phi\eta+\tau_\phi-\dfrac{1}{2}\right) \\ p_{32}=-0.5-3\tau_\phi(-1+\eta)-3\tau_\phi^2(-1+\eta)^2 \\ p_{33}=(1-\eta)\dfrac{-1+6\tau_\phi(1-\eta)-6\tau_\phi^2(1-\eta)^2}{6} \\ p_{44}=(1-\eta)\dfrac{-1+14\tau_\phi(1-\eta)-36\tau_\phi^2(1-\eta)^2+24\tau_\phi^3(1-\eta)^3}{24} \end{cases} \tag{4.69}$$

为了识别主要误差项，这里采用另一种无量纲形式重写守恒型 Allen-Cahn 相场方程：

$$Ma[\partial_{\bar{t}}\bar{\phi}+\bar{\boldsymbol{\nabla}}\cdot(\bar{\boldsymbol{u}}\bar{\phi})]=Kn\bar{\boldsymbol{\nabla}}\cdot\left[\bar{\boldsymbol{\nabla}}\bar{\phi}-\frac{4(1-\bar{\phi})\bar{\phi}}{Cn}\bar{\boldsymbol{n}}\right]+E_\phi \tag{4.70}$$

式中：马赫数(Ma)和克努森数(Kn)分别定义为 $Ma=U/c_s$ 和 $Kn=M_\phi/(c_sL)$ 。基于式(4.62)，克努森数也可以表示为 $Kn=\xi_m\Gamma(\tau_\phi-0.5)c_s\delta_t/L$ 。方程(4.68)中不同项的量纲数如表 4-2 所列，表中省略了各项系数。

表 4-2　方程(4.68)不同项的无量纲数

无量纲数	相关项
Ma	$\partial_\alpha B_\alpha, \partial_t\phi$
Kn	$\partial_\alpha S_\alpha, \partial_{\alpha\beta}\Pi^0_{\alpha\beta}$
$KnMa^2$	$\partial_{t\alpha}B_\alpha, \partial_{tt}\phi$
Kn^2Ma	$\partial_{t\alpha}S_\alpha, \partial_{\alpha\beta\gamma}Q^0_{\alpha\beta\gamma}, \partial_{t\alpha\beta}\Pi^0_{\alpha\beta}$
Kn^3	$\partial_{\beta\beta\alpha}(\theta n_\alpha), \partial_{\alpha\beta\gamma\delta}A_{\alpha\beta\gamma\delta}$
Kn^2Ma^3	$\partial_{tt\alpha}B_\alpha, \partial_{ttt}\phi$
Kn^3Ma^4	$\partial_{ttt\alpha}B_\alpha, \partial_{tttt}\phi$
Kn^3Ma^2	$\partial_{tt\alpha}\theta n_\alpha, \partial_{t\alpha\beta\gamma}Q^0_{\alpha\beta\gamma}, \partial_{tt\alpha\beta}\Pi^0_{\alpha\beta}$

忽略掉 $O(Ma^3, Kn^3)$ 的高阶小量，方程(4.68)可以化简为

$$
\begin{aligned}
\partial_t\phi &= p_{11}\partial_\alpha B_\alpha \\
&\quad + \delta_t[p_{20}\partial_{tt}\phi + p_{21}\partial_{t\alpha}B_\alpha + p_{22}\partial_{\alpha\beta}\Pi^0_{\alpha\beta} + \tau_2 p_{11}\partial_\alpha S_\alpha] \\
&\quad + \delta_t^2[p_{32}\partial_{t\alpha\beta}\Pi^0_{\alpha\beta} + p_{33}\partial_{\alpha\beta\gamma}Q^0_{\alpha\beta\gamma} + \tau_2 p_{21}\partial_{t\alpha}S_\alpha] \\
&\quad + \delta_t^3[p_{44}\partial_{\alpha\beta\gamma\delta}A^0_{\alpha\beta\gamma\delta} + \tau_2 p_{33}\partial_{\alpha\beta\gamma}\Xi_{\alpha\beta\gamma}] + O(Ma^3, Kn^3, \delta_t^3)
\end{aligned}
\tag{4.71}
$$

将式(4.71)左右两侧同时对时间求偏导得

$$
\delta_t\partial_{tt}\phi = \delta_t p_{11}\partial_{t\alpha}B_\alpha + \delta_t^2[p_{22}\partial_{t\alpha\beta}\Pi^0_{\alpha\beta} + \tau_2 p_{11}\partial_{t\alpha}S_\alpha] + O(Ma^3, Kn^3, \delta_t^3)
\tag{4.72}
$$

将式(4.72)代入式(4.71)得

$$
\begin{aligned}
\partial_t\phi &= p_{11}\partial_\alpha B_\alpha \\
&\quad + \delta_t[(p_{20}p_{11} + p_{21})\partial_{t\alpha}B_\alpha + p_{22}\partial_{\alpha\beta}\Pi^0_{\alpha\beta} + \tau_2 p_{11}\partial_\alpha S_\alpha] \\
&\quad + \delta_t^2[(p_{20}p_{22} + p_{32})\partial_{t\alpha\beta}\Pi^0_{\alpha\beta} + p_{33}\partial_{\alpha\beta\gamma}Q^0_{\alpha\beta\gamma} + (\tau_2 p_{21} + \tau_2 p_{20}p_{11})\partial_{t\alpha}S_\alpha] \\
&\quad + \delta_t^3[p_{44}\partial_{\alpha\beta\gamma\delta}A^0_{\alpha\beta\gamma\delta} + \tau_2 p_{33}\partial_{\alpha\beta\gamma}\Xi_{\alpha\beta\gamma}] + O(Ma^3, Kn^3, \delta_t^3)
\end{aligned}
\tag{4.73}
$$

由 $\eta = (\tau_\phi - 0.5)/(\tau_\phi + 0.5)$ 可得 $p_{20}p_{11} + p_{21} = 0$，方程(4.73)可进一步化简为

$$
\begin{aligned}
\partial_t\phi &= p_{11}\partial_\alpha B_\alpha + \delta_t p_{22}\Gamma c_s^2\partial_{\beta\beta}\phi + \delta_t\tau_2 p_{11}\partial_\alpha S_\alpha \\
&\quad + \delta_t^2[(p_{20}p_{22} + p_{32})\Gamma c_s^2\partial_{t\beta\beta}\phi + 3p_{33}c_s^2\partial_{\beta\beta\alpha}B_\alpha] \\
&\quad + \delta_t^3[3p_{44}\Gamma c_s^4\partial_{\alpha\alpha\beta\beta}\phi + 3\tau_2 p_{33}c_s^2\partial_{\beta\beta\alpha}S_\alpha] + O(Ma^3, Kn^3, \delta_t^3)
\end{aligned}
\tag{4.74}
$$

代入平衡分布函数和源项的各阶矩具体表达式，得到保留前四阶主要误差项的宏观方程为

$$
\begin{aligned}
\partial_t\phi + \partial_\alpha(\phi u_\alpha) &= M_\phi[\partial_{\beta\beta}\phi - \partial_\alpha(\theta n_\alpha)] \\
&\quad + \xi_3\partial_{t\beta\beta}\phi + \xi_4\partial_{\alpha\alpha\beta\beta}\phi + O(Ma^3, Kn^3, \delta_t^3)
\end{aligned}
\tag{4.75}
$$

式中：$M_\phi = \Gamma p_{22}c_s^2\delta_t$，三阶和四阶主要误差项的系数分别为

$$
\xi_3 = \left(p_{20} + \frac{p_{32}}{p_{22}}\right)M_\phi\delta_t + 3\frac{p_{33}}{p_{11}}c_s^2\delta_t^2
\tag{4.76}
$$

$$
\xi_4 = \left(\frac{p_{44}}{p_{22}} - \frac{p_{33}}{p_{11}}\right)3M_\phi c_s^2\delta_t^2
\tag{4.77}
$$

代入 p_{mr} 的具体表示式,误差项系数可以简化成只含有迁移率和松弛时间的表达式:

$$\xi_3 = \frac{\tau_\phi}{\tau_\phi - 0.5}M_\phi\delta_t + 3\frac{-1+8\tau_\phi - 4\tau_\phi^2}{6(1+2\tau_\phi)^2}c_s^2\delta_t^2 \tag{4.78}$$

$$\xi_4 = -\frac{1}{4}M_\phi c_s^2\delta_t^2 \tag{4.79}$$

4.3.2 模型 B 高阶分析

采用相同步骤对模型 B 进行高阶分析。首先,将模型 B 的分布函数表示成只含平衡分布函数 $h_i^{\text{eq}}(\boldsymbol{x}-n\boldsymbol{e}_i\delta_t, t-n\delta_t)$ 和源项 $R_i(\boldsymbol{x}-n\boldsymbol{e}_i\delta_t, t-n\delta_t)$ 的形式:

$$\begin{aligned} h_i(\boldsymbol{x},t) = & \frac{1}{\tau_\phi}\sum_{n=1}^{\infty}\left(1-\frac{1}{\tau_\phi}\right)^{n-1} h_i^{\text{eq}}(\boldsymbol{x}-n\boldsymbol{e}_i\delta_t, t-n\delta_t) \\ & + \delta_t\left(1-\frac{1}{2\tau_\phi}\right)\sum_{n=1}^{\infty}\left(1-\frac{1}{\tau_\phi}\right)^{n-1} R_i(\boldsymbol{x}-n\boldsymbol{e}_i\delta_t, t-n\delta_t) \\ & + \eta\sum_{n=1}^{\infty}\left(1-\frac{1}{\tau_\phi}\right)^{n-1}[h_i^{\text{eq}}(\boldsymbol{x}-(n-1)\boldsymbol{e}_i\delta_t, t-n\delta_t) \\ & - h_i^{\text{eq}}(\boldsymbol{x}-n\boldsymbol{e}_i\delta_t, t-n\delta_t)] \end{aligned} \tag{4.80}$$

将平衡分布函数和离散源项在 $(\boldsymbol{x},t)$ 处执行泰勒展开,并将展开式代入到式(4.80)可得

$$\begin{aligned} h_i = & h_i^{\text{eq}} + \sum_{m=1}^{\infty}\sum_{r=0}^{m} p_{mr}\tau_\phi\delta_t^m(\boldsymbol{e}_i\cdot\boldsymbol{\nabla})^r\partial_t^{m-r}h_i^{\text{eq}} \\ & + \delta_t\frac{2\tau_\phi - 1}{2}R_i + \delta_t\frac{2\tau_\phi-1}{2}\tau_\phi\sum_{m=1}^{\infty}\tau_m(\delta_t D_i)^m R_i \end{aligned} \tag{4.81}$$

式中:$D_i = \partial_t + \boldsymbol{e}_i\cdot\boldsymbol{\nabla}$, 系数 p_{mr} 由下式给定:

$$p_{mr}(\tau_\phi) = \frac{C_m^r}{m!}\sum_{n=1}^{\infty}\left(1-\frac{1}{\tau_\phi}\right)^{n-1}\left[\frac{(-n)^m}{\tau_\phi^2} + \frac{\eta((1-n)^r(-n)^{m-r} - (-n)^m)}{\tau_\phi}\right] \tag{4.82}$$

当 $r = m$ 且 $\eta = 0$ 时,定义

$$\tau_m = \frac{1}{\tau_\phi^2 m!} \sum_{n=1}^{\infty} \left(1 - \frac{1}{\tau_\phi}\right)^{n-1} (-n)^m \tag{4.83}$$

这里给出前四阶主要误差项涉及的系数:

$$\begin{cases} \tau_0 = 1/\tau_\phi \\ \tau_1 = -1 \\ \tau_2 = \dfrac{2\tau_\phi - 1}{2} \\ \tau_3 = \dfrac{-6\tau_\phi^2 + 6\tau_\phi - 1}{6} \\ \tau_4 = \dfrac{24\tau_\phi^3 - 36\tau_\phi^2 + 14\tau_\phi - 1}{24} \end{cases} \tag{4.84}$$

$$\begin{cases} p_{10} = -1, p_{11} = -(1-\eta) \\ p_{20} = \tau_2, p_{21} = (2-\eta)\tau_\phi - 1, p_{22} = (1-\eta)\tau_2 \\ p_{32} = \dfrac{6\tau_3 + \eta\tau_\phi(4\tau_\phi - 3)}{2}, p_{33} = (1-\eta)\tau_3 \\ p_{44} = (1-\eta)\tau_4 \end{cases} \tag{4.85}$$

将方程(4.81)关于 i 求和,保留前四阶项并忽略掉高阶小量 $O(Ma^3, Kn^3)$ 可得

$$\begin{aligned} \partial_t \phi = {} & p_{11} \partial_\alpha B_\alpha \\ & + \delta_t [(p_{20} p_{11} + p_{21}) \partial_{t\alpha} B_\alpha + p_{22} \partial_{\alpha\beta} \Pi^0_{\alpha\beta} + \tau_2 \tau_1 \partial_\alpha S_\alpha] \\ & + \delta_t^2 [(p_{20} p_{22} + p_{32}) \partial_{t\alpha\beta} \Pi^0_{\alpha\beta} + p_{33} \partial_{\alpha\beta\gamma} Q^0_{\alpha\beta\gamma} + (2\tau_2^2 + p_{20}\tau_2\tau_1) \partial_{t\alpha} S_\alpha] \\ & + \delta_t^3 [p_{44} \partial_{\alpha\beta\gamma\delta} A^0_{\alpha\beta\gamma\delta} + \tau_2 \tau_3 \partial_{\alpha\beta\gamma} \Xi_{\alpha\beta\gamma}] + O(Ma^3, Kn^3, \delta_t^3) \end{aligned} \tag{4.86}$$

由于 $\eta = 2\tau_\phi - 1$,可得 $p_{20}p_{11} + p_{21} = 0$,则式(4.86)化简为

$$\begin{aligned} \partial_t \phi = {} & p_{11} \partial_\alpha B_\alpha + \delta_t p_{22} \Gamma c_s^2 \partial_{\beta\beta} \phi + \delta_t \tau_2 \tau_1 \partial_\alpha S_\alpha \\ & + \delta_t^2 [(p_{20} p_{22} + p_{32}) \Gamma c_s^2 \partial_{t\beta\beta} \phi + 3 p_{33} c_s^2 \partial_{\beta\beta\alpha} B_\alpha + \tau_2^2 \partial_{t\alpha} S_\alpha] \\ & + \delta_t^3 [3 p_{44} c_s^4 \Gamma \partial_{\alpha\alpha\beta\beta} \phi + 3 \tau_2 \tau_3 c_s^4 \partial_{\beta\beta\alpha} S_\alpha] + O(Ma^3, Kn^3, \delta_t^3) \end{aligned} \tag{4.87}$$

利用平衡分布和源项各阶矩的表达式,将式(4.87)进一步整理得

$$\partial_t\phi + \partial_\alpha(\phi u_\alpha) = M_\phi[\partial_{\beta\beta}\phi - \partial_\alpha(\theta n_\alpha)] + \xi_3\partial_{t\beta\beta}\phi + \xi_4\partial_{\alpha\alpha\beta\beta}\phi$$
$$+ \tau_2^2\delta_t^2\partial_{t\alpha}S_\alpha + O(Ma^3, Kn^3, \delta_t^3) \tag{4.88}$$

式中：$M_\phi = \Gamma p_{22}c_s^2\delta_t$，三阶和四阶主要误差项的系数 ξ_3 和 ξ_4 在形式上与方程(4.76)和方程(4.77)相同，代入当前模型 p_{mr} 的表达式得

$$\xi_3 = \frac{\tau_\phi(1-\tau_\phi)}{\tau_\phi - 0.5}M_\phi\delta_t - 3\tau_3c_s^2\delta_t^2 \tag{4.89}$$

$$\xi_4 = -\frac{1}{4}M_\phi c_s^2\delta_t^2 \tag{4.90}$$

对比方程(4.75)和方程(4.88)，模型 B 的三阶误差项多出 $\tau_2^2\delta_t^2\partial_{t\alpha}S_\alpha$ 一项，基于准平衡近似 $\partial_{\alpha\alpha}\phi = \partial_\alpha(\theta n_\alpha)$，那么这一项可以改写成 $\tau_2M_\phi\delta_t\partial_{t\beta\beta}\phi$。因此，式(4.88)等效表示为

$$\partial_t\phi + \partial_\alpha(\phi u_\alpha) = M_\phi[\partial_{\beta\beta}\phi - \partial_\alpha(\theta n_\alpha)]$$
$$+\tilde{\xi}_3\partial_{t\beta\beta}\phi + \xi_4\partial_{\alpha\alpha\beta\beta}\phi + O(Ma^3, Kn^3, \delta_t^3) \tag{4.91}$$

式中：三阶误差项系数为

$$\tilde{\xi}_3 = \xi_3 + \tau_2M_\phi = \frac{M_\phi\delta_t}{4\tau_2} - 3\tau_3c_s^2\delta_t^2 \tag{4.92}$$

4.3.3 模型 C 高阶分析

下面分析模型 C 的高阶截断误差。首先将方程(4.51)整理成下面的表达形式：

$$h_i(\boldsymbol{x},t) = \left(1-\frac{1}{\tau_\phi}\right)h_i(\boldsymbol{x}-\boldsymbol{e}_i\delta_t, t-\delta_t) + \frac{1}{\tau_\phi}h_i^{\mathrm{eq}}(\boldsymbol{x}-\boldsymbol{e}_i\delta_t, t-\delta_t)$$
$$+ \delta_t\left(1-\frac{1}{2\tau_\phi}\right)\tilde{R}_i(\boldsymbol{x}-\boldsymbol{e}_i\delta_t, t-\delta_t) \tag{4.93}$$

式中：$\tilde{R}_i = R_i + \bar{R}_i$ 表示源项和修正项之和，$\bar{R}_i = w_i\Gamma\boldsymbol{e}_i\cdot\theta\boldsymbol{n} + w_i\boldsymbol{e}_i\cdot\partial_t(\phi\boldsymbol{u})/c_s^2$，$\bar{R}_i$ 中的差分格式不影响前四阶主要误差项，因此下面推导中保留偏微分表达形式。递归调用式(4.93)，将分布函数表示成只含平衡分布函数和源项的形式，即

$$
\begin{aligned}
h_i = & \frac{1}{\tau_\phi}\sum_{n=1}^{\infty}\left(1-\frac{1}{\tau_\phi}\right)^{n-1} h_i^{\mathrm{eq}}(\boldsymbol{x}-n\boldsymbol{e}_i\delta_t, t-n\delta_t) \\
& + \delta_t\left(1-\frac{1}{2\tau_\phi}\right)\sum_{n=1}^{\infty}\left(1-\frac{1}{\tau_\phi}\right)^{n-1}\tilde{R}_i(\boldsymbol{x}-n\boldsymbol{e}_i\delta_t, t-n\delta_t)
\end{aligned}
\tag{4.94}
$$

将平衡分布函数和源项在 $(\boldsymbol{x},t)$ 处泰勒展开，将展开式代入式(4.94)可得

$$
\begin{aligned}
h_i = & h_i^{\mathrm{eq}} + \sum_{m=1}^{4}\tau_\phi\tau_m(\delta_t D_i)^m h_i^{\mathrm{eq}} \\
& + \delta_t\frac{2\tau_\phi-1}{2}\tilde{R}_i + \delta_t\frac{2\tau_\phi-1}{2}\tau_\phi\sum_{m=1}^{4}\tau_m(\delta_t D_i)^m\tilde{R}_i
\end{aligned}
\tag{4.95}
$$

将式(4.95)关于 i 求和，保留前四阶项并忽略 $O(Ma^3, Kn^3)$ 高阶小量得

$$
\begin{aligned}
\partial_t\phi = & -\partial_\alpha(\phi u_\alpha) \\
& + \delta_t[\tau_2\partial_{t\alpha}(\phi u_\alpha) + \tau_2\Gamma c_s^2\partial_{\alpha\alpha}\phi - \tau_2\partial_\alpha(\Gamma c_s^2\theta n_\alpha + \partial_t(\phi u_\alpha))] \\
& + \delta_t^2[(\tau_2^2+3\tau_3)\Gamma c_s^2\partial_{t\alpha\alpha}\phi + 3\tau_3 c_s^2\partial_{\beta\beta\alpha}(\phi u_\alpha) + \tau_2^2\Gamma c_s^2\partial_{t\alpha}(\theta n_\alpha)] \\
& + \delta_t^3[3\tau_4 c_s^4\Gamma\partial_{\alpha\alpha\beta\beta}\phi + 3\tau_2\tau_3\Gamma c_s^4\partial_{\beta\beta\alpha}(\theta n_\alpha)] + O(Ma^3, Kn^3, \delta_t^3)
\end{aligned}
\tag{4.96}
$$

忽略高阶量 $O(Ma^3, Kn^3, \delta_t^3)$，则下式成立：

$$
3\tau_3 c_s^2\delta_t^2\partial_{\beta\beta}[-\partial_t\phi - \partial_\alpha(\phi u_\alpha) + \Gamma\tau_2 c_s^2\delta_t\partial_{\alpha\alpha}\phi - \Gamma\tau_2 c_s^2\delta_t\partial_\alpha(\theta n_\alpha)] = 0
\tag{4.97}
$$

将式(4.97)代入式(4.96)化简整理得

$$
\begin{aligned}
\partial_t\phi + \partial_\alpha(\phi u_\alpha) = & M_\phi[\partial_{\beta\beta}\phi - \partial_\alpha(\theta n_\alpha)] + \xi_3\partial_{t\beta\beta}\phi + \xi_4\partial_{\alpha\alpha\beta\beta}\phi \\
& + \Gamma\tau_2^2 c_s^2\delta_t^2\partial_{t\alpha}(\theta n_\alpha) + O(Ma^3, Kn^3, \delta_t^3)
\end{aligned}
\tag{4.98}
$$

式中：$M_\phi = \Gamma\tau_2 c_s^2\delta_t$，三阶和四阶误差项系数的表达式分别为

$$
\xi_3 = \left(\tau_2 + \frac{3\tau_3}{\tau_2}\right)M_\phi\delta_t - 3\tau_3 c_s^2\delta_t^2 = \frac{1-8\tau_\phi+8\tau_\phi^2}{2-4\tau_\phi}M_\phi\delta_t - 3\tau_3 c_s^2\delta_t^2
\tag{4.99}
$$

$$
\xi_4 = \left(\frac{\tau_4}{\tau_2} + \tau_3\right)3M_\phi c_s^2\delta_t^2 = -\frac{1}{4}M_\phi c_s^2\delta_t^2
\tag{4.100}
$$

基于准平衡近似，可以将式(4.98)最后一项合并到 $\xi_3\partial_{t\beta\beta}\phi$ 中，有

$$\tilde{\xi}_3 = \xi_3 + \tau_2 M_\phi = \frac{2\tau_\phi^2 - 2\tau_\phi}{1 - 2\tau_\phi} M_\phi \delta_t - 3\tau_3 c_s^2 \delta_t^2 \tag{4.101}$$

图 4-2 给出了迁移率分别为 $M_\phi = 0.01$ 和 $M_\phi = 0.1$ 时松弛时间对三阶误差项系数 ξ_3 的影响。这里对参考文献[16]做了细微的订正，模型 B 和模型 C 中的三阶误差项系数分别由式(4.92)和式(4.101)给出，订正前后主要结论不变。当 τ_ϕ 趋近于 0.5 时，ξ_3 趋于无穷大，此种情况下三次误差项将直接导致模型发散。模型 B 和模型 C 的曲线几乎重合，仅在 $M_\phi = 0.1$ 且 τ_ϕ 较大时可观察到细微差异。在 $\tau_\phi > 1$ 的范围内，模型 B 和模型 C 中 ξ_3 随着 τ_ϕ 的增大而增大，而模型 A 中 ξ_3 几乎保持不变，且接近于零。从这一点来看，在 τ_ϕ 取值较大的情况下，模型 A 的数值表现优于模型 B 和模型 C。不同模型中的四阶主要误差项相等，考虑到 ξ_4 绝对值非常小，且四阶空间偏导项 $\partial_{\alpha\alpha\beta\beta}\phi$ 项也是小量，所以四阶误差项的影响可以忽略。

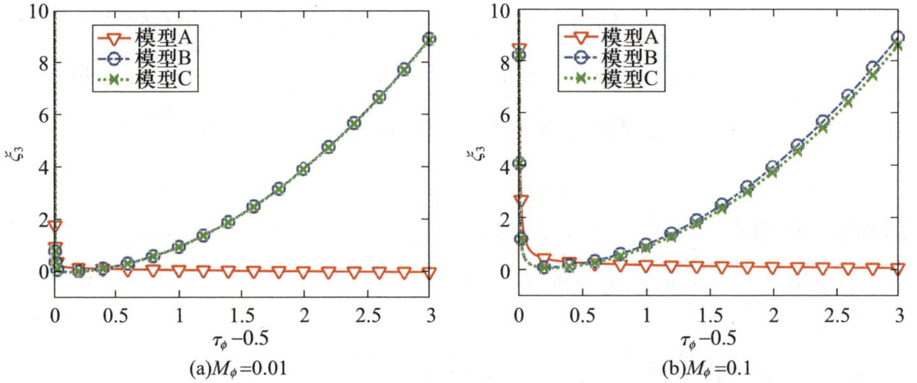

图 4-2　不同松弛时间下三阶误差项系数

4.4　松弛参数研究

本节从数值精度、收敛速度、有界性和数值效率等方面对比研究三个修正模型。基准算例包括气泡沿对角线平移、Zalesak 旋转、剪切变形。速度场预先给定，只需要求解 Allen-Cahn 方程即可。计算域大小设置为 $L \times L$，所有边界都是周期性边界。相场参数设置为 $\phi_h = -\phi_l = 1$ 和 $W = 3$。相场根据其平衡状态进行初始化。松弛时间在 $0.5 \leqslant \tau_\phi \leqslant 3.5$ 的范围内取值，间隔为 0.05。为了便于对比分析,还考虑了 $\tau_\phi = M_\phi/(c_s^2\delta_t) + 0.5$ 的情况,此时对应于模型 C 中 $\Gamma = 1$ 的情形。定义 n 个周期后相场的相对误差为

$$Er = \frac{\sum_x |\phi(\boldsymbol{x},nT) - \phi(\boldsymbol{x},0)|}{\sum_x |\phi(\boldsymbol{x},0)|} \tag{4.102}$$

式中:$\phi(\boldsymbol{x},0)$ 为序参量的初始分布。为了描述有界性改变,序参量上下界相对区间 $[\phi_l,\phi_h]$ 的改变量描述为

$$l_\phi = H^\delta(\phi_{\max} - \phi_h) + H^\delta(\phi_l - \phi_{\min}) \tag{4.103}$$

式中:$H^\delta(q)$ 为阶跃函数,当 $q \geqslant 0$ 时,$H^\delta(q) = q$,否则 $H^\delta(q) = 0$。

4.4.1　平移流场界面捕捉

将半径为 $R = 0.25L$ 的圆形界面置于方形计算域中心,速度场给定为 $\boldsymbol{u} = (U,U)$。圆形界面沿对角线平移,一个周期 $T = L/U$ 后返回初始位置。

首先,比较三个模型在 τ_ϕ=0.54、0.8、1.2 和 2.0 时的收敛速度。计算网格在 L=160~400 间选择,特征速度和佩克莱特数分别设定为 U=0.01 和 Pe^*=3。图 4-3 给出了一个周期后不同模型的相对误差 Er 与 $\delta_x = 1/L$ 之间的关系。当 τ_ϕ=0.54 和 τ_ϕ=0.8 时,模型 A 的准确性低于另外两个模型。随着松弛时间增加到 1.2 和 2.0,模型 B 和模型 C 的收敛曲线依旧保持近似重合,但数值误差超出可接受的范围。此时,在不同网格密度下,模型 A 的相对误差均远小于模型 B 和模型 C,并且在对数坐标系曲线斜率与 δ_x^2 一致。当模型 A 取 τ_ϕ = 1.2 或 2.0,模型 B 和模型 C 取 τ_ϕ = 0.8 时,这三个模型均具有二阶精度。注意到 L = 200 时界面捕捉的相对误差已经足够小,除非另有说明,后文的计算网格均采用 L = 200。

图 4-4 比较了 10 个周期之后不同松弛时间下序参量的相对误差和有界性变化。模型 A 的相对误差几乎与松弛时间无关,在整个 τ_ϕ 范围内均能保持非常小的相对误差。在 τ_ϕ = 0.6 附近和 $0.85 \leqslant \tau_\phi \leqslant 2.65$ 范围内,模型 A 得到的相对误差小于 10^{-3},在 τ_ϕ = 1.6 取得最小值 6.8×10^{-4}。模型 A 的有界性受松弛时间影响较小,在整个松弛时间范围内均保持良好的有界性。模型 B 和模型 C 的曲线几乎重合,仅在 $0.7 \leqslant \tau_\phi \leqslant 0.85$ 的较窄范围内满足 $Er < 10^{-3}$,在 $0.8 \leqslant \tau_\phi \leqslant 0.9$ 的范围内有界性良好,但当 $\tau_\phi > 1.0$ 时,Er 和 l_ϕ 迅速增大,误差超出

可接受的范围。当模型 C 取 $\tau_\phi = 0.53$，即 $\Gamma = 1$，模型 C 退化到 Wang 等[6]提出的 LBE 模型。从数值精度和有界性来看，松弛时间取 $\tau_\phi = 0.8$ 明显优于 $\tau_\phi = 0.53$，这表明自由参数 Γ 的引入能提高常规 LBE 模型的数值性能。

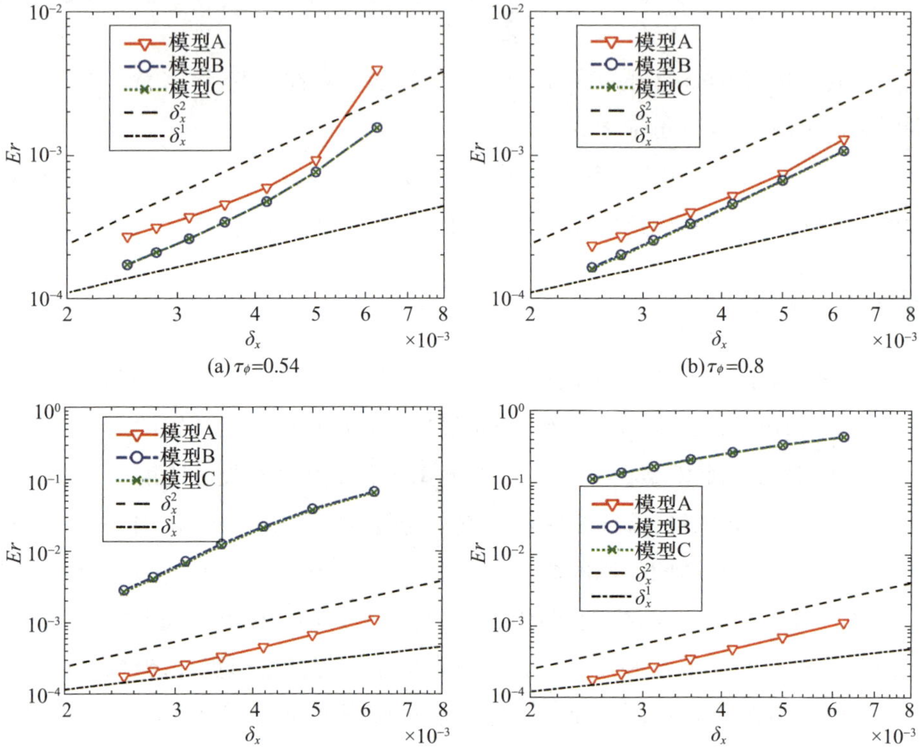

(a) $\tau_\phi=0.54$　(b) $\tau_\phi=0.8$　(c) $\tau_\phi=1.2$　(d) $\tau_\phi=2.0$

图 4-3　不同模型中相对误差的收敛速率比较

为了放大高阶误差项的影响，在保持 Pe^* 不变的前提下增大参考速度和迁移率，设置 $M_\phi = 0.1$ 和 $U = 0.1$。图 4-5 比较了三模型中 Er 和 l_ϕ 随松弛时间的变化规律。与 $M_\phi = U = 0.01$ 的结果相比，序参量的相对误差和有界性与松弛时间的关系呈现出类似的变化趋势。不同的是，当 τ_ϕ 一定时，当前工况下的相对误差和有界性偏移幅值较大。当模型 A 取 $\tau_\phi < 1.05$、模型 B 取 $\tau_\phi < 0.75$ 以及模型 C 取 $\tau_\phi < 0.7$ 时，程序将会发散。此外，模型 B 在 $\tau_\phi = 1$ 时，因为 Γ 取值为无穷大，同样不能得到收敛的结果。在不同计算工况下模型 B 和模型 C 的误差曲线几乎是重合的，模型 C 略优于模型 B，这和图 4-2(b) 中的理论预测一致。

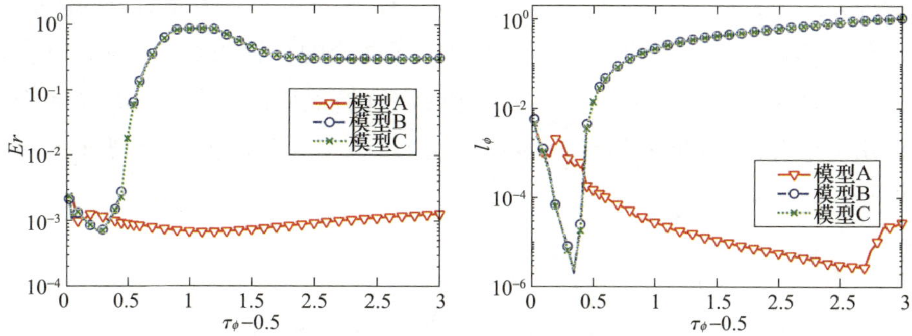

图 4-4　平移流场中相对误差和上下界相对偏离量，

参数设置：$t=10T, L=200, U=0.01, M_\phi=0.01, W=3$

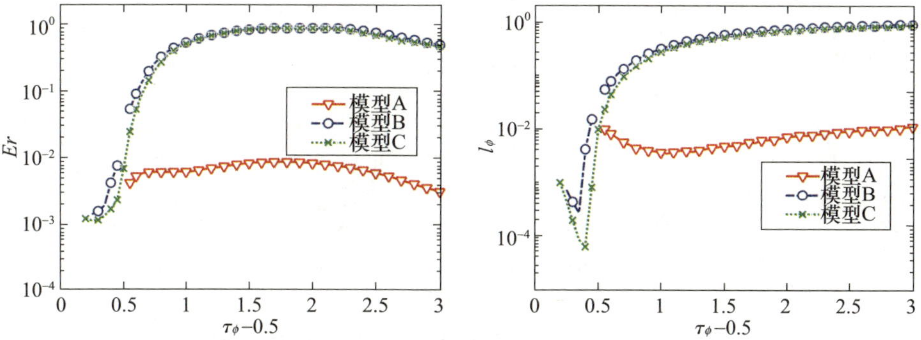

图 4-5　平移流场中相对误差和上下界相对偏离量，

参数设置：$t=10T, L=200, U=0.1, M_\phi=0.1, W=3$

图 4-4 和图 4-5 中的误差曲线可以为 τ_ϕ 的选取提供参考，综合考虑降低相对误差和保证序参量的有界性，可以得到不同模型最优松弛时间的取值范围：设定模型 A 中 $1.5<\tau_\phi<3.2$，而模型 B 和模型 C 取 $\tau_\phi=0.85$。注意到模型 A 的最优 τ_ϕ 与另外两个模型不同，这表明参考文献[2,17]在固定 $\tau_\phi=0.8$ 下比较不同模型是不公平或者说是不全面的。正如图 4-2 所解释的那样，模型 B 和模型 C 在 $\tau_\phi>1$ 区间的数值误差主要源于三阶截断误差项。

图 4-6 比较了 10 个周期之后模型 A 和模型 C 捕捉得到的界面轮廓。为了凸显界面附近的序参量分布，只保留了 $-0.99 \leqslant \phi \leqslant 0.99$ 区间的云图。不同松弛时间下，模型 A 中均能准确预测平移之后的界面形貌，但当松弛时间较小时，界面将产生非物理扩散。当松弛时间 $\tau_\phi>1$ 时，模型 C 的界面发

生了较大变形,并且质心位置在运动方向上明显滞后。随着 τ_ϕ 继续增大,模型 A 始终能够得到准确的相界面,模型 C 所预测的界面形状将被拉伸更多,其位置也将滞后更长距离。模型 B 和模型 C 的截断误差随松弛时间的变化曲线几乎重合,二者预测的界面形貌也几乎一致,这里略去了模型 B 的模拟结果。

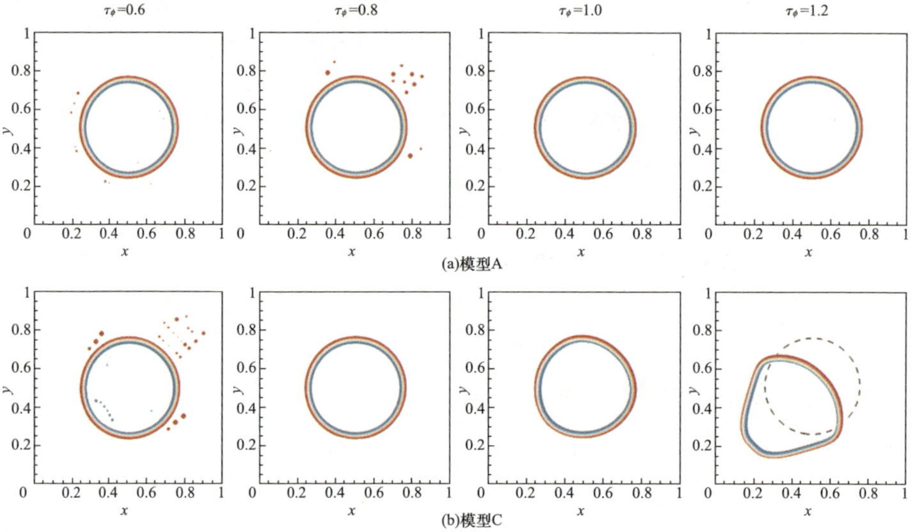

图 4-6 平移流场算例中 10 个周期时的相界面对比

4.4.2 旋转流场界面捕捉

Zalesak 旋转测试常用于验证数值模型保持尖角的能力[18]。如图 4-7 所示,半径 $R = 0.4L$ 、缺口宽度为 $0.08L$ 的缺口圆盘放置于方形计算域 $L \times L$ 的中心。预先给定旋转速度场:

$$u_x = -U\pi\left(\frac{y}{L} - 0.5\right), \quad u_y = U\pi\left(\frac{x}{L} - 0.5\right) \tag{4.104}$$

其中角速度为 $\omega = U\pi/L$,周期时间为 $T = 2L/U$ 。

在较大松弛时间下,图 4-8 比较了三种修正的 LBE 模型获得的相界面轮廓。其中,模型 B 和模型 C 捕捉得到的相界面几乎一致,缺口发生左倾,随着松弛时间越大,缺口倾斜越明显。模型 A 中除了在缺口角点处产生圆角,相界面

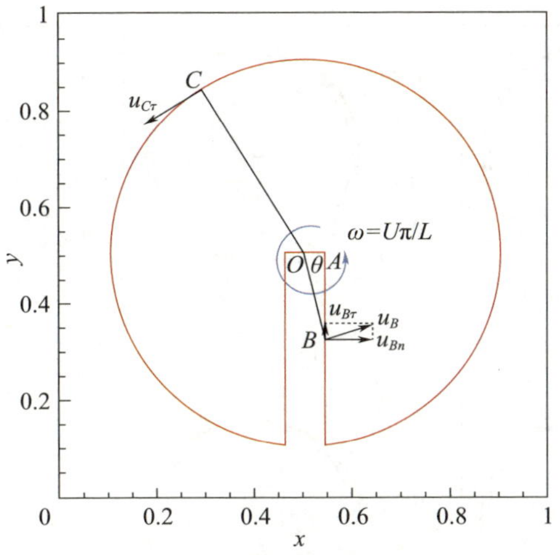

图 4-7　Zalesak 旋转算例的示意图

与初始界面形貌吻合良好。基于前一节的高阶分析可知，模型 B 和模型 C 产生的界面失真源于三阶误差，但有趣的是，远离缺口的圆形界面并未发生变形，似乎并没有受到三阶误差的影响。这种现象可以解释为：基于序参量准平衡假设，三阶误差项可近似表示成 $-\xi_3\partial_{\beta\beta}(u_\alpha\partial_\alpha\phi)$ 。对于缺口界面处的任意点 B，其切向速度为 $u_{B\tau}=\overline{OB}\omega\cos\theta$，法向速度为 $u_{Bn}=\overline{OB}\omega\sin\theta=\overline{AB}\omega$，平直界面中 $\partial_\tau\phi$ 可忽略，从而三阶误差项可以简化为 $-\overline{AB}\omega\xi_3\partial_{\beta\beta}\partial_n\phi$，误差项与 $\overline{AB}$ 的长度成正比，这导致远离圆心的缺口发生较大变形。用同样的方法分析圆形界面上的点 C，该点的速度为 $(u_{C\tau},u_{Cn})=(R\omega,0)$，序参量梯度为 $(\partial_\tau\phi,\partial_n\phi)=(0,\partial_n\phi)$，可推导得到 $-\xi_3\partial_{\beta\beta}(u_\alpha\partial_\alpha\phi)=0$，因此三阶误差项对圆形界面无影响。

松弛时间 τ_ϕ 对数值精度和有界性偏离的影响如图 4-9 所示。第一行给出了这三个模型在工况 1（$U=0.01$，$M_\phi=0.01$）和工况 2（$U=0.1$，$M_\phi=0.1$）的数值误差。对于工况 1，模型 A 在所考虑的松弛时间范围内均能得到较低的数值误差，而模型 B 和模型 C 仅在 $\tau_\phi<1$ 时有效。对于工况 2，三个模型中松弛时间 τ_ϕ 的有效范围分别为 $\tau_\phi\geqslant1.05$，$0.75\leqslant\tau_\phi\leqslant1$ 和 $0.7\leqslant\tau_\phi\leqslant1$。图 4-9 中第二行对比了两模型中序参量上下界偏移。工况 1 中模型 B 和模型 C 的 l_ϕ 变化曲线几乎相同，在 $\tau_\phi=0.9$ 时两模型序参量上下界偏移量 l_ϕ 降低至 $O(10^{-15})$，

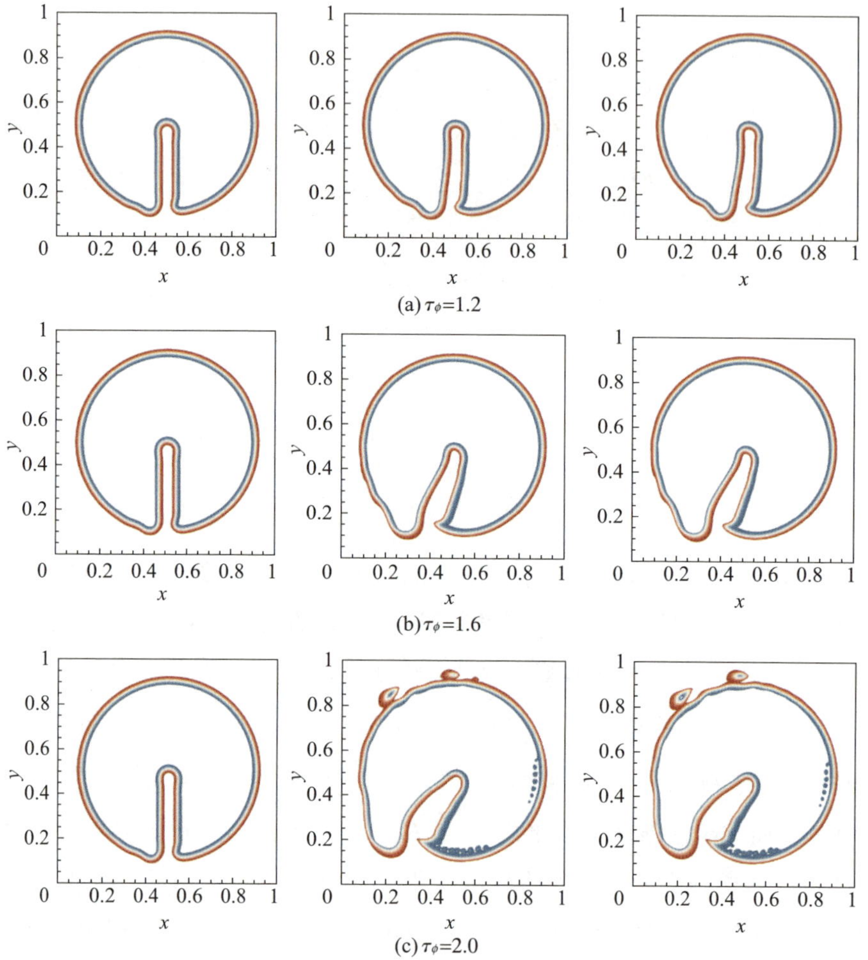

图 4-8　Zalesak 旋转算例中单周期相界面对比 $-0.99 \leqslant \phi \leqslant 0.99$：
模型 A(左)，模型 B(中)，模型 C(右)

模型 A 则在 $\tau_\phi = 3.3$ 时取得最小值 $O(10^{-14})$ 。工况 2 中模型 B 和模型 C 的曲线不再重叠，模型 C 在保持有界性方面方优于模型 B。当 $\tau_\phi > 1$ 时，模型 B 和模型 C 将产生不可忽略的上下界偏移，而模型 A 在该范围内有界性较好。当给定 Pe^* 数，为了减小数值误差应采用较小的速度和迁移率。以工况 1 为例，不同模型中 τ_ϕ 的最佳取值分别为：模式 A 取 $\tau_\phi = 3.3$，模型 B 和模型 C 取 $\tau_\phi = 0.9$。

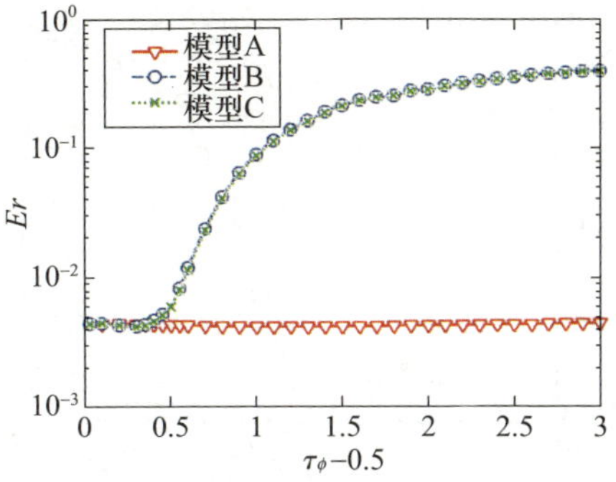

(a)M_ϕ=0.01，U_0=0.01

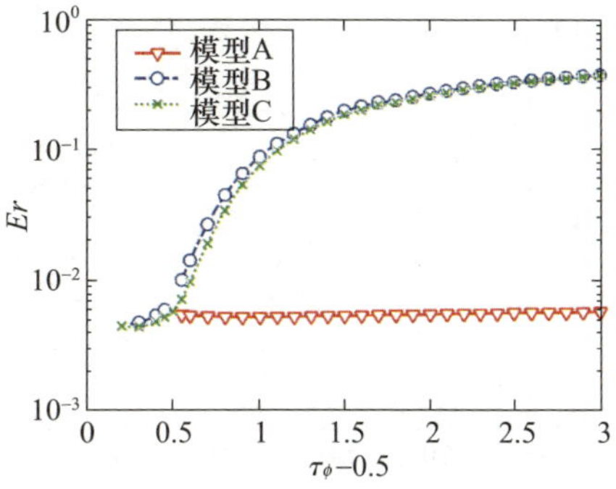

(b)M_ϕ=0.1，U_0=0.1

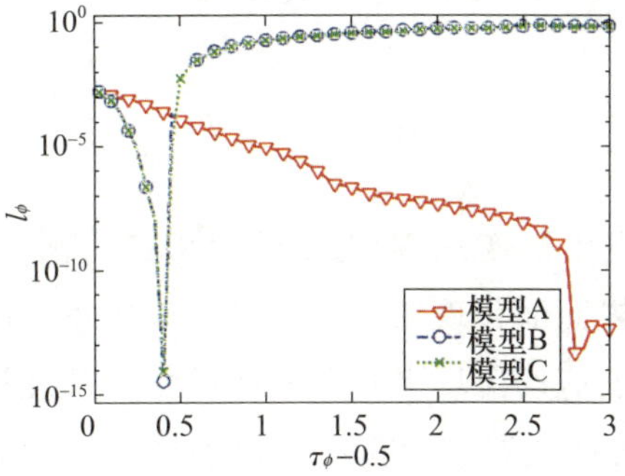

(c)M_ϕ=0.01，U_0=0.01

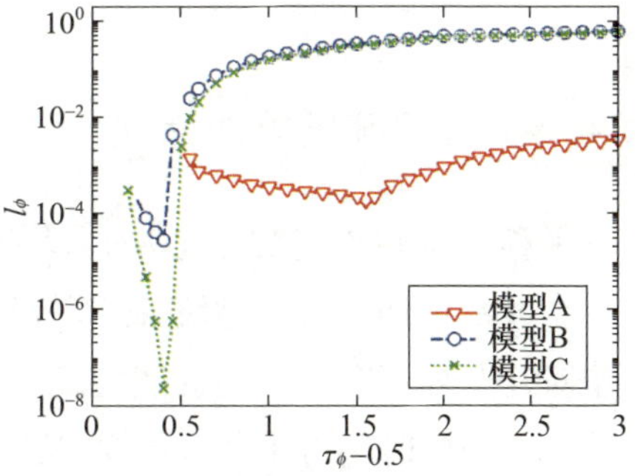

(d)M_ϕ=0.1，U_0=0.1

图 4-9　Zalesak 旋转流场中不同模型单周期时的数值表现

进一步测试模型 A 在不同佩克莱特数下的有效性,迁移率设置在 10^{-4} ~ 10^{-1} 的范围内,特征速度在 $U=0.01$ 和 $U=0.001$ 中取值。序参量的相对误差和有界性的偏移如图 4-10 所示,其中序参量云图仅显示 $-0.95\leqslant\phi\leqslant0.95$。不同特征速度下的相对误差和有界性变化规律几乎一致。当 Pe^* 取值较小时,模型 A 可以保证序参量的良好有界性,但由于数值扩散,相界面产生了较大变形。随着 Pe^* 增大,非物理扩散被抑制,相对误差减小。当 $Pe^*=3$ 时,模型 A 捕捉得到了较为准确的相界面。随着佩克莱特数继续增大,有界性偏移量急剧增大,相界面在缺口界面区域无法保持双曲正切轮廓。当 $Pe^*=30$,模型 A 获得了最小的相对误差,但有界性偏差达到了 $O(10^{-2})$ 量级。为了平衡模型 A 的准确性和有界性,建议 Pe^* 的取值范围为 $1\leqslant Pe^*<10$,这与 Magaletti 等[12]获得的渐近分析结论一致。

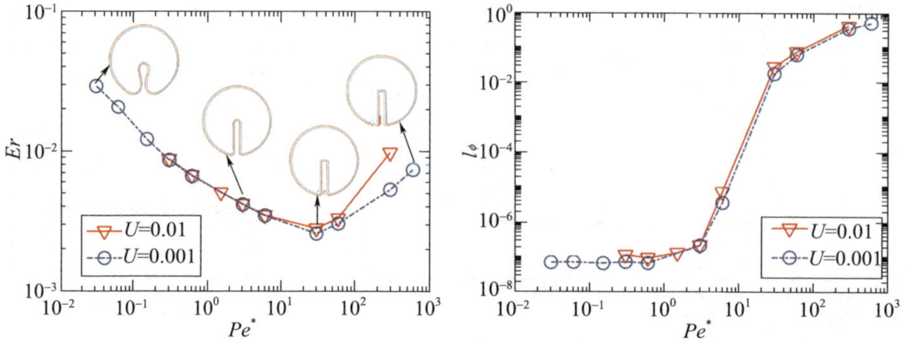

图 4-10 Zalesak 旋转中模型 A 在不同佩克莱特数下的数值性能

4.4.3 剪切流场界面捕捉

平移和旋转流场都不会使运动界面发生形变，而在真实的两相流问题中，往往会涉及拉伸、剪切、碰撞、破碎等复杂界面演化现象。为了进一步比较不同模型对复杂界面变形的捕捉能力，下面开展剪切流场中圆形界面演化的基准算例验证。初始时刻将半径 $R = 60$ 的圆形界面放置在 200×200 的计算域，圆心坐标为（100,225），指定区域内随时间变化的速度场[5]：

$$\begin{cases} u_x = U\sin^2\left(\dfrac{\pi x}{L}\right)\cos\left(\dfrac{2\pi y}{L}\right)\cos\dfrac{\pi t}{T} \\ u_y = -U\cos\left(\dfrac{2\pi x}{L}\right)\sin^2\left(\dfrac{\pi y}{L}\right)\cos\dfrac{\pi t}{T} \end{cases} \tag{4.105}$$

式中：一个周期时间定义为 $T = L/U$ 。在前半周期，相界面持续拉伸，最大变形发生在 $T/2$ 时刻，然后速度场反转，相界面逐渐恢复到初始状态。在不同松弛时间下，这三个修正模型获得的相界面如图 4-11 所示。这里给出了 $t = T/2$ 处的最大变形以及 $t = T$ 处的界面预测结果。当选取较大松弛时间时，模型 A 能够准确预测相界面，而模型 B 和模型 C 存在明显的界面扭曲变形，并且无法保持恒定的界面厚度。

图 4-12 比较了三种模型在不同 τ_ϕ 下的相对误差和有界性，曲线变化趋势与 Zalesak 旋转算例的结果相似。可以看出，松弛时间对模型 A 的数值性能影响非常有限，模型 A 在整个松弛时间测试范围内均能得到满意的数值模拟结果；在模型 B 和模型 C 中，松弛时间的不合理选取将直接导致模拟结果的相对

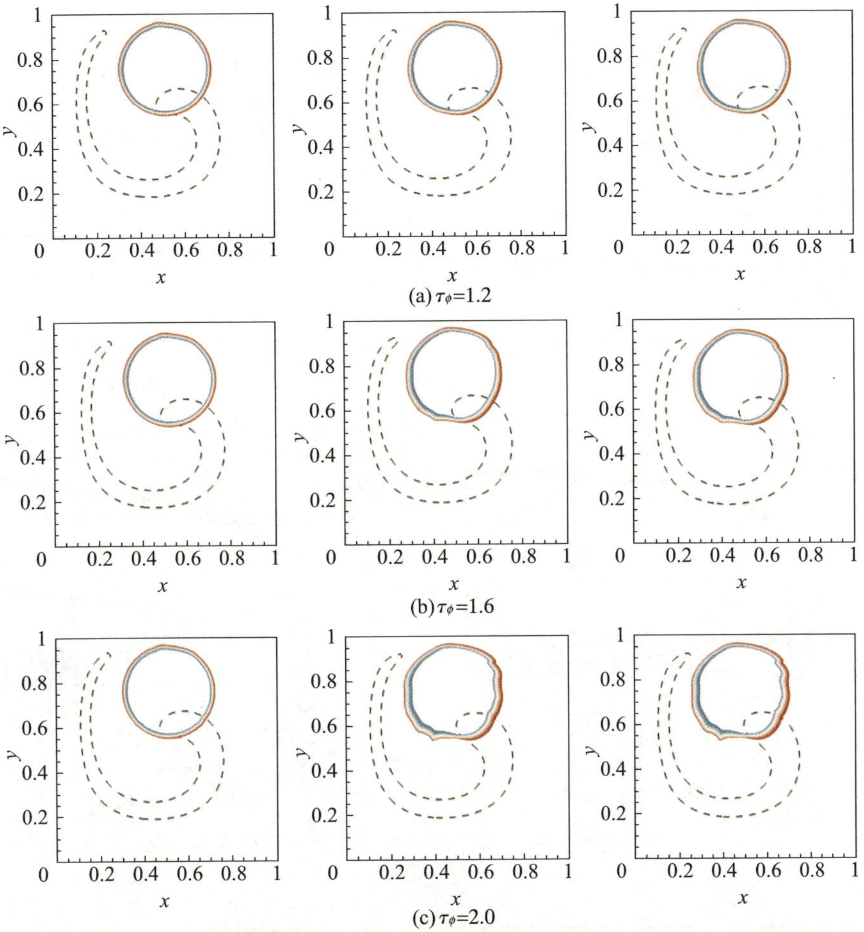

图 4-11　剪切流算例中单周期时刻的相界面对比 $-0.9 \leqslant \phi \leqslant 0.9$

模型 A(左),模型 B(中),模型 C(右)

误差和上下界偏离超出可接受范围。综合考虑 Er 和 l_ϕ,建议模型 A 的松弛时间设定为 $\tau_\phi = 1.2$,模型 B 和模型 C 的松弛时间为 $\tau_\phi = 0.75$。

图 4-13 以模型 A 为例讨论了佩克莱特数对模拟结果的影响。设定松弛时间 $\tau_\phi = 2$,参考速度选择 $U = 0.01$ 和 $U = 0.001$。随着参考速度的减小,有界性偏移减小,而相对误差几乎不受影响。较小的佩克莱特数将导致预测得到的界面发生严重的扭曲变形,而在相对较大的佩克莱特数下模型将无法保持界面厚度。最小相对误差发生在 $Pe^* \approx 3$,此时模型 A 可以恢复得到准确有界的序参量分布,最优佩克莱特数与渐近分析一致[12]。

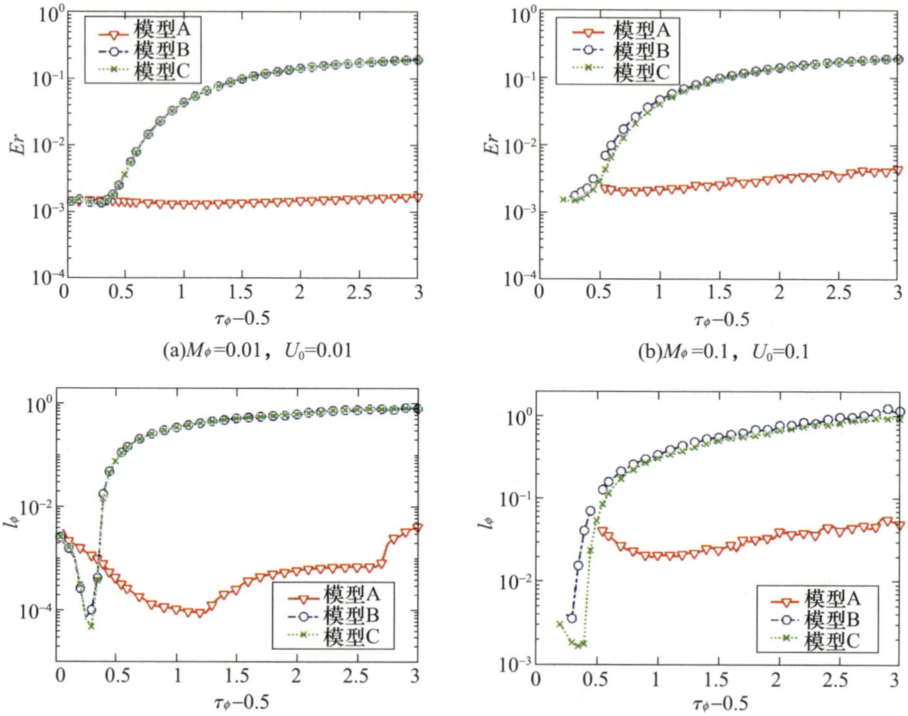

(a)M_ϕ=0.01，U_0=0.01　(b)M_ϕ=0.1，U_0=0.1

(c)M_ϕ=0.01，U_0=0.01　(d)M_ϕ=0.1，U_0=0.1

图 4-12　剪切流场中不同模型在单周期时刻的数值误差

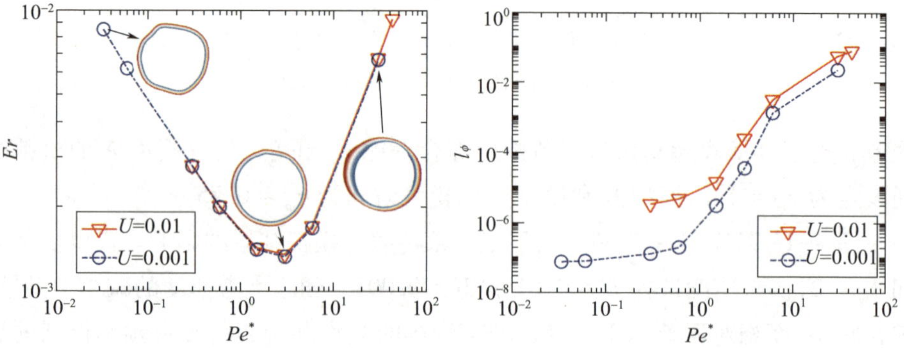

图 4-13　剪切流场中模型 A 在不同佩克莱特数下数值性能

4.5　本章小结

本章基于 Allen-Cahn 相场方程,介绍了基于分布函数空间差分修正项(模型 A)、基于平衡分布的空间差分修正项(模型 B)和基于序参量通量的时间差分修正项(模型 C)三类修正模型。利用高阶多尺度展开,推导得到了三种修正模型在三阶和四阶尺度上的误差项。理论分析表明,不同模型的数值表现对松弛时间的依赖性不同。模型 A 最突出的优点是它在很大松弛时间范围内均可以忽略掉三阶尺度上的误差,而模型 B 和模型 C 中的三阶误差项对松弛时间非常敏感,在松弛时间取值较大时不可忽略。随着三阶误差项系数增大,模型 B 和模型 C 将产生较大的数值误差。

为了验证理论分析,本章从数值精度、有界性、收敛速率和参数稳定性 4 个方面对不同模型进行对比研究。结果表明,通过选择合适的松弛时间,所有修正模型均能获得准确的相界面。由于三阶误差项的存在,模型 B 和模型 C 的数值性能对松弛时间非常敏感,而模型 A 在很大松弛时间范围内数值表现稳定,这与高阶截断误差分析得到的结论一致。理论分析和数值模拟均表明模型 B 和模型 C 是近似等价的;与常规 LBE 模型相比,模型 C 中额外的松弛参数有助于提高模型的准确性和有界性。

参考文献

[1] ZHENG H W,SHU C,CHEW Y T. Lattice Boltzmann interface capturing method for incompressible flows[J]. Physical Review E,2005,72:056705.

[2] ZU Y Q,HE S. Phase-field-based lattice Boltzmann model for incompressible binary fluid systems with density and viscosity contrasts[J]. Physical Review E, 2013, 87(4):043301.

[3] ZU Y Q,LI A D,WEI H. Phase-field lattice Boltzmann model for interface tracking of a binary fluid system based on the Allen-Cahn equation[J]. Physical Review E,2020,102:053307.

[4] LIANG H,SHI B C,GUO Z L,et al. Phase-field-based multiple-relaxation-time lattice Boltzmann model for incompressible multiphase flows [J]. Physical Review E, 2014, 89 (5):053320.

[5] REN F,SONG B W,SUKOP M C,et al. Improved lattice Boltzmann modeling of binary flow based on the conservative Allen - Cahn equation [J]. Physical Review E, 2016, 94 (2):023311.

[6] WANG H L,CHAI Z H,SHI B C,et al. Comparative study of the lattice Boltzmann models for Allen-Cahn and Cahn-Hilliard equations[J]. Physical Review E,2016,94(3):033304.

[7] BIBEN T,MISBAH C,LEYRAT A,et al. An advected-field approach to the dynamics of fluid interfaces[J]. EPL,2003,63(4):623-629.

[8] FOLCH R,CASADEMUNT J,HERNÁNDEZ-MACHADO A,et al. Phase-field model for Hele-Shaw flows with arbitrary viscosity contrast. I. theoretical approach[J]. Physical Review E, 1999,60:1724-1733.

[9] SUN Y,BECKERMANN C. Sharp interface tracking using the phase-field equation[J]. Journal of Computational Physics,2007,220(2):626-653.

[10] CHIU P H,LIN Y T. A conservative phase field method for solving incompressible two-phase flows[J]. Journal of Computational Physics,2011,230(1):185-204.

[11] GEIER M,FAKHARI A,LEE T. Conservative phase-field lattice Boltzmann model for interface tracking equation[J]. Physical Review E,2015,91(6):063309.

[12] MIRJALILI S,IVEY C B,MANI A. A conservative diffuse interface method for two-phase flows with provable boundedness properties[J]. Journal of Computational Physics,2020,401: 109006.

[13] Kajzer A,Pozorski J. A weakly compressible,diffuse-interface model for two-phase flows [J]. Flow,Turbulence and Combustion,2020,105(2):299-333.

[14] FAKHARI A,GEIER M,LEE T. A mass-conserving lattice Boltzmann method with dynamic grid refinement for immiscible two-phase flows[J]. Journal of Computational Physics,2016, 315:434-457.

[15] HOLDYCH D J,NOBLE D R,GEORGIADIS J G,et al. Truncation error analysis of lattice Boltzmann methods[J]. Journal of Computational Physics,2004,193(2):595-619.

[16] XU X C,HU Y W,DAI B,et al. Modified phase-field-based lattice Boltzmann model for incompressible multiphase flows[J]. Physical Review E,2021,104(3):035305.

[17] LIANG H,CHAI Z H,SHI B C,et al. Phase-field-based lattice Boltzmann model for axisym-

metric multiphase flows[J]. Physical Review E,2014,90(6):063311.

[18] FAKHARI A,RAHIMIAN M H. Simulation of an axisymmetric rising bubble by a multiple relaxation time lattice Boltzmann method[J]. International Journal of Modern Physics B,2009,23(24):4907-4932.

5

相场格子玻尔兹曼高阶修正模型

第5章

相场格子玻尔兹曼高阶修正模型

第4章针对守恒型 Allen-Cahn 方程，分析了不同格子玻尔兹曼二阶修正模型的截断误差。当合理选择松弛时间时，二阶修正模型能够获得准确的界面轮廓。然而，随着松弛时间增大，三阶误差项导致序参量上下界明显偏移，相界面的位置和形貌均无法准确预测。为了消除三阶误差项，本章通过引入离散源项与误差项相抵消，提出了守恒型 Allen-Cahn 方程的格子玻尔兹曼高阶修正模型。研究表明，高阶修正模型能够显著改善模型的准确性和有界性，拓展了模型在较大松弛时间范围内的应用。

5.1 引言

相场格子玻尔兹曼模型普遍存在色散误差，序参量演化过程中可能超出其上下界，模型的有界性难以保证。由于相界面是由序参量的等值线确定的，序参量上下界偏移可能导致界面位置的误判，以及液滴或气泡的自发收缩[1]。当相场与流体流动相互耦合时，密度和黏性系数通过序参量插值获得，序参量有界性破坏会导致流体密度、黏度和界面力的计算结果不准确。当密度比和黏度比相对较小时，序参量略超出上下界并不会引起任何问题。然而，对于密度比和黏度比较大的两相流，序参量有界性破坏将可能得到负密度和负黏性系数，从而导致程序发散,限制了相场格子玻尔兹曼方法在大密度比两相流模拟中的应用。

为了提高模型的有界性,常用的处理方法包括截断处理和质量再分配算法:截断处理直接将序参量超出上下界的取值直接赋值为序参量最大值/最小值[2-4];质量再分配算法是在此基础上将截断处理产生的质量变化分配到邻近网格节点从而保证质量守恒[5]。需要指出的是,两种处理方法都是非物理方法,这种非物理效应在大密度比两相流的模拟过程中可能会被放大,影响模型的准确性和数值稳定性。Mirjalili 等[6]指出,当选择合适的迁移率和界面厚度时,守恒型 Allen-Cahn 方程的中心差分求解格式是严格有界的。然而,这一结论并不能直接拓展到相场格子玻尔兹曼方法。

第 4 章的研究结果表明,相场格子玻尔兹曼模型的有界性受三阶截断误差影响,通过调节松弛时间,可以减小甚至消除三阶误差的影响,从而改善模型的有界性。为了消除模型的色散误差,本章基于守恒型 Allen-Cahn 方程提出了一种高阶修正的相场格子玻尔兹曼模型,修正模型能够在三阶尺度上恢复得到目标相场方程。本章以二维界面平移、三维界面旋转和三维界面变形为基准算例测试高阶修正模型的可靠性。研究结果表明,高阶修正项的引入能够拓展相场格子玻尔兹曼模型在较大松弛时间范围内的应用;当松弛时间选择合理时,序参量的有界性能够严格满足,在大密度比两相流模拟中具有潜在的应用价值。

5.2　高阶修正 LBE 模型

5.2.1　高阶截断误差项

由第 4 章的高阶截断误差分析可知,模型 C 保留前三阶主要误差项对应的宏观方程可以表示为

$$\partial_t \phi + \partial_\alpha(\phi u_\alpha) = M_\phi[\partial_{\beta\beta}\phi - \partial_\alpha(\theta n_\alpha)] + E_{\phi 3} \tag{5.1}$$

基于准平衡近似,模型 C 在三阶尺度上的误差项可以等效表示为

$$E_{\phi 3} = \xi c_s^2 \delta_t^2 \partial_{t\alpha}(\theta n_\alpha) = \xi c_s^2 \delta_t^2 \partial_{t\alpha\alpha}\phi = -\xi c_s^2 \delta_t^2 \partial_{\alpha\alpha\beta}(\phi u_\beta) \tag{5.2}$$

式中:系数 ξ 的表达式为

$$\xi = -3\tau_3 + (2\tau_2^2 + 3\tau_3)\Gamma = (3-\Gamma)\tau_2^2 + \frac{\Gamma - 1}{4} \tag{5.3}$$

Zhang 等[7]分析了基于 Cahn-Hilliard 方程的格子玻尔兹曼模型，其三阶主要误差项为 $E_{\phi 3} = 3\tau_3 c_s^2 \delta_t^2 \partial_{\alpha\alpha\beta}(\phi u_\beta)$ 。与模型 C 的三阶误差项相比，二者的主要区别是，模型 C 的三阶误差项除了与松弛时间有关，还受到自由松弛参数 Γ（或迁移率 M_ϕ ）的影响。

图 5-1 所示为在不同迁移率系数下，三阶误差项系数 ξ 随松弛时间变化的曲线，这里选择了 4 组迁移率，分别为 0.001、0.01、0.05 和 0.1。

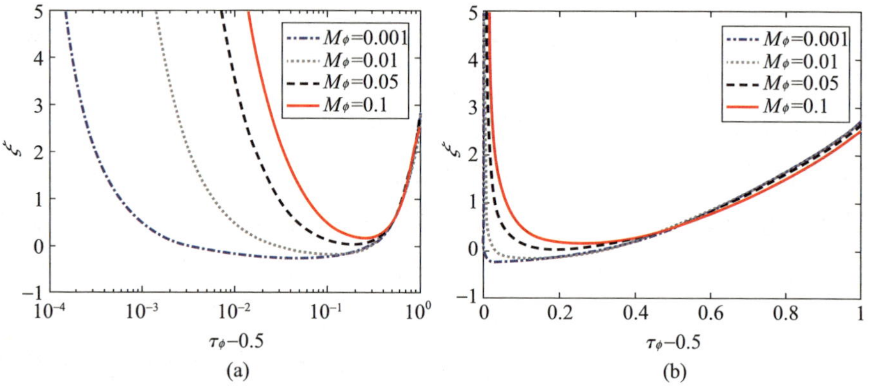

图 5-1　三阶误差项系数随松弛时间的变化规律

注意到 $\tau_2 = \tau_\phi - 0.5$ 趋于 0 时，三阶误差项系数趋于无穷；在 $\tau_2 > 0.3$ 时，三阶误差项系数随松弛时间增大而增大。当 $M_\phi = 0.001$ 时，由 $\xi(\tau_2) = 0$ 得到两根分别为 $\tau_2^{(1)} \approx 0.003$ 和 $\tau_2^{(2)} \approx 0.288$。同理，当 $M_\phi = 0.01$ 时，$\xi(\tau_2)$ 的两根分别为 $\tau_2^{(1)} \approx 0.0302$ 和 $\tau_2^{(2)} \approx 0.278$。如果松弛时间选择这两个值，模型的三阶主要误差项可以自动消除。在 $(\tau_2^{(1)}, \tau_2^{(2)})$ 区间，ξ 的幅值较小，三阶误差对模拟结果影响有限。注意到较小根靠近 $\tau_2 = M_\phi/(c_s^2\delta_t)$，这表明在不引入自由参数 Γ 的情况下，常规格子玻尔兹曼模型能够很好地抑制三阶误差。对于 $M_\phi = 0.05$ 和 $M_\phi = 0.1$ 的情况，$\xi(\tau_2)$ 总是大于零，其最小值分别为 $\xi|_{\tau_2=0.193} = 0.027$ 和 $\xi|_{\tau_2=0.25} = 0.163$，此时三阶误差项无法通过设计 τ_2 进行消除。

5.2.2　高阶修正模型

本章基于守恒型 Allen-Cahn 方程提出一种高阶修正的格子玻尔兹曼模型，

修正模型的演化方程表示为

$$h_i(\boldsymbol{x}+\boldsymbol{e}_i\delta_t, t+\delta_t) = h_i(\boldsymbol{x},t) - \frac{h_i(\boldsymbol{x},t) - h_i^{\text{eq}}(\boldsymbol{x},t)}{\tau_\phi} + \left(1-\frac{1}{2\tau_\phi}\right)\delta_t R_i(\boldsymbol{x},t) \tag{5.4}$$

式中:平衡分布和源项分别为

$$h_i^{\text{eq}} = \begin{cases} w_i\Gamma\phi + (1-\Gamma)\phi, & i=0 \\ w_i\phi\left(\Gamma + \dfrac{\boldsymbol{e}_i\cdot\boldsymbol{u}}{c_s^2}\right), & i\neq 0 \end{cases} \tag{5.5}$$

$$R_i = w_i\boldsymbol{e}_i\cdot\left[\Gamma\theta\boldsymbol{n} + \partial_t(\phi\boldsymbol{u})/c_s^2 + \frac{\xi}{\tau_2}\delta_t\partial_t(\theta\boldsymbol{n})\right] \tag{5.6}$$

源项中第二项和第三项分别用于消除常规 LBE 模型在二阶和三阶尺度上的误差。消除三阶误差离散源项的方法并不唯一,也可以采用如下形式:

$$R_i = w_i\boldsymbol{e}_i\cdot\left[\Gamma\theta\boldsymbol{n} + \partial_t(\phi\boldsymbol{u})/c_s^2\right] + \frac{\xi}{\tau_2^2}\bar{w}_i\boldsymbol{u}\cdot\nabla\phi \tag{5.7}$$

式中:$\bar{w}_0 = 1 - w_0$ 和 $\bar{w}_i = w_i (i\neq 0)$ 。由于式(5.7)分母中包含 τ_2^2,当松弛时间 τ_ϕ 接近 0.5 时,模型的稳定性较差。式(5.6)是守恒型 Allen-Cahn 方程特有的高阶修正源项。在基于 Cahn-Hilliard 方程的格子玻尔兹曼求解模型中,可采用类似方程(5.7)的源项消除三阶误差[7]。

采用 D2Q9 模型和 D3Q19 模型,相应的离散速度矢量和权系数分别为

D2Q9 模型:

$$\boldsymbol{e} = c\begin{bmatrix} 0 & 1 & 0 & -1 & 0 & 1 & -1 & -1 & 1 \\ 0 & 0 & 1 & 0 & -1 & 1 & 1 & -1 & -1 \end{bmatrix} \tag{5.8}$$

$$w_i = \frac{1}{36}\begin{cases} 16, & i=0 \\ 4, & i=1\sim 4 \\ 1, & i=5\sim 8 \end{cases} \tag{5.9}$$

D3Q19 模型:

$$\boldsymbol{e} = c\begin{bmatrix} 0 & 1 & 0 & 0 & -1 & 0 & 0 & 1 & -1 & 1 & -1 & 1 & -1 & 1 & -1 & 0 & 0 & 0 & 0 \\ 0 & 0 & 1 & 0 & 0 & -1 & 0 & 1 & 1 & -1 & -1 & 0 & 0 & 0 & 0 & 1 & -1 & 1 & -1 \\ 0 & 0 & 0 & 1 & 0 & 0 & -1 & 0 & 0 & 0 & 0 & 1 & 1 & -1 & -1 & 1 & 1 & -1 & -1 \end{bmatrix} \tag{5.10}$$

$$w_i = \frac{1}{36}\begin{cases}12, & i=0\\ 2, & i=1\sim 6\\ 1, & i=7\sim 18\end{cases} \tag{5.11}$$

松弛时间和迁移率之间的关系满足：

$$M_\phi = \Gamma(\tau_\phi - 0.5)c_s^2\delta_t \tag{5.12}$$

在执行碰撞-迁移算法时，源项中偏导数采用向前差分格式，有

$$\partial_t(\phi \boldsymbol{u}) = \frac{(\phi \boldsymbol{u})|_{(\boldsymbol{x},t)} - (\phi \boldsymbol{u})|_{(\boldsymbol{x},t-\delta_t)}}{\delta_t} \tag{5.13}$$

$$\partial_t(\theta \boldsymbol{n}) = \frac{(\theta \boldsymbol{n})|_{(\boldsymbol{x},t)} - (\theta \boldsymbol{n})|_{(\boldsymbol{x},t-\delta_t)}}{\delta_t} \tag{5.14}$$

宏观量可以通过分布函数求矩得

$$\phi = \sum_i h_i \tag{5.15}$$

5.2.3 高阶泰勒展开分析

下面分析高阶修正模型的截断误差，首先将方程(5.4)整理为

$$h_i(\boldsymbol{x},t) = \left(1-\frac{1}{\tau_\phi}\right)h_i(\boldsymbol{x}-\boldsymbol{e}_i\delta_t, t-\delta_t) + \frac{1}{\tau_\phi}h_i^{\mathrm{eq}}(\boldsymbol{x}-\boldsymbol{e}_i\delta_t, t-\delta_t) + \delta_t\left(1-\frac{1}{2\tau_\phi}\right)R_i(\boldsymbol{x}-\boldsymbol{e}_i\delta_t, t-\delta_t) \tag{5.16}$$

递归调用式(5.16)，将分布函数表示为只含平衡分布函数和源项的形式，即

$$h_i = \frac{1}{\tau_\phi}\sum_{n=1}^{\infty}\left(1-\frac{1}{\tau_\phi}\right)^{n-1}h_i^{\mathrm{eq}}(\boldsymbol{x}-n\boldsymbol{e}_i\delta_t, t-n\delta_t) + \delta_t\left(1-\frac{1}{2\tau_\phi}\right)\sum_{n=1}^{\infty}\left(1-\frac{1}{\tau_\phi}\right)^{n-1}R_i(\boldsymbol{x}-n\boldsymbol{e}_i\delta_t, t-n\delta_t) \tag{5.17}$$

将平衡分布函数和源项在 $(\boldsymbol{x},t)$ 处执行泰勒展开，有

$$h_i^{\mathrm{eq}}(\boldsymbol{x}-n\boldsymbol{e}_i\delta_t, t-n\delta_t) = h_i^{\mathrm{eq}}(\boldsymbol{x},t) + \sum_{m=1}^{\infty}\frac{(-n)^m(\delta_t D_i)^m h_i^{\mathrm{eq}}(\boldsymbol{x},t)}{m!} \tag{5.18a}$$

$$R_i(\boldsymbol{x}-n\boldsymbol{e}_i\delta_t,t-n\delta_t)=R_i(\boldsymbol{x},t)+\sum_{m=1}^{\infty}\frac{(-n)^m(\delta_tD_i)^mR_i(\boldsymbol{x},t)}{m!} \tag{5.18b}$$

将展开式代入式(5.17)可得

$$\begin{aligned}h_i&=h_i^{\mathrm{eq}}+\sum_{m=1}^{4}\tau_\phi\tau_m(\delta_tD_i)^mh_i^{\mathrm{eq}}\\&+\delta_t\frac{2\tau_\phi-1}{2}R_i+\delta_t\frac{2\tau_\phi-1}{2}\tau_\phi\sum_{m=1}^{4}\tau_m(\delta_tD_i)^mR_i+O(\delta_t^4)\end{aligned} \tag{5.19}$$

式中：τ_m 定义为

$$\tau_m=\frac{1}{\tau_\phi^2m!}\sum_{n=1}^{\infty}\left(1-\frac{1}{\tau_\phi}\right)^{n-1}(-n)^m \tag{5.20}$$

其中，τ_m 前几项的表达式分别为

$$\begin{cases}\tau_1=-1\\\tau_2=\dfrac{2\tau_\phi-1}{2}\\\tau_3=\dfrac{-6\tau_\phi^2+6\tau_\phi-1}{6}\\\tau_4=\dfrac{24\tau_\phi^3-36\tau_\phi^2+14\tau_\phi-1}{24}\end{cases} \tag{5.21}$$

对方程(5.19)求零阶矩可以得到保留前四阶主要误差项的宏观方程：

$$\begin{aligned}\partial_t\phi+\partial_\alpha B_\alpha&=\delta_t[\tau_2\partial_{tt}\phi+2\tau_2\partial_{t\alpha}B_\alpha+\tau_2\partial_{\alpha\beta}\Pi_{\alpha\beta}^0-\tau_2\partial_\alpha S_\alpha]\\&+\delta_t^2[\tau_3\partial_{ttt}\phi+3\tau_3\partial_{tt\alpha}B_\alpha+3\tau_3\partial_{t\alpha\beta}\Pi_{\alpha\beta}^0+\tau_3\partial_{\alpha\beta\gamma}Q_{\alpha\beta\gamma}^0\\&+2\tau_2^2\partial_{t\alpha}S_\alpha]+\delta_t^3[\tau_4\partial_{tttt}\phi+4\tau_4\partial_{ttt\alpha}B_\alpha+6\tau_4\partial_{tt\alpha\beta}\Pi_{\alpha\beta}^0\\&+4\tau_4\partial_{t\alpha\beta\gamma}Q_{\alpha\beta\gamma}^0+\tau_4\partial_{\alpha\beta\gamma\delta}A_{\alpha\beta\gamma\delta}^0]\\&+\delta_t^3[3\tau_2\tau_3\partial_{tt\alpha}S_\alpha+\tau_2\tau_3\partial_{\alpha\beta\gamma}\Xi_{\alpha\beta\gamma}]+O(\delta_t^3)\end{aligned} \tag{5.22}$$

忽略 $O(Ma^3,Kn^3)$ 高阶小量，方程(5.22)可以化简为

$$\begin{aligned}\partial_t\phi+\partial_\alpha B_\alpha&=\delta_t[\tau_2\partial_{tt}\phi+2\tau_2\partial_{t\alpha}B_\alpha+\tau_2\partial_{\alpha\beta}\Pi_{\alpha\beta}^0-\tau_2\partial_\alpha S_\alpha]\\&+\delta_t^2[3\tau_3\partial_{t\alpha\beta}\Pi_{\alpha\beta}^0+\tau_3\partial_{\alpha\beta\gamma}Q_{\alpha\beta\gamma}^0+2\tau_2^2\partial_{t\alpha}S_\alpha]\\&+\delta_t^3[\tau_4\partial_{\alpha\beta\gamma\delta}A_{\alpha\beta\gamma\delta}^0+\tau_2\tau_3\partial_{\alpha\beta\gamma}\Xi_{\alpha\beta\gamma}]+O(M_a^3,K_n^3,\delta_t^3)\end{aligned} \tag{5.23}$$

将式(5.23)左右两侧同时对时间求偏导,有

$$\delta_t \partial_{tt}\phi = -\delta_t \partial_{t\alpha} B_\alpha + \delta_t^2 [\tau_2 \partial_{t\alpha\beta} \Pi_{\alpha\beta}^0 - \tau_2 \partial_{t\alpha} S_\alpha] + O(Ma^3, Kn^3, \delta_t^3) \tag{5.24}$$

将式(5.24)代入式(5.23)得

$$\begin{aligned}\partial_t\phi + \partial_\alpha B_\alpha = \delta_t [\tau_2 \partial_{t\alpha} B_\alpha + \tau_2 \partial_{\alpha\beta} \Pi_{\alpha\beta}^0 - \tau_2 \partial_\alpha S_\alpha] \\ + \delta_t^2 [(\tau_2^2 + 3\tau_3)\,\partial_{t\alpha\beta} \Pi_{\alpha\beta}^0 + \tau_3 \partial_{\alpha\beta\gamma} Q_{\alpha\beta\gamma}^0 + \tau_2^2 \partial_{t\alpha} S_\alpha] \\ + \delta_t^3 [\tau_4 \partial_{\alpha\beta\gamma\delta} A_{\alpha\beta\gamma\delta}^0 + \tau_2\tau_3 \partial_{\alpha\beta\gamma} \Xi_{\alpha\beta\gamma}] + O(Ma^3, Kn^3, \delta_t^3)\end{aligned} \tag{5.25}$$

代入平衡分布和源项的各阶矩,方程(5.25)可进一步化简为

$$\begin{aligned}\partial_t\phi + \partial_\alpha(\phi u_\alpha) = M_\phi [\partial_{\alpha\alpha}\phi - \partial_\alpha(\theta n_\alpha)] \\ + \delta_t^2 [(\tau_2^2 + 3\tau_3)\, c_s^2 \Gamma \partial_{t\alpha\alpha}\phi + 3\tau_3 c_s^2 \partial_{\beta\beta\alpha}(\phi u_\alpha) \\ + \tau_2^2 c_s^2 \Gamma \partial_{t\alpha}(\theta n_\alpha) - \xi c_s^2 \partial_{\alpha t}(\theta n_\alpha)] \\ + \delta_t^3 [3\tau_4 \Gamma c_s^4 \partial_{\alpha\alpha\beta\beta}\phi + 3\tau_2\tau_3 \Gamma c_s^4 \partial_{\beta\beta\alpha}(\theta n_\alpha)] + O(Ma^3, Kn^3, \delta_t^3)\end{aligned} \tag{5.26}$$

式中:$M_\phi = \tau_2 c_s^2 \Gamma \delta_t$。假定序参量在演化过程中保持准平衡状态,那么在三阶尺度上 $\partial_t\phi = -\partial_\alpha(\phi u_\alpha)$ 和 $\partial_{\alpha\alpha}\phi = \partial_\alpha(\theta n_\alpha)$ 成立。因此,等式右侧第二行和第三行可以表示为 $\xi_3 \delta_t^2 \partial_{t\alpha\alpha}\phi$,其中 ξ_3 的表达式为

$$\xi_3 = (2\tau_2^2 + 3\tau_3)\, c_s^2 \Gamma - 3\tau_3 c_s^2 - \xi c_s^2 \tag{5.27}$$

由 ξ、τ_2 和 τ_3 的表达式可知 $\xi_3 = 0$。式(5.26)等号右侧第四行可以表示为

$$\begin{aligned}(3\tau_4 + 3\tau_2\tau_3)\,\Gamma c_s^4 \delta_t^3 \partial_{\alpha\alpha\beta\beta}\phi &= -\frac{1}{4}\Gamma \tau_2 c_s^4 \delta_t^3 \partial_{\alpha\alpha\beta\beta}\phi \\ &= -\frac{M_\phi}{4} c_s^2 \delta_t^2 \partial_{\alpha\alpha\beta\beta}\phi\end{aligned} \tag{5.28}$$

将式(5.28)代入式(5.26)整理得

$$\begin{aligned}\partial_t\phi + \partial_\alpha(\phi u_\alpha) = M_\phi [\partial_{\beta\beta}\phi - \partial_\alpha(\theta n_\alpha)] \\ - \frac{M_\phi}{4} c_s^2 \delta_t^2 \partial_{\alpha\alpha\beta\beta}\phi + O(Ma^3, Kn^3, \delta_t^3)\end{aligned} \tag{5.29}$$

因此,当前修正模型能够消除第 4 章中模型 C 的三阶主要误差项,考虑到四阶误差项幅值较小,这里不做额外的处理。

5.3　模型验证

下面以平移流场、旋转流场和变形流场中界面演化作为基准算例，对比研究模型 C 修正前后的界面捕捉能力，其中，高阶修正模型采用式(5.6)作为源项，示意图如图 5-2 所示。

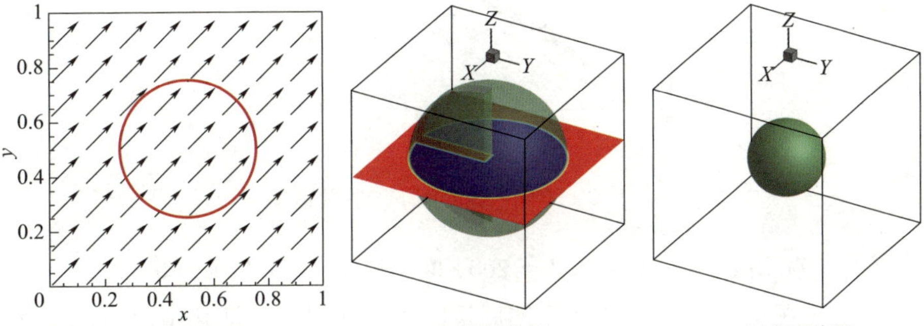

图 5-2　基准算例示意图

5.3.1　二维平移流场界面捕捉

1. 收敛速率

将半径 $R = L/4$ 的圆形气泡置于 $L \times L$ 的方形计算域中，气泡在速度场 $(u_x, u_y) = (U, U)$ 作用下沿着对角线方向平移，并在 $T = L/U$ 时刻返回到初始位置。采用周期边界条件进行模拟，两相序参量分别为 $\phi_h = -\phi_l = 1$，序参量的初始分布由平衡分布给定。设定 $U = 0.01$, $Cn = 3/200$, $Pe^* = 3$, L 在 160~400 取值时，一个周期前后序参量的相对误差随网格密度的变化规律如图 5-3 所示。三阶修正模型在不同松弛时间下均满足二阶精度。

2. 相对误差

下面研究松弛时间对高阶修正模型的影响，松弛时间在区间(0.5, 1.5)取值，其余参数设置如下：

(1)工况 1：$\phi_h = -\phi_l = 1$, $L = 200$, $W = 3$, $M_\phi = 0.01$, $U = 0.01$。

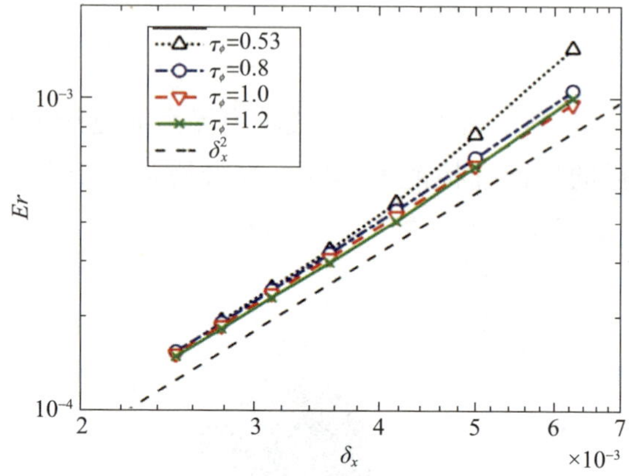

图 5-3 不同松弛时间下的收敛速率

(2)工况 2：$\phi_h = -\phi_l = 1$, $L = 200$, $W = 3$, $M_\phi = 0.1$, $U = 0.1$。

针对工况 1，图 5-4 给出了不同周期时刻的相对误差演化情况。在二阶模型中，除了 $\tau_\phi = 0.8$，其余松弛时间设置均会导致误差随时间累积；在三阶修正模型中，$\tau_\phi = 0.8$ 和 $\tau_\phi = 1$ 时相对误差几乎不随界面运动周期数的变化而变化，能够一直保持较小的相对误差。值得注意的是，当松弛时间设定为 $\tau_\phi = 0.53$ 时[8]（对应常规 LBE 中松弛时间与迁移率的关系），两模型的误差均随着周期数的增加而增大。因此，引入自由松弛参数 Γ 并合理选择松弛时间有利于长时间的界面捕捉模拟。

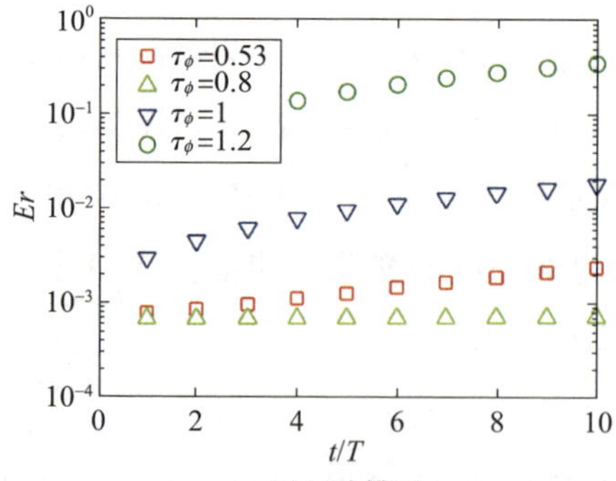

(a)二阶模型

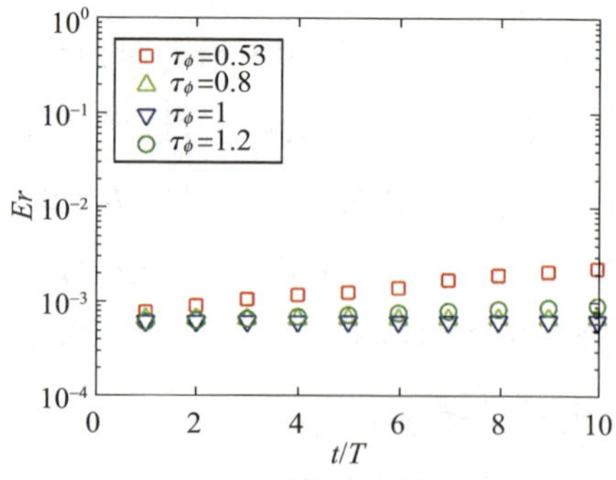

(a)高阶修正模型

图 5-4 n 周期时刻的相对误差

经历 10 个周期，图 5-5 比较了序参量相对误差随松弛时间的变化曲线。在工况 1(图 5-5(a))中，当 $0.53 \leqslant \tau_{\phi} < 0.8$ 时，两模型的数值表现相近，这是由于此区间的三阶误差非常小(图 5-1)，引入修正项对模型的改进有限；两模型在 $\tau_{\phi} = 0.8$ 附近取得最小相对误差，这接近于 $\xi(\tau_{\phi}) = 0$ 的较大根；当 $0.9 < \tau_{\phi} < 1.2$ 时，三阶误差项系数 ξ 单调递增，此时二阶模型中的相对误差也迅速增大，而当前修正模型始终保持良好的准确性；当 $\tau_{\phi} > 1.2$ 时，高阶修正模型的相对误差开始增大，这可能是因为此时序参量的分布偏离了平衡态，而高阶修正项中用到了准平衡近似。另外，需要指出的是，由于修正项分母中包含 $\tau_{\phi} - 0.5$，当 τ_{ϕ} 取值接近于 0.5 时，高阶修正模型准确性不如二阶修正模型，不适用于该参数范围内的数值模拟。图 5-5(b) 比较了 $M_{\phi} = 0.1$、$U_0 = 0.1$ 时两模型的准确性，在不同的松弛时间下，当前三阶修正模型的数值误差明显小于二阶模型。在 $0.8 < \tau_{\phi} < 1.2$ 的较大范围内，三阶模型的相对误差曲线较为平坦，几乎不受松弛时间的影响。

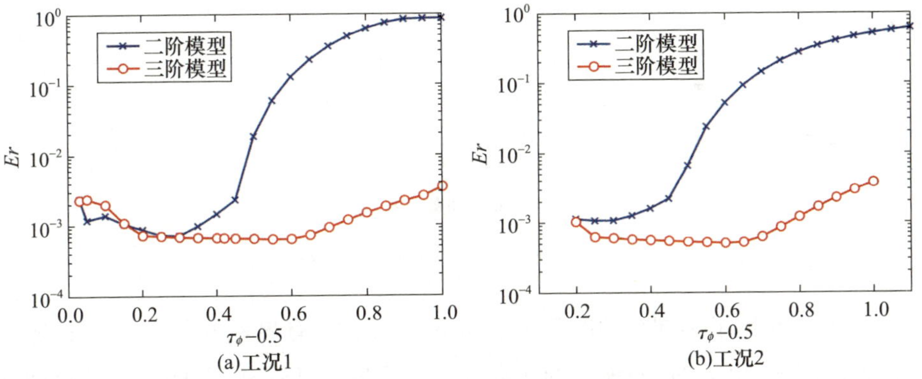

图 5-5　模型修正前后的数值误差对比

3. 有界性

以工况 1 为例，图 5-6 考察了 10 个周期内序参量上下界的变化规律。当 $\tau_{\phi} = 0.53$ 和 0.8 序参量上下界变化呈现明显的波动，当 $\tau_{\phi} = 1$ 和 1.2 时上下界偏移量几乎不随迭代步数变化而变化。显然二阶模型在 $\tau_{\phi} = 0.8$ 时的有界性最优，序参量上下界偏移量控制在 $O(10^{-6})$ 量级。三阶修正模型在较大松弛时间取值时能够显著降低序参量的上下界偏移量，特别是在 $\tau_{\phi} = 1$ 时，严格满足序参量有界性。对比序参量极大值和极小值的时间历程曲线，$\bar{\phi}_{\max}$ 和 $\bar{\phi}_{\min}$ 的幅值大小和演化趋势均呈现相似的变化规律。

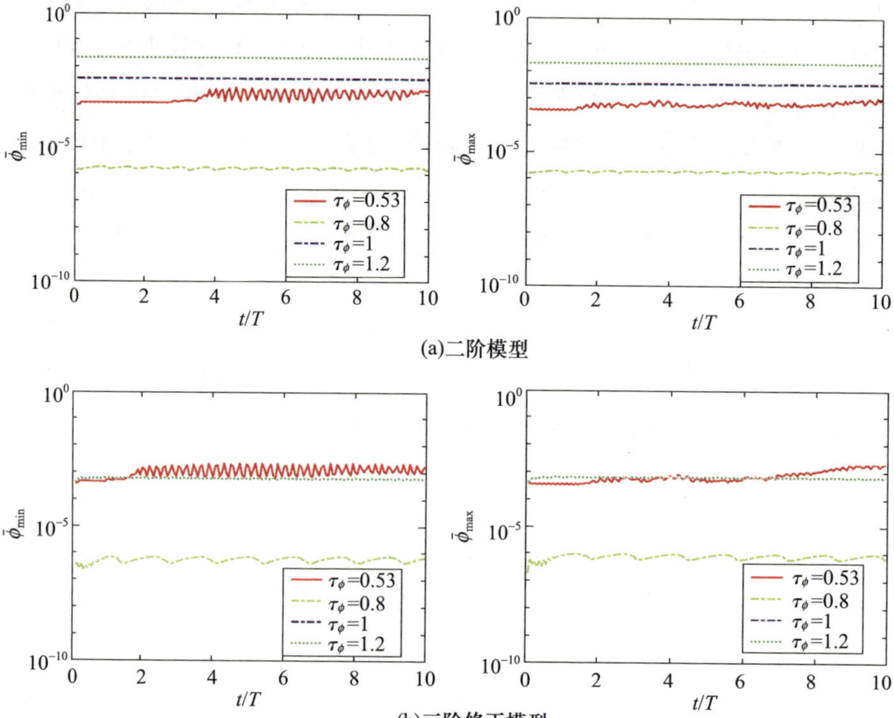

(a)二阶模型

(b)三阶修正模型

图 5-6 序参量上下界偏移的时间历程曲线

图 5-7 对比了不同松弛时间下模型修正前后的有界性变化。对于工况 1，当松弛时间 $\tau_\phi<0.8$ 时，两模型的序参量上下界偏移几乎相同；随着松弛时间增大，三阶修正模型的上下界偏移量迅速减小，当 $\tau_\phi=0.9$ 和 1.0 时，能够严格满足序参量有界性。对于工况 2，在 $0.7\leqslant\tau_\phi\leqslant1.5$ 的测试范围内，三阶修正模型均能降低序参量的上下界偏移；在 $0.9\leqslant\tau_\phi\leqslant1.05$ 的测试范围内，严格满足三阶修正模型的有界性。一般而言，三阶修正模型在 $\tau_\phi=1$ 时能够降低相对误差并保持良好的有界性，这为大密度比两相流的模拟提供了潜在的可能。

下面重点讨论当 $\tau_\phi=1$ 时三阶修正模型有界性对参数设置的依赖性。迁移率设定为 $M_\phi=0.1$，Pe^* 数在区间 (0,8) 取值，无量纲界面厚度 W/δ_x 在 [2,8]

区间取值。图 5-8 给出了不同参数设置下序参量有界性的分布相图,其中白色区域对应序参量有界性严格满足的参数区间。Mirjalili 等[6] 证明在 $Pe^* \leqslant (W/\delta_x - 2)/8$ 区间,中心差分格式满足有界性。二阶模型得到的有界范围近似为 $Pe^* \leqslant (W/\delta_x - 2)/3$。三阶修正模型拓宽了严格有界区间,可以表示为 $Pe^* \leqslant W/\delta_x - 0.5$ 且 $W/\delta_x \geqslant 2.5$。当 Cn 数恒定,三阶模型能够在较少网格数条件下保证序参量有界性。以 $Pe^* = 2$ 为例,二阶模型中界面厚度需要设置为 $W \geqslant 8\delta_x$,三阶模型中界面厚度只需满足 $W \geqslant 2.5\delta_x$ 即可。

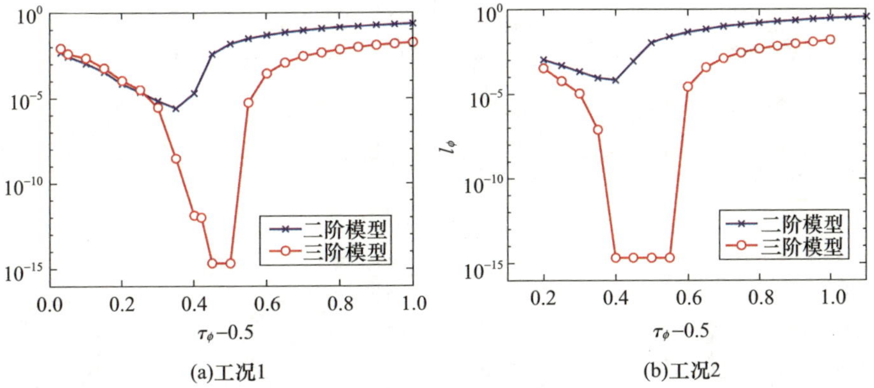

图 5-7　模型修正前后序参量的上下界偏移对比

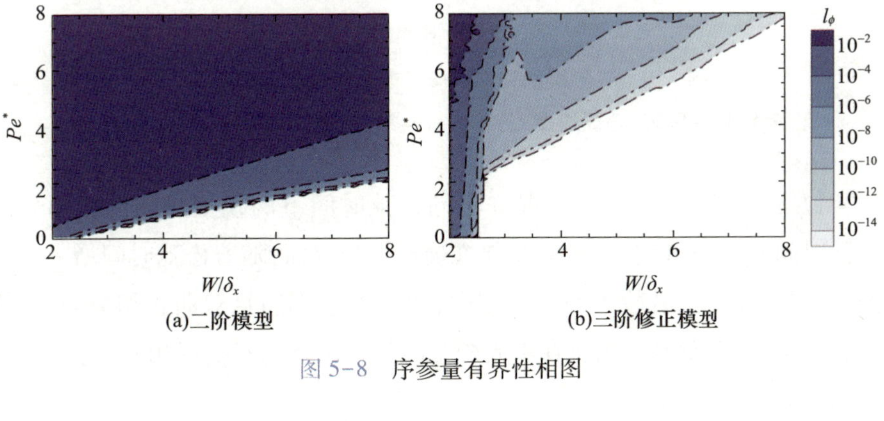

图 5-8　序参量有界性相图

4. 界面轮廓

当 $t = 10T$ 时,图 5-9 给出了工况 1 两模型获得的界面轮廓,序参量只保留了 $-0.99 \leqslant \phi \leqslant 0.99$ 范围内的云图。当 $\tau_\phi = 0.53$ 时,平移后的界面轮廓与初始位置并不能完全重合，在运动方向上略落后于初始位置。此外，气相和液相区域产生了非物理扩散，这可能导致两相流模拟时产生伪速度。当 $\tau_\phi=0.8$ 时，三阶误差项非常小，两模型均能恢复得到准确的相界面。随着 τ_ϕ 继续增大，三阶误差项不可忽略。当 $\tau_\phi=1.0$ 和 1.2 时，二阶模型预测得到的相界面发生畸变且质心位置相对滞后；而当前三阶修正模型得到的界面轮廓与初始形状吻合良好。

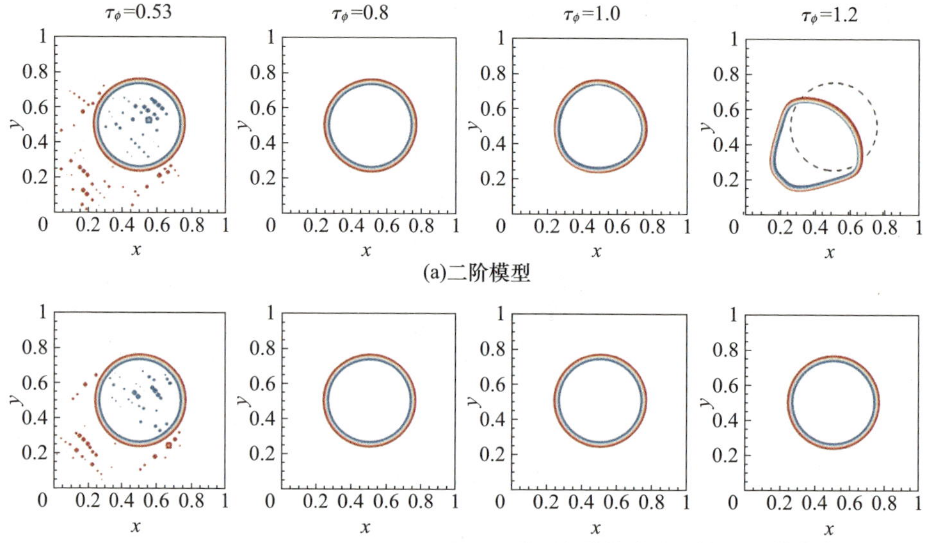

(a)二阶模型

(b)三阶模型

图 5-9　二阶模型和三阶修正模型所得相界面对比。

迁移率 $M_\phi=0.01$，特征速度 $U=0.01$，序参量取值范围为 $-0.99\leqslant\phi\leqslant0.99$

类似地，图 5-10 比较了工况 2 不同松弛时间下两模型预测的界面轮廓。当松弛时间 $\tau_\phi=0.8$ 时，二阶模型能准确捕捉相界面；随着松弛时间增大，二阶模型产生界面畸变，沿着界面法线方向，序参量不再满足双曲正切分布。消除三阶误差项后，三阶修正模型在不同松弛时间下均能准确捕捉相界面。

5. 不同源项格式对比

下面对比式(5.6)和式(5.7)两种源项格式对模拟结果的影响，两种源项格式对应的格子玻尔兹曼模型分别记为三阶模型 A 和三阶模型 B。图 5-11 比较了两种工况下不同模型的相对误差和有界性。图 5-11(a)和(c)考察了

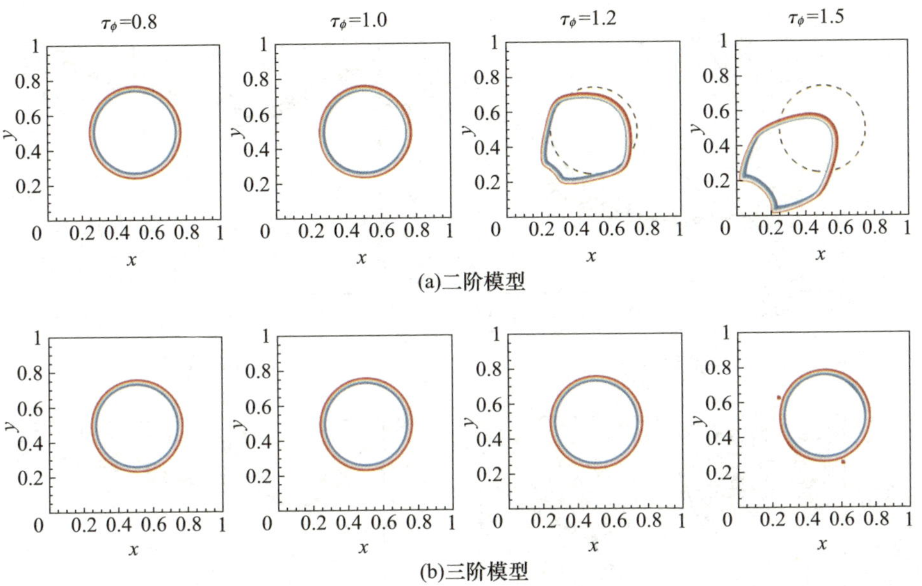

图 5-10 二阶模型和三阶修正模型所得相界面对比。
迁移率 M_ϕ=0.1,特征速度 U=0.1,序参量取值范围为$-0.99 \leqslant \phi \leqslant 0.99$

不同模型的相对误差,当 τ_ϕ < 0.7 时,三阶模型 B 发散,这是由于三阶源项分母中包含 $(\tau_\phi - 0.5)^2$ 项,一旦序参量的分布偏离平衡态,三阶源项因准平衡近似产生的误差将会被放大;在 $0.75 \leqslant \tau_\phi \leqslant 1.1$ 范围,三阶模型 B 的相对误差曲线与三阶模型 A 基本重合,能够显著降低二阶模型的相对误差;在 τ_ϕ > 1.1 区间,三阶模型 B 的准确性不如模型 A,但相较于原始二阶模型,仍取得了良好的修正效果。图 5-11(b)和(d)考察了不同模型中序参量的有界性,在较大松弛时间范围内,三阶模型 B 能够有效降低二阶模型的上下界偏移量;三阶模型 B 不存在严格有界区间,当松弛时间取 τ_ϕ = 0.85,序参量有界性达到最佳,此时上下界偏移为 $O(10^{-5})$,与二阶修正模型的最小偏移量相当。

基于上面的讨论,当 τ_ϕ 较大时,三阶修正模型能够一定程度提高模型的准确性和有界性。随着迁移率和特征速度增大,三阶修正模型的优势表现得更加明显。特别地,当修正源项设定为式(5.6)且松弛时间取 τ_ϕ = 1.0 时,三阶修正模型能够保持序参量的严格有界性。

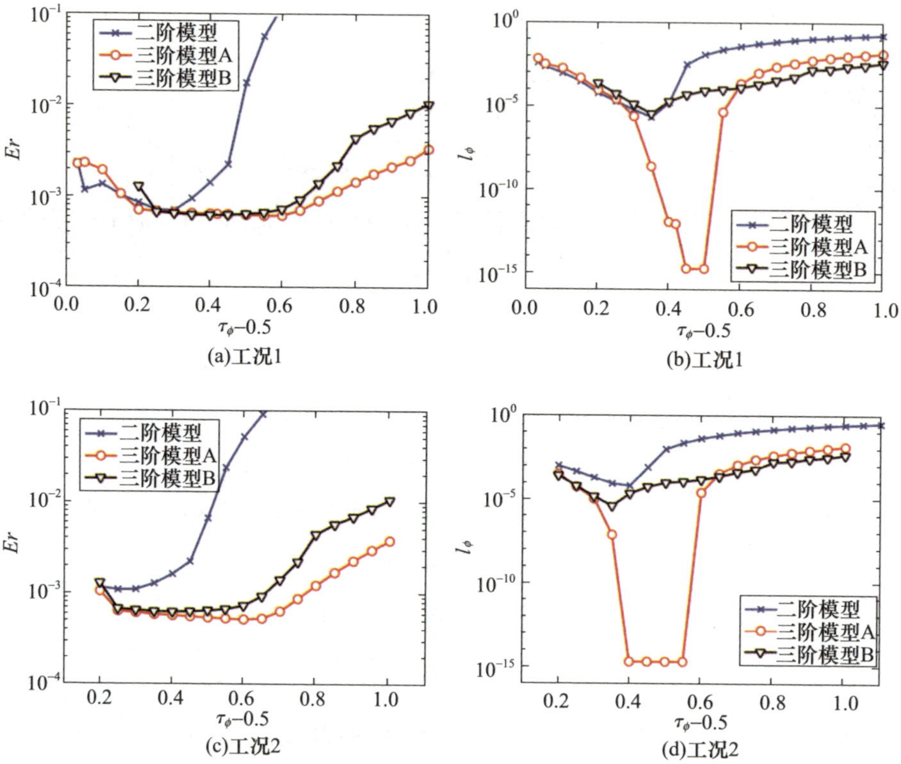

图 5-11　修正源项对模型相对误差和有界性的影响

5.3.2　三维旋转流场界面捕捉

本小节将讨论含缺口的三维球形界面捕捉，这是对二维 Zalesak 旋转基准算例的拓展。见图 5-2(b)，球形界面位于立方计算域中心，计算域边长 $L=256$。球形界面半径 $R=0.4L$，缺口宽度 $d_s=0.1L$。界面厚度及序参量的上下界设置与上一小节相同。相场由平衡态进行初始化，所有边均采用周期边界条件。

假定外流场绕着 Z 轴旋转，则流场速度的表达式为

$$\begin{cases} u_x(x,y,z) = -U\pi\left(\dfrac{y}{L}-0.5\right) \\ u_y(x,y,z) = U\pi\left(\dfrac{x}{L}-0.5\right) \\ u_z(x,y,z) = 0 \end{cases} \tag{5.30}$$

理论上，旋转界面将在时间 $T = 2L/U$ 时返回其初始位置。为了放大三阶误差项的影响，这里选择相对较大的特征速度和迁移率，取 $U = 0.1$ 和 $M_\phi = 0.1$。在一个周期内，三阶模型所获得的相界面如图 5-12 所示。可以观察到，在 T 时刻，模拟得到的界面与初始状态吻合良好。

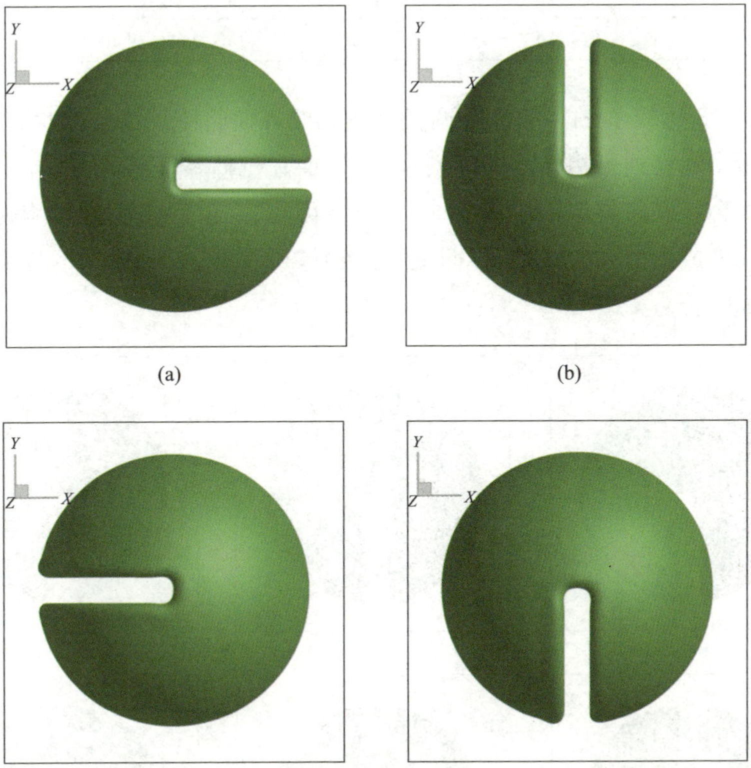

(a)　(b)　(c)　(d)

图 5-12　Zalesak 旋转流算例中单周期内界面演化

表 5-1 比较了三阶修正模型与二阶模型的相对误差和序参量上下界偏移。对于二阶模型，相对误差和上下界偏移量在 $\tau_\phi = 0.8$ 时取得最小值，并随着 τ_ϕ 的增大而增大，这阻碍了二阶模型在较大 τ_ϕ 参数范围内的应用。相反，在当前三阶修正模型中，相对误差几乎保持不变，上下界偏移量的幅值远小于同样参数条件下的二阶模型。值得一提的是，在 $\tau_\phi = 1.0$ 时，三阶修正模型的有界性良好，序参量上下界偏移能够降低到 $O(10^{-15})$ 量级。显然，当前改进模型比原始二阶模型有更好的数值表现。

表 5-1　不同松弛时间对模型精度和有界性的影响

τ_ϕ	二阶修正模型		三阶修正模型	
	Er	l_ϕ	Er	l_ϕ
0.8	2.9×10^{-3}	2.0×10^{-5}	2.8×10^{-3}	4.9×10^{-6}
1.0	3.6×10^{-3}	2.9×10^{-3}	2.8×10^{-3}	7.3×10^{-15}
1.2	9.3×10^{-3}	5.4×10^{-2}	3.1×10^{-3}	2.4×10^{-4}

图 5-13 比较了 $\tau_\phi = 1.2$ 时两模型得到的界面轮廓。与初始状态相比，在二阶模型中观察到了相界面的倾斜和褶皱，而在三阶修正模型中，相界面与初始轮廓吻合良好。类似二维 Zalesak 的分析可知，三阶误差项的影响在缺口处与缺口深度成正比，而在球形界面上三阶误差可忽略，二阶模型的界面变形与理论预测吻合。

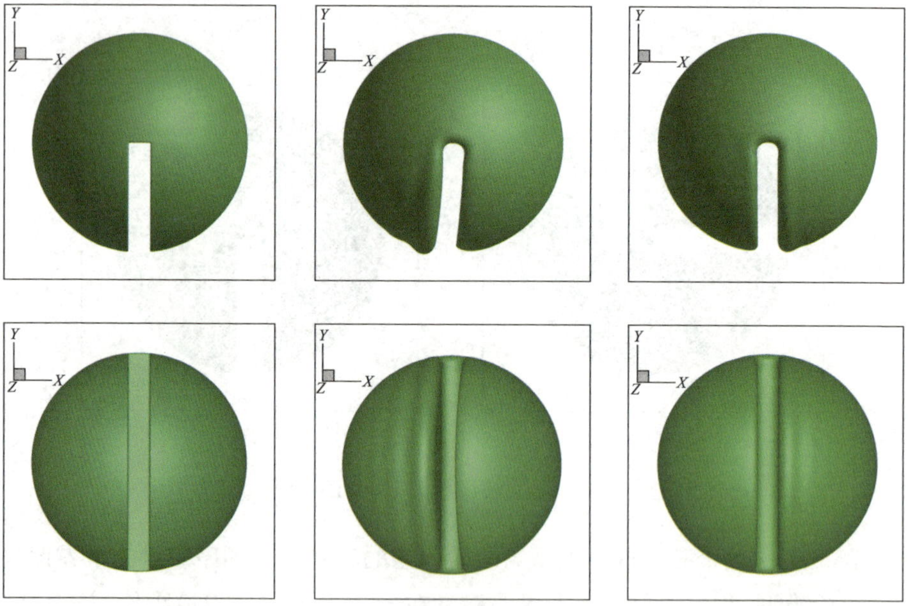

(a) 初始轮廓　(b) 二阶模型　(c) 三阶模型

图 5-13　三维旋流场中界面捕捉对比

5.3.3　三维变形流场界面捕捉

下面对比研究两模型在三维变形流场中的数值表现，立方计算域边长设置

为 $L = 256$,球状界面半径 $R = 0.2L$ 。流场随时间的演变给定为

$$\begin{cases} u_x = \dfrac{U}{2}\left[\begin{aligned}&\sin\left(4\pi\left(\dfrac{x}{L} - 0.5\right)\right)\sin\left(4\pi\left(\dfrac{y}{L} - 0.5\right)\right)\\ &+ \cos\left(4\pi\left(\dfrac{z}{L} - 0.5\right)\right)\cos\left(4\pi\left(\dfrac{x}{L} - 0.5\right)\right)\end{aligned}\right]\cos(\pi t) \\ u_y = \dfrac{U}{2}\left[\begin{aligned}&\sin\left(4\pi\left(\dfrac{y}{L} - 0.5\right)\right)\sin\left(4\pi\left(\dfrac{z}{L} - 0.5\right)\right)\\ &+ \cos\left(4\pi\left(\dfrac{x}{L} - 0.5\right)\right)\cos\left(4\pi\left(\dfrac{y}{L} - 0.5\right)\right)\end{aligned}\right]\cos(\pi t) \\ u_z = \dfrac{U}{2}\left[\begin{aligned}&\sin\left(4\pi\left(\dfrac{z}{L} - 0.5\right)\right)\sin\left(4\pi\left(\dfrac{x}{L} - 0.5\right)\right)\\ &+ \cos\left(4\pi\left(\dfrac{y}{L} - 0.5\right)\right)\cos\left(4\pi\left(\dfrac{z}{L} - 0.5\right)\right)\end{aligned}\right]\cos(\pi t) \end{cases} \tag{5.31}$$

式中:$U = 0.1$。在 LBE 模拟中,迁移率和界面厚度分别设置为 $M_\phi = 0.1$ 和 $W = 3$,序参量在球形界面内外分别取 -1 和 $+1$。单周期内三阶模型获得的相界面演化如图 5-14 所示,界面在 $T/2$ 时刻变形最大并在 T 时刻返回到初始状态。注意到 $t = T$ 时相界面包含褶皱,这可能与网格密度有关。

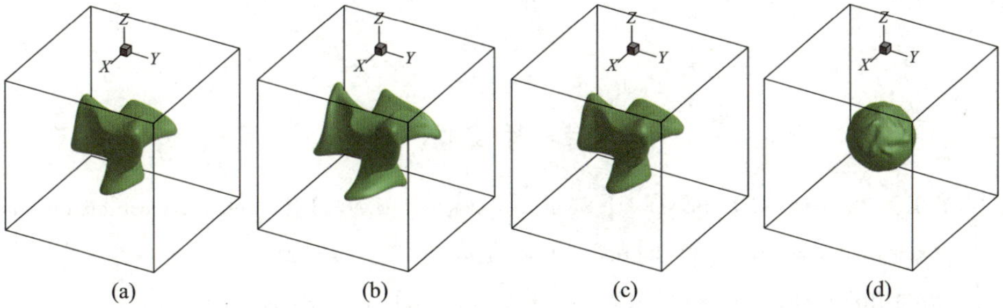

图 5-14　变形流算例中单周期内界面演化

不同松弛时间下模型的相对误差及有界性偏移如表 5-2 所列。调整松弛时间,三阶修正模型能够有效降低原始二阶模型的相对误差和上下界偏离量。特别地,当取 $\tau_\phi = 1$ 时,能够准确满足三阶修正模型的有界性,为大密度比两相流模拟提供潜在的可能。

表 5-2 不同松弛时间对模型相对误差和有界性的影响

τ_{ϕ}	二阶修正模型		三阶修正模型	
	Er	l_{ϕ}	Er	l_{ϕ}
0.8	3.4×10^{-3}	1.91×10^{-4}	3.0×10^{-3}	1.0×10^{-5}
1.0	4.4×10^{-2}	9.7×10^{-3}	3.6×10^{-3}	0
1.2	1.3×10^{-1}	9.0×10^{-2}	4.3×10^{-3}	1.1×10^{-4}

5.4 本章小结

本章基于守恒型 Allen-Cahn 方程，在格子玻尔兹曼二阶修正模型的基础上引入三阶修正源项。利用高阶泰勒展开分析，当前模型能够消除三阶尺度上的主要误差项。以平移流场、旋转流场和变形流场的界面捕捉作为基准算例进行模型验证，当前的三阶修正模型在不同松弛时间下均保持二阶精度和良好的序参量有界性，在较大松弛时间取值时具有明显的改善效果。当松弛时间在 1.0 附近取值时，高阶修正模型能够准确满足序参量的有界性，这是当前三阶修正模型最显著的优势，在大密度比两相流模拟中具有潜在的应用价值。

参考文献

[1] YUE P T, ZHOU C F, FENG J J. Spontaneous shrinkage of drops and mass conservation in phase-field simulations[J]. Journal of Computational Physics, 2007, 223(1): 1-9.

[2] INAMURO T, OGATA T, TAJIMA S, et al. A lattice Boltzmann method for incompressible two-phase flows with large density differences[J]. Journal of Computational Physics, 2004, 198(2): 628-644.

[3] DONG S, SHEN J. A time-stepping scheme involving constant coefficient matrices for phase-field simulations of two-phase incompressible flows with large density ratios[J]. Journal of Computational Physics, 2012, 231(17): 5788-5804.

[4] REN F, SONG B W, SUKOP M C, et al. Improved lattice Boltzmann modeling of binary flow based on the conservative Allen-Cahn equation[J]. Physical Review E, 2016, 94

(2):023311.

[5] CHIU P H, LIN Y T. A conservative phase field method for solving incompressible two-phase flows[J]. Journal of Computational Physics, 2011, 230(1):185-204.

[6] MIRJALILI S, IVEY C B, MANI A. A conservative diffuse interface method for two-phase flows with provable boundedness properties[J]. Journal of Computational Physics, 2020, 401:109006.

[7] ZHANG C H, GUO Z L, LIANG H. High-order lattice-boltzmann model for the Cahn-Hilliard equation[J]. Physical Rereview E, 2019, 99(4):043310.

[8] WANG H L, CHAI Z H, SHI B C, et al. Comparative study of the lattice Boltzmann models for Allen-Cahn and Cahn-Hilliard equations[J]. Physical Review E, 2016, 94(3):033304.

6 相场格子玻尔兹曼多松弛模型

第6章 相场格子玻尔兹曼多松弛模型

前两章的单松弛格子玻尔兹曼模型可能存在稳定性问题。为了进一步优化守恒型相场 LBE 模型，本章基于多松弛时间(Multiple-Relaxation-Time，MRT)碰撞算子提出了另一种消除二阶误差项的方案。新模型引入了非对角松弛矩阵，非对角元素使得非平衡矩相互耦合，通过设计矩空间的平衡分布和松弛矩阵中的自由参数，可以恢复得到准确的目标相场方程。当考虑两相流体流动时，结合基于压强演化的多松弛 LBE 模型，当前模型可应用于大密度比两相流模拟。

6.1 常规多松弛模型

6.1.1 模型描述

在多松弛格子玻尔兹曼理论框架下求解守恒型 Allen-Cahn 相场方程，序参量的演化方程在矩空间可以表示为[1]

$$\boldsymbol{m}(\boldsymbol{x}+\boldsymbol{e}\delta_t, t+\delta_t)-\boldsymbol{m}(\boldsymbol{x}, t)=-\boldsymbol{S}(\boldsymbol{m}-\boldsymbol{m}^{\mathrm{eq}})+\delta_t(\boldsymbol{I}-\boldsymbol{S}/2)\boldsymbol{q} \tag{6.1}$$

式中：分布函数 $\boldsymbol{m}$、平衡分布函数 $\boldsymbol{m}^{\mathrm{eq}}$ 和离散源项 $\boldsymbol{q}$ 通过变换矩阵 $\boldsymbol{M}$ 从速度空

间映射得到,即 $\boldsymbol{m} = \boldsymbol{M}\boldsymbol{h}$, $\boldsymbol{m}^{\mathrm{eq}} = \boldsymbol{M}\boldsymbol{h}^{\mathrm{eq}}$ 和 $\boldsymbol{q} = \boldsymbol{M}\boldsymbol{R}$ 。对于 D2Q9 速度模型,变换矩阵为[1]

$$\boldsymbol{M} = \begin{bmatrix} 1 & 1 & 1 & 1 & 1 & 1 & 1 & 1 & 1 \\ -4 & -1 & -1 & -1 & -1 & 2 & 2 & 2 & 2 \\ 4 & -2 & -2 & -2 & -2 & 1 & 1 & 1 & 1 \\ 0 & 1 & 0 & -1 & 0 & 1 & -1 & -1 & 1 \\ 0 & -2 & 0 & 2 & 0 & 1 & -1 & -1 & 1 \\ 0 & 0 & 1 & 0 & -1 & 1 & 1 & -1 & -1 \\ 0 & 0 & -2 & 0 & 2 & 1 & 1 & -1 & -1 \\ 0 & 1 & -1 & 1 & -1 & 0 & 0 & 0 & 0 \\ 0 & 0 & 0 & 0 & 0 & 1 & -1 & 1 & -1 \end{bmatrix} \tag{6.2}$$

在标准 MRT-LBE 模型中,松弛矩阵 $\boldsymbol{S}$ 为对角矩阵[1]:

$$\boldsymbol{S} = \mathrm{diag}(s_0, s_e, s_\varepsilon, s_j, s_q, s_j, s_q, s_p, s_p) \tag{6.3}$$

式中: $s_j = 1/\tau_\phi$;松弛时间 τ_ϕ 由迁移率确定,有

$$M_\phi = (\tau_\phi - 0.5)\, c_s^2 \delta_t \tag{6.4}$$

一旦给定平衡分布和离散源项,可得到不同的 MRT-LBE 模型,如表 6-1 所列。其中,MRT-A 和 MRT-C 分别是使用线性平衡分布和非线性平衡分布的原始格式,包含量级为 $O(Ma^2)$ 的误差项。为了消除这些偏差项的影响,MRT-B[2] 和 MRT-D 通过设计离散源项进行修正。

表 6-1　不同模型中的平衡分布函数、离散源项以及误差项

模型	平衡分布 h_i^{eq}	源项 R_i	误差项 E_ϕ
MRT-A	$w_i\phi\left(1 + \frac{\boldsymbol{e}_i \cdot \boldsymbol{u}}{c_s^2}\right)$	$w_i \boldsymbol{e}_i \cdot \theta \boldsymbol{n}$	$E_{\phi 1}$
MRT-B	$w_i\phi\left(1 + \frac{\boldsymbol{e}_i \cdot \boldsymbol{u}}{c_s^2}\right)$	$w_i \frac{\boldsymbol{e}_i \cdot [\partial_t(\phi \boldsymbol{u}) + c_s^2 \theta \boldsymbol{n}]}{c_s^2}$	0
MRT-C	$w_i\phi\left(1 + \frac{\boldsymbol{e}_i \cdot \boldsymbol{u}}{c_s^2} + \frac{(\boldsymbol{e}_i \cdot \boldsymbol{u})^2}{2c_s^4} - \frac{u^2}{2c_s^2}\right)$	$w_i \boldsymbol{e}_i \cdot \theta \boldsymbol{n}$	$E_{\phi 2}$
MRT-D	$w_i\phi\left(1 + \frac{\boldsymbol{e}_i \cdot \boldsymbol{u}}{c_s^2} + \frac{(\boldsymbol{e}_i \cdot \boldsymbol{u})^2}{2c_s^4} - \frac{u^2}{2c_s^2}\right)$	$w_i \frac{\boldsymbol{e}_i \cdot [\partial_t(\phi \boldsymbol{u}) + \nabla \cdot (\phi \boldsymbol{u}\boldsymbol{u}) + c_s^2 \theta \boldsymbol{n}]}{c_s^2}$	0

注: $E_{\phi 1} = M_\phi \nabla \cdot \partial_t(\phi \boldsymbol{u})/c_s^2$, $E_{\phi 2} = M_\phi \nabla \cdot [\partial_t(\phi \boldsymbol{u}) + \nabla \cdot (\phi \boldsymbol{u}\boldsymbol{u})]/c_s^2$ 。

6.1.2 多尺度分析

下面以 MRT-A 为例,开展三阶 Chapman-Enskog 分析。演化方程(6.1)的三阶泰勒级数展开为

$$\boldsymbol{Dm} + \frac{\delta_t}{2}\boldsymbol{D}^2\boldsymbol{m} + \frac{\delta_t^2}{6}\boldsymbol{D}^3\boldsymbol{m} + O(\delta_t^3) = -\frac{\boldsymbol{S}}{\delta_t}(\boldsymbol{m} - \boldsymbol{m}^{\text{eq}}) + \left(\boldsymbol{I} - \frac{\boldsymbol{S}}{2}\right)\boldsymbol{q} \tag{6.5}$$

式中:$\boldsymbol{D} = \boldsymbol{I}\partial_t + \boldsymbol{E}\cdot\boldsymbol{\nabla}$,$\boldsymbol{E} = (\boldsymbol{E}_x, \boldsymbol{E}_y)$ 的表达式为

$$\boldsymbol{E}_x = \boldsymbol{M}[\operatorname{diag}(e_{0x}, e_{1x}, \cdots, e_{8x})]\boldsymbol{M}^{-1} \tag{6.6a}$$

$$\boldsymbol{E}_y = \boldsymbol{M}[\operatorname{diag}(e_{0y}, e_{1y}, \cdots, e_{8y})]\boldsymbol{M}^{-1} \tag{6.6b}$$

为了得到三阶误差项,引入三个时间尺度和一个空间尺度。时间偏导、空间偏导、分布函数和源项分别采用如下多尺度展开式:

$$\begin{cases}\partial_t = \varepsilon\partial_{t1} + \varepsilon^2\partial_{t2} + \varepsilon^3\partial_{t3}, \boldsymbol{\nabla} = \varepsilon\boldsymbol{\nabla}_1, \\ \boldsymbol{m} = \boldsymbol{m}^{(0)} + \varepsilon\boldsymbol{m}^{(1)} + \varepsilon^2\boldsymbol{m}^{(2)} + \varepsilon^3\boldsymbol{m}^{(3)}, \boldsymbol{q} = \varepsilon\boldsymbol{q}^{(1)} + \varepsilon^2\boldsymbol{q}^{(2)} + \varepsilon^3\boldsymbol{q}^{(3)}\end{cases} \tag{6.7}$$

将展开式代入方程(6.5),可以整理得到关于 ε 的方程序列:

$$\varepsilon^0: \boldsymbol{m}^{(0)} = \boldsymbol{m}^{\text{eq}} \tag{6.8a}$$

$$\varepsilon^1: \boldsymbol{D}_1\boldsymbol{m}^{(0)} - \boldsymbol{q}^{(1)} = -\frac{\boldsymbol{S}}{\delta_t}\left(\boldsymbol{m}^{(1)} + \frac{\delta_t}{2}\boldsymbol{q}^{(1)}\right) \tag{6.8b}$$

$$\varepsilon^2: \partial_{t2}\boldsymbol{m}^{(0)} + \boldsymbol{D}_1\boldsymbol{m}^{(1)} + \frac{\delta_t}{2}\boldsymbol{D}_1^2\boldsymbol{m}^{(0)} - \boldsymbol{q}^{(2)} = -\frac{\boldsymbol{S}}{\delta_t}\left(\boldsymbol{m}^{(2)} + \frac{\delta_t}{2}\boldsymbol{q}^{(2)}\right) \tag{6.8c}$$

$$\begin{aligned}\varepsilon^3: &\partial_{t3}\boldsymbol{m}^{(0)} + \partial_{t2}\boldsymbol{m}^{(1)} + \boldsymbol{D}_1\boldsymbol{m}^{(2)} + \frac{\delta_t}{2}\boldsymbol{D}_1^2\boldsymbol{m}^{(1)} + \delta_t\partial_{t2}\boldsymbol{D}_1\boldsymbol{m}^{(0)} + \frac{\delta_t^2}{6}\boldsymbol{D}_1^3\boldsymbol{m}^{(0)} - \boldsymbol{q}^{(3)} \\ &= -\frac{\boldsymbol{S}}{\delta_t}\left(\boldsymbol{m}^{(3)} + \frac{\delta_t}{2}\boldsymbol{q}^{(3)}\right)\end{aligned} \tag{6.8d}$$

式中:$\boldsymbol{D}_1 = \boldsymbol{I}\partial_{t1} + \boldsymbol{E}\cdot\boldsymbol{\nabla}_1$。式(6.8b)中 $\boldsymbol{D}_1\boldsymbol{m}^{(0)}$ 左侧乘以算子 $\boldsymbol{D}_1$ 得到 $\boldsymbol{D}_1^2\boldsymbol{m}^{(0)}$ 的表达式,代入式(6.8c)整理可得

$$\varepsilon^2: \partial_{t2}\boldsymbol{m}^{(0)} + \boldsymbol{D}_1\boldsymbol{L}^{(1)} - \boldsymbol{q}^{(2)} = -\frac{\boldsymbol{S}}{\delta_t}\left(\boldsymbol{m}^{(2)} + \frac{\delta_t}{2}\boldsymbol{q}^{(2)}\right) \tag{6.9}$$

式中:$\boldsymbol{L}^{(i)} = \left(\boldsymbol{I} - \frac{1}{2}\boldsymbol{S}\right)\left(\boldsymbol{m}^{(i)} + \frac{\delta_t}{2}\boldsymbol{q}^{(i)}\right)$ 。由式(6.8b)可得

$$\boldsymbol{L}^{(1)}=\boldsymbol{m}^{(1)}+\frac{\delta_t}{2}\boldsymbol{D}_1\boldsymbol{m}^{(0)} \tag{6.10}$$

由式(6.8c)可得

$$\boldsymbol{L}^{(2)}=\boldsymbol{m}^{(2)}+\frac{\delta_t}{2}\partial_{t2}\boldsymbol{m}^{(0)}+\frac{\delta_t}{2}\boldsymbol{D}_1\boldsymbol{m}^{(1)}+\frac{\delta_t^2}{4}\boldsymbol{D}_1^2\boldsymbol{m}^{(0)} \tag{6.11}$$

利用式(6.10)和式(6.11),式(6.8d)可以改写为

$$\varepsilon^3:\partial_{t3}\boldsymbol{m}^{(0)}+\partial_{t2}\boldsymbol{L}^{(1)}+\boldsymbol{D}_1\boldsymbol{L}^{(2)}-\frac{\delta_t^2}{12}\boldsymbol{D}_1^3\boldsymbol{m}^{(0)}-\boldsymbol{q}^{(3)}=-\frac{\boldsymbol{S}}{\delta_t}\left(\boldsymbol{m}^{(3)}+\frac{\delta_t}{2}\boldsymbol{q}^{(3)}\right) \tag{6.12}$$

在矩空间下,MRT-A 中平衡分布和源项分别为

$$\boldsymbol{m}^{\mathrm{eq}}=\phi\left[1,-2,1,\frac{u_x}{c},-\frac{u_x}{c},\frac{u_y}{c},-\frac{u_y}{c},0,0\right]^{\mathrm{T}} \tag{6.13}$$

$$\boldsymbol{q}=\frac{1}{3}c\theta[0,0,0,n_x,-n_x,n_y,-n_y,0,0]^{\mathrm{T}} \tag{6.14}$$

当 $i\geqslant 1$ 时, $m_0^{(i)}=0$;当 $i\geqslant 2$ 时, $\boldsymbol{q}^{(i)}=\boldsymbol{0}$。

一阶尺度:方程(6.8b)中的 $\boldsymbol{D}_1\boldsymbol{m}^{(0)}$ 根据定义可以显式表示如下:

$$\boldsymbol{D}_1\boldsymbol{m}^{(0)}=\partial_{t1}\begin{bmatrix} m_0^{(0)}\\ m_1^{(0)}\\ m_2^{(0)}\\ m_3^{(0)}\\ m_4^{(0)}\\ m_5^{(0)}\\ m_6^{(0)}\\ m_7^{(0)}\\ m_8^{(0)} \end{bmatrix}+c\partial_x\begin{bmatrix} m_3^{(0)}\\ m_3^{(0)}+m_4^{(0)}\\ m_4^{(0)}\\ \frac{2}{3}m_0^{(0)}+\frac{1}{6}m_1^{(0)}+\frac{1}{2}m_7^{(0)}\\ \frac{1}{3}m_1^{(0)}+\frac{1}{3}m_2^{(0)}-m_7^{(0)}\\ m_8^{(0)}\\ m_8^{(0)}\\ \frac{1}{3}m_3^{(0)}-\frac{1}{3}m_4^{(0)}\\ \frac{2}{3}m_5^{(0)}+\frac{1}{3}m_6^{(0)} \end{bmatrix}+c\partial_y\begin{bmatrix} m_5^{(0)}\\ m_5^{(0)}+m_6^{(0)}\\ m_6^{(0)}\\ m_8^{(0)}\\ m_8^{(0)}\\ \frac{2}{3}m_0^{(0)}+\frac{1}{6}m_1^{(0)}-\frac{1}{2}m_7^{(0)}\\ \frac{1}{3}m_1^{(0)}+\frac{1}{3}m_2^{(0)}+m_7^{(0)}\\ -\frac{1}{3}m_5^{(0)}+\frac{1}{3}m_6^{(0)}\\ \frac{2}{3}m_3^{(0)}+\frac{1}{3}m_4^{(0)} \end{bmatrix} \tag{6.15}$$

将式(6.13)代入式(6.15)可得

$$
\boldsymbol{D}_1\boldsymbol{m}^{(0)}=\begin{bmatrix}
\partial_{t1}\phi+\boldsymbol{\nabla}_1\cdot(\phi\boldsymbol{u})\\
-2\partial_{t1}\phi\\
\partial_{t1}\phi-\boldsymbol{\nabla}_1\cdot(\phi\boldsymbol{u})\\
\dfrac{1}{c}\partial_{t1}(\phi u_x)+\dfrac{1}{3}c\partial_{x1}\phi\\
-\dfrac{1}{c}\partial_{t1}(\phi u_x)-\dfrac{1}{3}c\partial_{x1}\phi\\
\dfrac{1}{c}\partial_{t1}(\phi u_y)+\dfrac{1}{3}c\partial_{y1}\phi\\
-\dfrac{1}{c}\partial_{t1}(\phi u_y)-\dfrac{1}{3}c\partial_{y1}\phi\\
\dfrac{2}{3}\partial_{x1}(\phi u_x)-\dfrac{2}{3}\partial(_{y1}\phi u_y)\\
\dfrac{1}{3}\partial_{x1}(\phi u_y)+\dfrac{1}{3}\partial_{y1}(\phi u_x)
\end{bmatrix}\tag{6.16}
$$

由方程(6.8b)第一行得到一阶宏观方程:

$$
\partial_{t1}\phi+\boldsymbol{\nabla}_1\cdot(\phi\boldsymbol{u})=0\tag{6.17}
$$

二阶尺度:利用式(6.16)和式(6.14),方程(6.9)中的 $\boldsymbol{L}^{(1)}$ 的显式表达式为

$$
\begin{bmatrix}L_0^{(1)}\\L_1^{(1)}\\L_2^{(1)}\\L_3^{(1)}\\L_4^{(1)}\\L_5^{(1)}\\L_6^{(1)}\\L_7^{(1)}\\L_8^{(1)}\end{bmatrix}=\begin{bmatrix}
0\\
2\left(s_1^{-1}-\dfrac{1}{2}\right)\delta_t\partial_{t1}\phi\\
-\left(s_2^{-1}-\dfrac{1}{2}\right)\delta_t[\partial_{t1}\phi-\boldsymbol{\nabla}_1\cdot(\phi\boldsymbol{u})]\\
-\left(s_3^{-1}-\dfrac{1}{2}\right)\delta_t\left[\dfrac{1}{c}\partial_{t1}(\phi u_x)+\dfrac{1}{3}c\partial_{x1}\phi-q_3\right]\\
-\left(s_4^{-1}-\dfrac{1}{2}\right)\delta_t\left[-\dfrac{1}{c}\partial_{t1}(\phi u_x)-\dfrac{1}{3}c\partial_{x1}\phi-q_4\right]\\
-\left(s_5^{-1}-\dfrac{1}{2}\right)\delta_t\left[\dfrac{1}{c}\partial_{t1}(\phi u_y)+\dfrac{1}{3}c\partial_{y1}\phi-q_5\right]\\
-\left(s_6^{-1}-\dfrac{1}{2}\right)\delta_t\left[-\dfrac{1}{c}\partial_{t1}(\phi u_y)-\dfrac{1}{3}c\partial_{y1}\phi-q_6\right]\\
-\left(s_7^{-1}-\dfrac{1}{2}\right)\delta_t\left[\dfrac{2}{3}\partial_{x1}(\phi u_x)-\dfrac{2}{3}\partial_{y1}(\phi u_y)\right]\\
-\left(s_8^{-1}-\dfrac{1}{2}\right)\delta_t\left[\dfrac{1}{3}\partial_{x1}(\phi u_y)+\dfrac{1}{3}\partial_{y1}(\phi u_x)\right]
\end{bmatrix}\tag{6.18}
$$

根据定义，$\boldsymbol{D}_1\boldsymbol{L}^{(1)}$ 可以显式化表示如下：

$$
\boldsymbol{D}_1\boldsymbol{L}^{(1)} = \partial_{t1}\begin{bmatrix} L_0^{(1)} \\ L_1^{(1)} \\ L_2^{(1)} \\ L_3^{(1)} \\ L_4^{(1)} \\ L_5^{(1)} \\ L_6^{(1)} \\ L_7^{(1)} \\ L_8^{(1)} \end{bmatrix} + c\partial_x\begin{bmatrix} L_3^{(1)} \\ L_3^{(1)} + L_4^{(1)} \\ L_4^{(1)} \\ \frac{2}{3}L_0^{(1)} + \frac{1}{6}L_1^{(1)} + \frac{1}{2}L_7^{(1)} \\ \frac{1}{3}L_1^{(1)} + \frac{1}{3}L_2^{(1)} - L_7^{(1)} \\ L_8^{(1)} \\ L_8^{(1)} \\ \frac{1}{3}L_3^{(1)} - \frac{1}{3}L_4^{(1)} \\ \frac{2}{3}L_5^{(1)} + \frac{1}{3}L_6^{(1)} \end{bmatrix}
$$

$$
+ c\partial_y\begin{bmatrix} L_5^{(1)} \\ L_5^{(1)} + L_6^{(1)} \\ L_6^{(1)} \\ L_8^{(1)} \\ L_8^{(1)} \\ \frac{2}{3}L_0^{(1)} + \frac{1}{6}L_1^{(1)} - \frac{1}{2}L_7^{(1)} \\ \frac{1}{3}L_1^{(1)} + \frac{1}{3}L_2^{(1)} + L_7^{(1)} \\ -\frac{1}{3}L_5^{(1)} + \frac{1}{3}L_6^{(1)} \\ \frac{2}{3}L_3^{(1)} + \frac{1}{3}L_4^{(1)} \end{bmatrix} \tag{6.19}
$$

利用式(6.18)，式(6.19)第一行的表达式可以化简为

$$
\begin{aligned}
\boldsymbol{D}_1\boldsymbol{L}^{(1)}\big|_0 &= \partial_{t1}L_0^{(1)} + c\partial_{x1}L_3^{(1)} + c\partial_{y1}L_5^{(1)} \\
&= -\left(s_j^{-1} - \frac{1}{2}\right)\delta_t \boldsymbol{\nabla}_1 \cdot \left(\partial_{t1}(\phi\boldsymbol{u}) + c_s^2\boldsymbol{\nabla}_1\phi - c_s^2\theta\boldsymbol{n}\right)
\end{aligned} \tag{6.20}
$$

将式(6.20)代入式(6.9),可得二阶宏观方程为

$$
\partial_{t2}\phi = M_\phi \boldsymbol{\nabla}_1 \cdot \left[\boldsymbol{\nabla}_1\phi - \theta\boldsymbol{n} + \frac{1}{c_s^2}\partial_{t1}(\phi\boldsymbol{u})\right] \tag{6.21}
$$

式中:迁移率与松弛时间满足:

$$
M_\phi = \left(s_j^{-1} - \frac{1}{2}\right)c_s^2\delta_t \tag{6.22}
$$

三阶尺度:首先给出式(6.12)中 $\boldsymbol{D}_1\boldsymbol{L}^{(2)}$ 和 $\boldsymbol{D}_1^3\boldsymbol{m}^{(0)}$ 两项的首行表达式,其中 $\boldsymbol{D}_1\boldsymbol{L}^{(2)}$ 的第一行为

$$
\boldsymbol{D}_1\boldsymbol{L}^{(2)}\big|_0 = c\boldsymbol{\nabla}_1 \cdot \begin{bmatrix} L_3^{(2)} \\ L_5^{(2)} \end{bmatrix} = -\left(s_j^{-1} - \frac{1}{2}\right)c\delta_t \boldsymbol{\nabla}_1 \cdot \begin{bmatrix} \partial_{t2}m_3^{(0)} + \boldsymbol{D}_1\boldsymbol{L}^{(1)}\big|_3 \\ \partial_{t2}m_5^{(0)} + \boldsymbol{D}_1\boldsymbol{L}^{(1)}\big|_5 \end{bmatrix} \tag{6.23}
$$

式中: $\boldsymbol{D}_1\boldsymbol{L}^{(1)}\big|_3$ 和 $\boldsymbol{D}_1\boldsymbol{L}^{(1)}\big|_5$ 可以由式(6.19)推导得

$$
\begin{aligned}
\boldsymbol{D}_1\boldsymbol{L}^{(1)}\big|_3 = {} & \partial_{t1}\left[-\left(s_3^{-1} - \frac{1}{2}\right)\delta_t\left(\frac{1}{c}\partial_{t1}(\phi u_x) + \frac{1}{3}c\partial_{x1}\phi - q_3\right)\right] \\
& + c\partial_{x1}\left[\frac{1}{3}\left(s_1^{-1} - \frac{1}{2}\right)\delta_t\partial_{t1}\phi - \left(s_7^{-1} - \frac{1}{2}\right)\delta_t\left(\frac{1}{3}\partial_{x1}(\phi u_x) - \frac{1}{3}\partial_{y1}(\phi u_y)\right)\right] \\
& + c\partial_{y1}\left[-\left(s_8^{-1} - \frac{1}{2}\right)\delta_t\left(\frac{1}{3}\partial_{x1}(\phi u_y) + \frac{1}{3}\partial_{y1}(\phi u_x)\right)\right]
\end{aligned} \tag{6.24a}
$$

$$
\begin{aligned}
\boldsymbol{D}_1\boldsymbol{L}^{(1)}\big|_5 = {} & \partial_{t1}\left[-\left(s_5^{-1} - \frac{1}{2}\right)\delta_t\left(\frac{1}{c}\partial_{t1}(\phi u_y) + \frac{1}{3}c\partial_{y1}\phi - q_5\right)\right] \\
& + c\partial_{x1}\left[-\left(s_8^{-1} - \frac{1}{2}\right)\delta_t\left(\frac{1}{3}\partial_{x1}(\phi u_y) + \frac{1}{3}\partial_{y1}(\phi u_x)\right)\right] \\
& + c\partial_{y1}\left[\frac{1}{3}\left(s_1^{-1} - \frac{1}{2}\right)\delta_t\partial_{t1}\phi + \left(s_7^{-1} - \frac{1}{2}\right)\delta_t\left(\frac{1}{3}\partial_{x1}(\phi u_x) - \frac{1}{3}\partial_{y1}(\phi u_y)\right)\right]
\end{aligned} \tag{6.24b}
$$

进一步整理得

$$
\begin{aligned}
& c\partial_{x1}(\boldsymbol{D}_1\boldsymbol{L}^{(1)}\mid_3) + c\partial_{y1}(\boldsymbol{D}_1\boldsymbol{L}^{(1)}\mid_5) \\
&= \boldsymbol{\nabla}_1 \cdot \left[-\left(s_j^{-1} - \frac{1}{2}\right)\delta_t\partial_{t1}\left(\partial_{t1}(\phi\boldsymbol{u}) + \frac{1}{3}c^2\boldsymbol{\nabla}_1\phi - \frac{1}{3}c^2\theta\boldsymbol{n}\right)\right] \\
&\quad + \boldsymbol{\nabla}_1 \cdot \left[\frac{1}{3}c^2\left(s_1^{-1} - \frac{1}{2}\right)\delta_t\boldsymbol{\nabla}_1\partial_{t1}\phi - \frac{c^2}{3}\left(s_p^{-1} - \frac{1}{2}\right)\delta_t\boldsymbol{\nabla}_1\boldsymbol{\nabla}_1\cdot(\phi\boldsymbol{u})\right]
\end{aligned}
\tag{6.25}
$$

式中用到了 $s_7 = s_8 = s_p$。将式(6.25)代入式(6.23)可得

$$
\begin{aligned}
\boldsymbol{D}_1\boldsymbol{L}^{(2)}\mid_0 &= -\left(s_j^{-1} - \frac{1}{2}\right)\delta_t\boldsymbol{\nabla}_1\cdot\partial_{t2}(\phi\boldsymbol{u}) \\
&\quad + \left(s_j^{-1} - \frac{1}{2}\right)^2\delta_t^2\partial_{t1}\boldsymbol{\nabla}_1\cdot(\partial_{t1}(\phi\boldsymbol{u}) + c_s^2\boldsymbol{\nabla}_1\phi - c_s^2\theta\boldsymbol{n}) \\
&\quad - \left(s_j^{-1} - \frac{1}{2}\right)\left(s_e^{-1} - \frac{1}{2}\right)c_s^2\delta_t^2\boldsymbol{\nabla}_1^2\partial_{t1}\phi \\
&\quad + \left(s_j^{-1} - \frac{1}{2}\right)\left(s_p^{-1} - \frac{1}{2}\right)c_s^2\delta_t^2\boldsymbol{\nabla}_1^2\boldsymbol{\nabla}_1\cdot(\phi\boldsymbol{u})
\end{aligned}
\tag{6.26}
$$

式(6.12)中 $\boldsymbol{D}_1^3\boldsymbol{m}^{(0)}$ 的第一行表达式为

$$
\begin{aligned}
\boldsymbol{D}_1^3\boldsymbol{m}^{(0)}\mid_0 &= \partial_{t1}^2[\boldsymbol{D}_1\boldsymbol{m}^{(0)}]\mid_0 + 2c\partial_{t1}[(\boldsymbol{E}\cdot\boldsymbol{\nabla}_1)(\boldsymbol{D}_1\boldsymbol{m}^{(0)})]\mid_0 \\
&\quad + c^2\partial_{x1}[(\boldsymbol{E}\cdot\boldsymbol{\nabla}_1)(\boldsymbol{D}_1\boldsymbol{m}^{(0)})]\mid_3 + c^2\partial_{y1}[(\boldsymbol{E}\cdot\boldsymbol{\nabla}_1)(\boldsymbol{D}_1\boldsymbol{m}^{(0)})]\mid_5
\end{aligned}
\tag{6.27}
$$

执行类似 $\boldsymbol{D}_1\boldsymbol{L}^{(1)}\mid_0$、$\boldsymbol{D}_1\boldsymbol{L}^{(1)}\mid_3$ 和 $\boldsymbol{D}_1\boldsymbol{L}^{(1)}\mid_5$ 的推导过程,可得

$$
c[(\boldsymbol{E}\cdot\boldsymbol{\nabla}_1)(\boldsymbol{D}_1\boldsymbol{m}^{(0)})]\mid_0 = \boldsymbol{\nabla}_1\cdot\left(\partial_{t1}(\phi\boldsymbol{u}) + \frac{c^2}{3}\boldsymbol{\nabla}_1\phi\right) \tag{6.28a}
$$

$$
\begin{aligned}
[(\boldsymbol{E}\cdot\boldsymbol{\nabla}_1)(\boldsymbol{D}_1\boldsymbol{m}^{(0)})]\mid_3 &= c\partial_x\left[-\frac{1}{3}\partial_{t1}\phi + \left(\frac{1}{3}\partial_{x1}(\phi u_x) - \frac{1}{3}\partial_{y1}(\phi u_y)\right)\right] \\
&\quad + c\partial_y\left[\left(\frac{1}{3}\partial_{x1}(\phi u_y) + \frac{1}{3}\partial_{y1}(\phi u_x)\right)\right]
\end{aligned}
\tag{6.28b}
$$

$$
\begin{aligned}
[(\boldsymbol{E}\cdot\boldsymbol{\nabla}_1)(\boldsymbol{D}_1\boldsymbol{m}^{(0)})]\mid_5 &= c\partial_x\left[\left(\frac{1}{3}\partial_{x1}(\phi u_y) + \frac{1}{3}\partial_{y1}(\phi u_x)\right)\right] \\
&\quad + c\partial_y\left[-\frac{1}{3}\partial_{t1}\phi - \left(\frac{1}{3}\partial_{x1}(\phi u_x) - \frac{1}{3}\partial_{y1}(\phi u_y)\right)\right]
\end{aligned}
\tag{6.28c}
$$

将式(6.28a)~(6.28c)代入式(6.27)可得

$$\begin{aligned} \boldsymbol{D}_1^3\boldsymbol{m}^{(0)}\big|_0 &= 2\partial_{t1}\boldsymbol{\nabla}_1\cdot\left(\partial_{t1}(\phi\boldsymbol{u})+\frac{1}{3}c^2\boldsymbol{\nabla}_1\phi\right)+\left[-\frac{c^2}{3}\boldsymbol{\nabla}_1^2(\partial_{t1}\phi)+\frac{c^2}{3}\boldsymbol{\nabla}_1^2\boldsymbol{\nabla}_1\cdot(\phi\boldsymbol{u})\right] \\ &= 2\partial_{t1}^2\boldsymbol{\nabla}_1\cdot(\phi\boldsymbol{u})+c_s^2\boldsymbol{\nabla}_1^2(\partial_{t1}\phi)+c_s^2\boldsymbol{\nabla}_1^2\boldsymbol{\nabla}_1\cdot(\phi\boldsymbol{u}) \end{aligned} \tag{6.29}$$

将式(6.26)和式(6.29)代入方程(6.12),可以推导得到三阶尺度上的宏观方程:

$$\begin{aligned} \partial_{t3}\phi = &-\left(s_j^{-1}-\frac{1}{2}\right)(s_e^{-1}+s_p^{-1}-1)\,c_s^2\delta_t^2\boldsymbol{\nabla}_1^2\boldsymbol{\nabla}_1\cdot(\phi\boldsymbol{u}) \\ &-\left(\left(s_j^{-1}-\frac{1}{2}\right)^2-\frac{1}{6}\right)\delta_t^2\partial_{t1}^2\boldsymbol{\nabla}_1\cdot(\phi\boldsymbol{u})+\left(s_j^{-1}-\frac{1}{2}\right)\delta_t\boldsymbol{\nabla}_1\cdot\partial_{t2}(\phi\boldsymbol{u}) \end{aligned} \tag{6.30}$$

式(6.30)用到了 $\partial_{t1}\phi+\boldsymbol{\nabla}_1\cdot(\phi\boldsymbol{u})=0$ 和 $\boldsymbol{\nabla}_1\phi-\theta\boldsymbol{n}=0$,这在三阶尺度上成立。

合并三个不同尺度上的方程,由式(6.17)、式(6.21)和式(6.30)恢复得到守恒型 Allen-Cahn 方程:

$$\partial_t\phi+\boldsymbol{\nabla}\cdot\phi\boldsymbol{u}=M_\phi\boldsymbol{\nabla}\cdot[\boldsymbol{\nabla}\phi-\theta\boldsymbol{n}]+E_\phi \tag{6.31}$$

误差项 E_ϕ 的表达式为

$$\begin{aligned} E_\phi = &\left(s_j^{-1}-\frac{1}{2}\right)\delta_t\boldsymbol{\nabla}\cdot\partial_t(\phi\boldsymbol{u})-\left(s_j^{-1}-\frac{1}{2}\right)(s_e^{-1}+s_p^{-1}-1)\,c_s^2\delta_t^2\boldsymbol{\nabla}^2\boldsymbol{\nabla}\cdot(\phi\boldsymbol{u}) \\ &-\left(\left(s_j^{-1}-\frac{1}{2}\right)^2-\frac{1}{6}\right)\partial_t^2\boldsymbol{\nabla}\cdot(\phi\boldsymbol{u}) \end{aligned} \tag{6.32}$$

式中:第一项为二阶误差,与单松弛模型一致。第二项为三阶主要误差,可以通过调节 s_e 和 s_p 的大小进行抑制,单松弛模型中该项可以简化为 $-2(s_j^{-1}-0.5)^2c_s^2\delta_t^2\boldsymbol{\nabla}^2\boldsymbol{\nabla}\cdot(\phi\boldsymbol{u})$。采用相同的分析步骤,可以推导得到模型 MRT-B、MRT-C 和 MRT-D 在三阶尺度上的误差项。

6.2 非对角多松弛模型

6.2.1 模型描述

基于非对角松弛矩阵,Xu 等[3]提出一种消除二阶误差项的格子玻尔兹曼修正模型(记为 MRT-E)。MRT-E 的核心思想是通过引入非对角松弛矩阵,将 m_0、m_1 和 m_2 三个矩的演化过程耦合,设计平衡分布函数和松弛参数,使得模型的二阶误差项相互抵消。在距空间下,MRT-E 的演化方程同标准 MRT 模型一致:

$$\boldsymbol{m}(\boldsymbol{x}+\boldsymbol{e}\delta_t,t+\delta_t)-\boldsymbol{m}(x,t)=-\boldsymbol{S}(\boldsymbol{m}-\boldsymbol{m}^{\mathrm{eq}})+\delta_t(\boldsymbol{I}-\boldsymbol{S}/2)\boldsymbol{q} \tag{6.33}$$

由于相场方程只存在一个守恒矩 m_0,采用线性平衡分布是可行的。此外,采用线性平衡分布还可以避免在二阶尺度上产生偏差项 $(M_\phi/c_s^2)\,\boldsymbol{\nabla\nabla}:(\phi\boldsymbol{uu})$。当前修正模型的平衡分布和源项在矩空间下可描述成如下形式:

$$\boldsymbol{m}^{\mathrm{eq}}=\phi\left[1,\alpha_1,\alpha_2,\frac{\gamma u_x}{c},-\frac{\gamma u_x}{c},\frac{\gamma u_y}{c},-\frac{\gamma u_y}{c},0,0\right]^{\mathrm{T}} \tag{6.34}$$

$$\boldsymbol{q}=\zeta c\theta[0,0,0,n_x,-n_x,n_y,-n_y,0,0]^{\mathrm{T}} \tag{6.35}$$

当前修正模型中引入了非对角松弛矩阵:

$$\boldsymbol{S}=\begin{bmatrix} s_0 & s_{01} & s_{02} & 0 & 0 & 0 & 0 & 0 & 0\\ 0 & s_1 & 0 & 0 & 0 & 0 & 0 & 0 & 0\\ 0 & 0 & s_2 & 0 & 0 & 0 & 0 & 0 & 0\\ 0 & 0 & 0 & s_3 & 0 & 0 & 0 & 0 & 0\\ 0 & 0 & 0 & 0 & s_4 & 0 & 0 & 0 & 0\\ 0 & 0 & 0 & 0 & 0 & s_5 & 0 & 0 & 0\\ 0 & 0 & 0 & 0 & 0 & 0 & s_6 & 0 & 0\\ 0 & 0 & 0 & 0 & 0 & 0 & 0 & s_7 & 0\\ 0 & 0 & 0 & 0 & 0 & 0 & 0 & 0 & s_8 \end{bmatrix} \tag{6.36}$$

类比对角松弛矩阵式(6.3),式(6.36)中松弛参数满足 $s_1=s_e$、$s_2=s_\varepsilon$、$s_3=s_5=s_j$、$s_4=s_6=s_q$ 和 $s_7=s_8=s_p$。非对角元素由以下关系式确定:

$$s_{01}=\frac{\alpha_2}{\alpha_1}\frac{\gamma-1}{\gamma}s_1 \tag{6.37a}$$

$$s_{02}=-\frac{\gamma-1}{\gamma}s_2 \tag{6.37b}$$

从编程角度而言,非对角元素对演化方程(6.33)的求解几乎没有影响。与常规 MRT 模型相比,两者的细微差别在于碰撞步中 m_0 的更新,MRT-E 中碰后分布函数 m_0^* 的计算表达式为

$$m_0^* = s_0(m_0 - \bar{m}_0^{eq}) + s_{01}(m_1 - \bar{m}_1^{eq}) + s_{02}(m_2 - \bar{m}_2^{eq}) + \delta_t q_0 \quad (6.38)$$

式中：$\bar{m}_i^{eq} = m_i^{eq} - \delta_t q_i/2$，与 s_{01} 和 s_{02} 相关的项使得当前模型的计算量略大。

注意到模型 MRT-E 中存在较多的待定参数，这些待定参数可以有不同的选择，这里提供一种简单的参数设定：

$$\begin{cases} s_1 = s_2 = s_e, s_q = s_j, \zeta = \Gamma/3, \\ \alpha_1 = -4 + 2\Gamma, \alpha_2 = 4 - 3\Gamma, \gamma = 1 + s_e(1/s_j - 0.5) \end{cases} \quad (6.39)$$

式中：Γ 为自由参数。基于 Chapman-Enskog 多尺度展开分析可以确定迁移率与松弛参数的关系为

$$M_\phi = \frac{\Gamma}{3\gamma} c^2 (1/s_j - 0.5)\delta_t \quad (6.40)$$

不同于常规多松弛模型，其松弛参数 s_j 由迁移率 M_ϕ 唯一确定，模型 MRT-E 中松弛参数 s_j 与迁移率 M_ϕ、参数 γ 和自由参数 Γ 有关，这使得松弛因子的设计具有更大的灵活性。当迁移率 M_ϕ 和松弛参数 s_j 已知，一旦给定 s_e 即可确定所有相关参数，代码示例如下：

```
Mphi=0.01;%指定迁移率
se=1.0;%指定 se
tauc=3*Mphi+0.5;%s3,s5 按照常规 MRT 指定
eta=3*Mphi/(tauc-0.5)+3*Mphi*se;%将 γ 代入式(6.40)得到自由松弛参数 Γ
omegac=1/tauc;
gamc=1+se*(tauc-0.5);%γ 定义式
s11=se;
s22=se;
s01=-(4-3*eta)/(4-2*eta)*(gamc-1)/gamc * s11;%式(6.37a)
s02=-(gamc-1)/gamc * s22;%式(6.37b)
S=[1.0 s22 s33 omegac omegac omegac omegac 1.0 1.0];%对角元素
S=diag(S);
S(1,2)=s01;S(1,3)=s02;%非对角元素
```

6.2.2 多尺度分析

基于模型 MRT-E 进行 Chapman-Enskog 分析。将演化方程(6.33)执行泰勒级数展开并保留前两阶项，有

$$\boldsymbol{Dm} + \frac{\delta_t}{2}\boldsymbol{D}^2\boldsymbol{m} + O(\delta_t^2) = -\frac{\boldsymbol{S}}{\delta_t}(\boldsymbol{m} - \boldsymbol{m}^{\mathrm{eq}}) + \left(\boldsymbol{I} - \frac{\boldsymbol{S}}{2}\right)\boldsymbol{q} \tag{6.41}$$

引入以下多尺度展开式：

$$\begin{cases} \partial_t = \varepsilon\partial_{t1} + \varepsilon^2\partial_{t2}, \boldsymbol{\nabla} = \varepsilon\,\boldsymbol{\nabla}_1 \\ \boldsymbol{m} = \boldsymbol{m}^{(0)} + \varepsilon\boldsymbol{m}^{(1)} + \varepsilon^2\boldsymbol{m}^{(2)} + \cdots, \boldsymbol{q} = \varepsilon\boldsymbol{q}^{(1)} \end{cases} \tag{6.42}$$

将展开式代入方程(6.41)，整理得到关于 ε 的方程序列为

$$\varepsilon^0: \boldsymbol{m}^{(0)} = \boldsymbol{m}^{\mathrm{eq}} \tag{6.43a}$$

$$\varepsilon^1: \boldsymbol{D}_1\boldsymbol{m}^{(0)} - \boldsymbol{q}^{(1)} = -\frac{\boldsymbol{S}}{\delta_t}\left(\boldsymbol{m}^{(1)} + \frac{\delta_t}{2}\boldsymbol{q}^{(1)}\right) \tag{6.43b}$$

$$\varepsilon^2: \partial_{t2}\boldsymbol{m}^{(0)} + \boldsymbol{D}_1\left[\left(\boldsymbol{I} - \frac{1}{2}\boldsymbol{S}\right)\left(\boldsymbol{m}^{(1)} + \frac{\delta_t}{2}\boldsymbol{q}^{(1)}\right)\right] = -\frac{\boldsymbol{S}}{\delta_t}\boldsymbol{m}^{(2)} \tag{6.43c}$$

式中：$\boldsymbol{D}_1 = \boldsymbol{I}\partial_{t1} + \boldsymbol{E}\cdot\boldsymbol{\nabla}_1$。由式(6.43a)可知：

$$m_0^{(i)} = 0, \quad i \geqslant 1 \tag{6.44}$$

式(6.43b)可以显式地表示为

$$\begin{bmatrix} \partial_{t1}\phi + \gamma\,\boldsymbol{\nabla}_1\cdot(\phi\boldsymbol{u}) \\ \alpha_1\partial_{t1}\phi \\ \alpha_2\partial_{t1}\phi - \gamma\,\boldsymbol{\nabla}_1\cdot(\phi\boldsymbol{u}) \\ \frac{\gamma}{c}\partial_{t1}\phi u_x + \frac{4+\alpha_1}{6}c\partial_{x1}\phi - q_3 \\ -\frac{\gamma}{c}\partial_{t1}\phi u_x + \frac{\alpha_1+\alpha_2}{3}c\partial_{x1}\phi - q_4 \\ \frac{\gamma}{c}\partial_{t1}\phi u_y + \frac{4+\alpha_1}{6}c\partial_{y1}\phi - q_5 \\ -\frac{\gamma}{c}\partial_{t1}\phi u_y + \frac{\alpha_1+\alpha_2}{3}c\partial_{y1}\phi - q_6 \\ \frac{2\gamma}{3}\partial_{x1}\phi u_x - \frac{2\gamma}{3}\partial_{y1}\phi u_y \\ \frac{\gamma}{3}\partial_{x1}\phi u_y + \frac{\gamma}{3}\partial_{y1}\phi u_x \end{bmatrix} = -\frac{\boldsymbol{S}}{\delta_t}\begin{bmatrix} 0 \\ m_1^{(1)} \\ m_2^{(1)} \\ m_3^{(1)} + \frac{\delta_t}{2}q_3 \\ m_4^{(1)} + \frac{\delta_t}{2}q_4 \\ m_5^{(1)} + \frac{\delta_t}{2}q_5 \\ m_6^{(1)} + \frac{\delta_t}{2}q_6 \\ m_7^{(1)} \\ m_8^{(1)} \end{bmatrix} \tag{6.45}$$

为简化分析，等号左边可以看作一个矢量，$\boldsymbol{A} = \boldsymbol{D}_1\boldsymbol{m}^{(0)} - \boldsymbol{q}^{(1)}$。矢量中第 i 个元素

表示为 $\boldsymbol{A}_i=[\boldsymbol{A}]|_{l_i}$，如第一个元素为 $[\boldsymbol{A}]|_{l_1}=\partial_{t1}\phi+\gamma\nabla_1\cdot(\phi\boldsymbol{u})$。定义线性算子 ψ，满足 $[\boldsymbol{A}]|_{\psi(l_i)}=\Psi(A_i)$。由于非对角松弛矩阵 $\boldsymbol{S}$ 的引入，式(6.45)中第一个方程与第二、第三方程相耦合。引入线性算子：

$$\psi(l_i)=l_0-\frac{s_{01}}{s_1}l_1-\frac{s_{02}}{s_2}l_2 \tag{6.46}$$

则第一个方程可以表示为

$$[\boldsymbol{A}]|_{\psi(l_i)}=A_0-\frac{s_{01}}{s_1}A_1-\frac{s_{02}}{s_2}A_2=0 \tag{6.47}$$

进一步得

$$\left(1-\frac{\alpha_1 s_{01}}{s_1}-\frac{\alpha_2 s_{02}}{s_2}\right)\partial_{t1}\phi+\left(\gamma+\frac{\gamma s_{02}}{s_2}\right)\nabla_1\cdot(\phi\boldsymbol{u})=0 \tag{6.48}$$

由式(6.37a)和式(6.37b)，式(6.48)可以化简得到一阶宏观方程为

$$\partial_{t1}\phi+\nabla_1\cdot(\phi\boldsymbol{u})=0 \tag{6.49}$$

类似地，利用相同的线性算子 Ψ 作用在 ε^2 尺度上，式(6.43c)中第一行方程表示为

$$[\partial_{t2}\boldsymbol{m}^{(0)}+(\boldsymbol{I}\partial_{t1}+\boldsymbol{E}\cdot\nabla_1)\boldsymbol{L}^{(1)}]|_{\psi}=0 \tag{6.50}$$

式中：$\boldsymbol{L}^{(1)}=(\boldsymbol{I}-\boldsymbol{S}/2)(\boldsymbol{m}^{(1)}+\delta_t\boldsymbol{q}^{(1)}/2)$，对应的分量表达式为

$$L_i^{(1)}=\begin{cases}\delta_t A_0/2, & i=0\\ \delta_t A_i(1/2-1/s_i), & i\neq 0\end{cases} \tag{6.51}$$

利用关系式 $\alpha_1 s_{01}+\alpha_2 s_{02}=0$，方程(6.50)中的第一项满足：

$$[\partial_{t2}\boldsymbol{m}^{(0)}]|_{\psi}=\partial_{t2}\phi \tag{6.52}$$

将式(6.51)代入式(6.50)，等式后两项可以显式地表示为

$$[\partial_{t1}\boldsymbol{L}^{(1)}]|_{\psi}=\eta_1\partial_{t1}\nabla_1\cdot(\phi\boldsymbol{u}) \tag{6.53}$$

$$[\boldsymbol{E}\cdot\nabla_1\boldsymbol{L}^{(1)}]|_{\psi}=-M_\phi\nabla_1^2\phi+\eta_2\nabla_1\cdot[\partial_{t1}(\phi\boldsymbol{u})-c^2\zeta\theta\boldsymbol{n}/\gamma] \tag{6.54}$$

式中：η_1、η_2 和 M_ϕ 的表达式分别为

$$\eta_1=\delta_t\left(\frac{\alpha_2+\gamma}{s_2}-\frac{\alpha_2}{s_1}\right)\frac{\gamma-1}{\gamma} \tag{6.55}$$

$$\eta_2=-\delta_t\left[(s_j^{-1}-0.5)+\frac{\alpha_2-\alpha_1}{\alpha_1}(s_q^{-1}-s_j^{-1})(\gamma-1)\right] \tag{6.56}$$

$$M_{\phi} = c^2\delta_t\left[(s_j^{-1} - 0.5)\left(1 - \frac{s_{01}}{s_1}\right)\frac{4 + \alpha_1}{6} - (s_q^{-1} - 0.5)\left(\frac{s_{01}}{s_1} + \frac{s_{02}}{s_2}\right)\frac{\alpha_1 + \alpha_2}{3}\right] \tag{6.57}$$

若按照式(6.39)设定参数,可以验证以下关系式成立:

$$\zeta c^2\eta_2/\gamma = -M_{\phi} \tag{6.58}$$

$$\eta_1 + \eta_2 = 0 \tag{6.59}$$

因此,二阶尺度上的宏观方程可以表示为

$$\partial_{t2}\phi = M_{\phi}\boldsymbol{\nabla}_1\cdot(\boldsymbol{\nabla}_1\phi - \theta\boldsymbol{n}) \tag{6.60}$$

合并方程(6.49)和方程(6.60),即可得到守恒型 Allen-Cahn 方程。

6.3 多松弛模型对比研究

本节考察不同多松弛相场格子玻尔兹曼模型的界面捕捉能力。在常规多松弛模型中,对角松弛矩阵 $\boldsymbol{S} = \mathrm{diag}(s_0, s_e, s_\varepsilon, s_j, s_q, s_j, s_q, s_p, s_p)$ 中除了 s_j 由迁移率唯一确定,其余参数可自由选取。常规多松弛模型的三阶主要误差项为

$$R_{\phi3} = -\left(s_j^{-1} - \frac{1}{2}\right)(s_e^{-1} + s_p^{-1} - 1)\,c_s^2\delta_t^2\,\boldsymbol{\nabla}^2\,\boldsymbol{\nabla}\cdot(\phi\boldsymbol{u}) \tag{6.61}$$

松弛参数 s_e 和 s_p 的选取可能影响模拟结果。为了使对比分析更具说服力,设定 $s_p = 1$,通过选取不同的 s_e 来讨论高阶误差项的影响。其他松弛参数可以在适当范围内自由选择,这里取 $s_0 = 1$, $s_e = s_\varepsilon$, $s_q = s_j$ 。在常规多松弛模型中, s_j 取值为 $s_j = 1/\tau_\phi$,其中 τ_ϕ 由迁移率唯一确定,见方程(6.4)。模型 MRT-E 中存在两个自由参数,即 s_e 和 Γ (或 s_j),可以根据方程(6.40)进行设置。序参量由其平衡态进行初始化,理想情况下,序参量的取值范围应保持在 ϕ_l 和 ϕ_h 之间。实际模拟中由于数值色散误差导致序参量偏离其上下界,上下界偏移通过以下表达式进行评估:

$$\bar{\phi}_{\max} = \frac{\phi_{\max} - \phi_h}{\phi_h - \phi_l}, \bar{\phi}_{\min} = \frac{\phi_{\min} - \phi_l}{\phi_h - \phi_l} \tag{6.62}$$

6.3.1 旋转流场界面捕捉

为了验证模型界面捕捉的准确性,特别是在保持尖角方面的能力,常采用

Zalesak 旋转圆盘作为基准算例。在 $L \times L$ 的计算域中心放置半径为 80 的缺口圆盘,缺口宽度为 16。预先施加旋转流场[4]

$$u = -U\pi\left(\frac{y}{L} - 0.5\right), v = U\pi\left(\frac{x}{L} - 0.5\right) \tag{6.63}$$

式中:U 为特征速度;特征尺寸 $L = 200$。缺口圆形界面绕中心旋转,并在一个周期 $T = 2L/U$ 后恢复到初始状态。在相场 LBE 模型中,设定界面厚度 $W = 2$,两体相的序参量分别为 $\phi_h = 1$ 和 $\phi_l = -1$。由于旋转流场并不满足周期性,所以四周采用非平衡外推边界条件。下面对不同的 MRT 模型进行比较研究。

首先在 $U = 0.025$ 和 $M_\phi = 0.001$ 下捕捉相界面。在这种情况下,一个周期后所有多松弛模型都能准确捕捉相界面。各个模型在不同松弛参数 s_e 下得到的相对误差如图 6-1 所示。与相应的 SRT 格式相比,这些 MRT 模型在数值精度上的改进非常有限。相反,当 $s_e \leqslant 0.5$ 时,MRT 模型会发生非物理扩散和界面失稳。注意到不同 MRT 模型的误差曲线几乎重合,此时二阶误差的影响可以忽略不计。

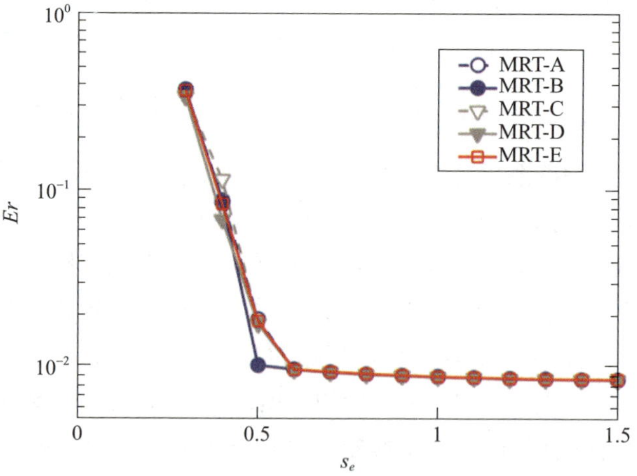

图 6-1　不同多松弛模型相对误差

考虑到 MRT-A 和 MRT-C 中误差项的量级为 $O(Ma^2)$,为了放大误差项的影响,下面讨论两种对流速度较大的工况。迁移率设定为 $M_\phi = 0.1$,速度分别为 $U = 0.1$ 和 $U = 0.25$。不同 MRT 模型在不同松弛参数 s_e 下的相对误差如图 6-2(a)和图 6-2(b)所示。各 MRT 模型的相对误差依赖于松弛参数 s_e 的选择,修正模型 MRT-B、MRT-D 和 MRT-E 的相对误差明显小于修正前的 MRT 模型(即 MRT-A 和 MRT-C)。对于 $U = 0.1$ 的情况,采用非线性平衡分布的 MRT-C 的相对误差明显大于采用线性平衡分布的 MRT-A,一旦添加修正项,采用非线性平衡分布的模型 MRT-D 比采用线性平衡分布的模型 MRT-B 准确。在这些修正的多松弛模型中,MRT-E 的数值误差比 MRT-B 和 MRT-D 略小,尤其是 s_e 在 1.0~1.5 范围内取值时。当特征速度增加到 $U = 0.25$,通过调整松弛参数 s_e 无法将 MRT-A 和 MRT-C 的相对误差降低到可接受的范围。MRT-B、MRT-D 和 MRT-E 的最小相对误差分别为 7.05×10^{-3}、5.89×10^{-3} 和 6.53×10^{-3},说明消除这些二阶偏差项是必要的。

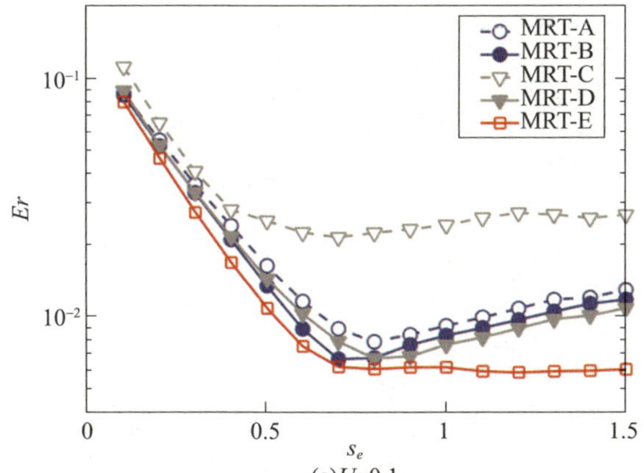

(a)U=0.1

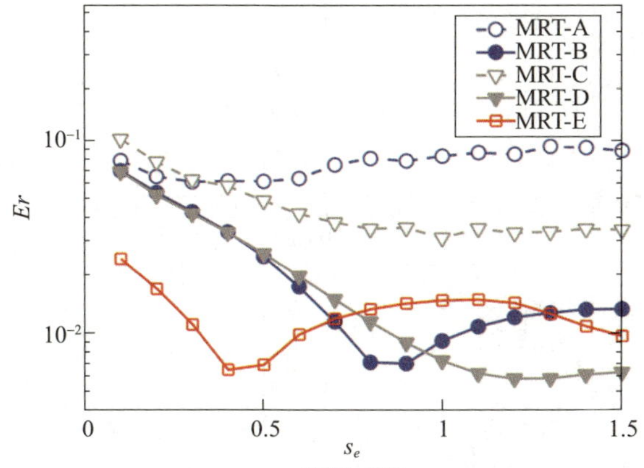

(b)U=0.25

图 6-2　不同 MRT-LB 模型中相对误差随松弛参数变化曲线

图 6-3 比较了一个周期之后不同 MRT-LB 模型获得的相界面，图中仅显示了序参量在 $-0.9 \leqslant \phi \leqslant 0.9$ 范围内的云图。在 MRT-A 中，圆盘缺口倾斜明

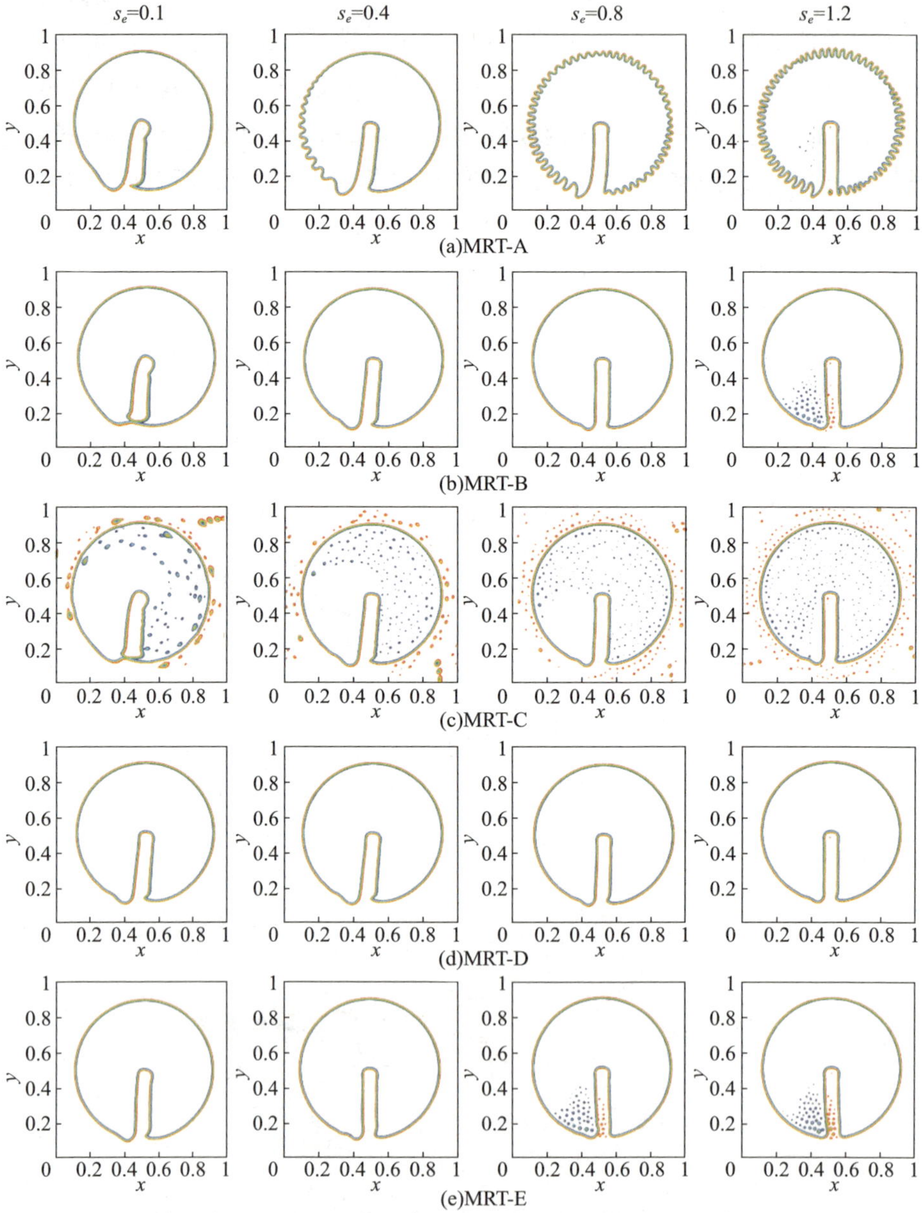

图 6-3　$U=0.25$ 时不同多松弛模型得到的相界面

显，当 s_e 较小时尖角附近的圆形界面呈锯齿状；随着 s_e 增大，锯齿状界面将从尖角扩展到整个圆形界面。在 MRT-C 中，使用非线性平衡函数界面稳定性良好，能够避免产生锯齿状界面，但误差项 $(M_\phi/c_s^2)\,\boldsymbol{\nabla\nabla}:(\phi\boldsymbol{uu})$ 导致相场发生非物理扩散。引入校正项之后，MRT-B 可以获得稳定的相界面，MRT-D 可以避免非物理扩散发生。由图 6-2(b)可知，当三种修正模型相对误差最小时，模型 MRT-B、MRT-D 和 MRT-E 中松弛参数 s_e 分别取值 0.8、1.2 和 0.4。此时，三种修正模型均获得了稳定而准确的相界面。

表 6-2 中列出了工况 $U = 0.25$ 时一个周期后序参量的上下界偏移。结果表明，模型 MRT-E 的有界性优于其他常规多松弛模型。在相对较大的对流速度下，模型 MRT-E 在减小相对误差和色散误差方面具有优势。

表 6-2　Zalesak 旋转中不同松弛时间下的上下界偏离 $[\bar{\phi}_{\min}, \bar{\phi}_{\max}]$

s_e	MRT-A	MRT-B	MRT-C	MRT-D	MRT-E
0.4	[-0.096,0.077]	[-0.058,0.048]	[-0.056,0.053]	[-0.053,0.046]	[-0.039,0.032]
0.8	[-0.085,0.101]	[-0.043,0.037]	[-0.042,0.037]	[-0.037,0.032]	[-0.030,0.019]
1.2	[-0.084,0.097]	[-0.031,0.024]	[-0.032,0.030]	[-0.026,0.021]	[-0.015,0.017]

6.3.2　剪切流场界面捕捉

为了验证模型对复杂界面变形的捕捉能力，将半径 $R = L/5$ 的圆形界面放置于 $L \times L$ 方形计算域中心，速度场给定为[2]

$$u_x = -U\sin\left(\frac{4\pi x}{L}\right) \times \sin\left(\frac{4\pi y}{L}\right)\cos\frac{\pi t}{T} \tag{6.64a}$$

$$u_y = -U\cos\left(\frac{4\pi x}{L}\right) \times \cos\left(\frac{4\pi y}{L}\right)\cos\frac{\pi t}{T} \tag{6.64b}$$

式中：$L = 500$，周期时间 $T = 1.25L/U$。其余参数 ϕ_h、ϕ_l 和 W 与 Zalesak 旋转算例中的取值相同。

下面比较不同多松弛模型在 $U = 0.25$ 和 $M_\phi = 0.1$ 时的数值表现。图 6-4 给出了一个周期内 MRT-E 得到的界面演化，时间间隔为 $T/8$。在前半周期内，圆形界面被旋涡不断拉伸，在时间 $T/2$ 时变形达到最大；之后旋涡以相反方向旋转，变形界面在时间 T 时恢复到初始状态。观察图 6-4(h)，可以发现一个周期后的界面与初始界面吻合良好。

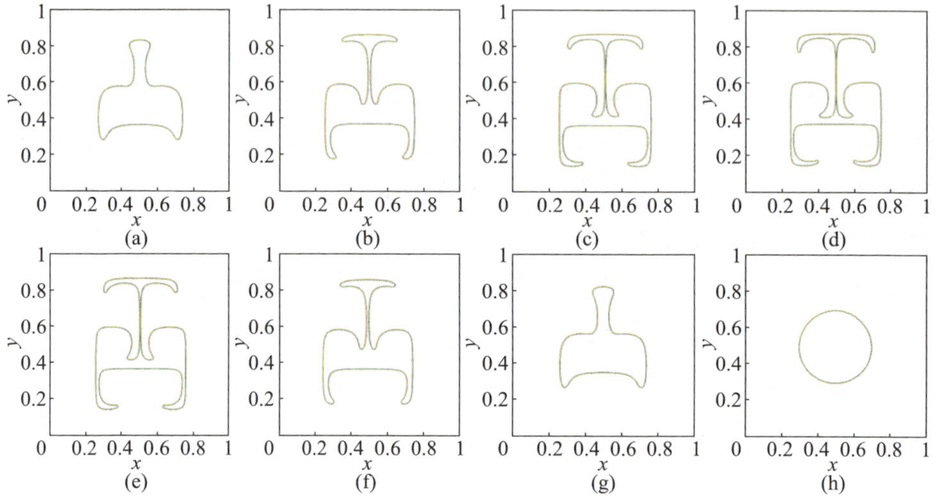

图 6-4 模型 MRT-E 在 $s_e=0.4$ 时得到的单周期内界面演变

图 6-5 考察了不同松弛参数 s_e 对模型准确性的影响。同上一节类似，MRT-C 数值误差最大，采用线性衡分布的 MRT-A 优于采用非线性平衡分布的 MRT-C。通过增加修正项，MRT-B 和 MRT-D 都能有效减小数值误差。模型 MRT-B 在 $s_e=0.8$ 时相对误差取得最小值 1.03×10^{-3}，模型 MRT-D 在 $s_e=0.9$ 时相对误差取得最小值 1.02×10^{-3}，模型 MRT-E 在 $0.6\leqslant s_e\leqslant1.5$ 范围内均保持相对较低的数值误差。

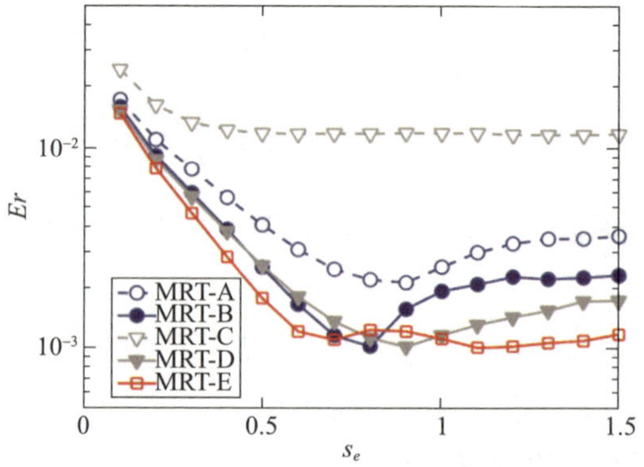

图 6-5 不同多松弛模型在 $t=2T$ 时的相对误差

图 6-6 给出了不同 MRT-LB 模型在 $s_e = 0.6$ 得到的相界面。注意到 MRT-A 中相界面产生轻微扭曲，MRT-C 中出现明显的非物理扩散。三种修正的多松弛模型均能获得准确稳定的相界面。

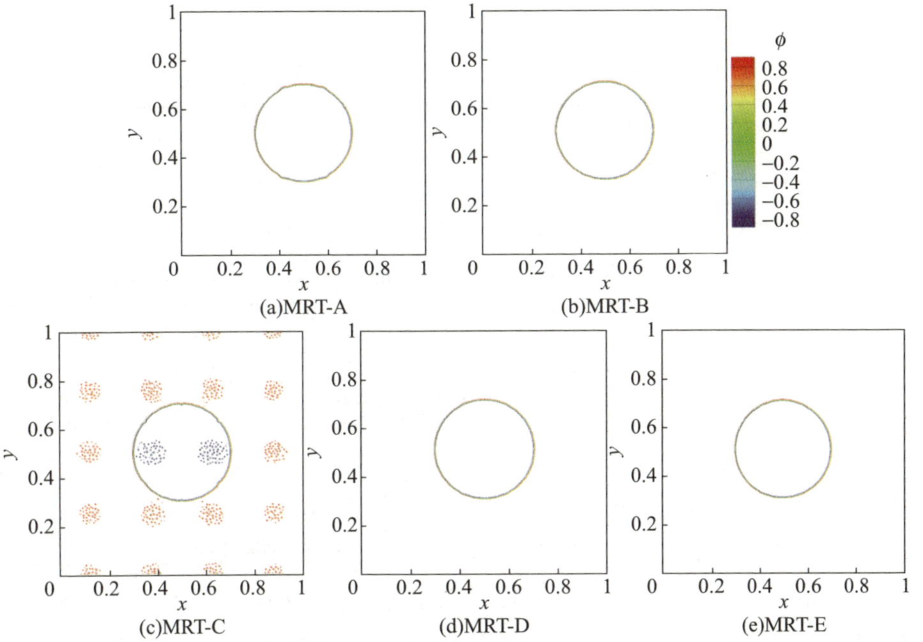

图 6-6　剪切流在 $U=0.25$ 时不同多松弛模型得到的相界面

当 $\phi_h + \phi_l \neq 0$ 时，MRT-C 中的二阶误差项将对相界面演化产生更明显的影响。若设置 $\phi_h = 1$ 和 $\phi_l = 0$，MRT-C 在一个周期后获得的界面形状如图 6-7 所示。由于圆形界面内部序参量 $\phi \approx 0$，二阶误差项消失，因此可以观察到

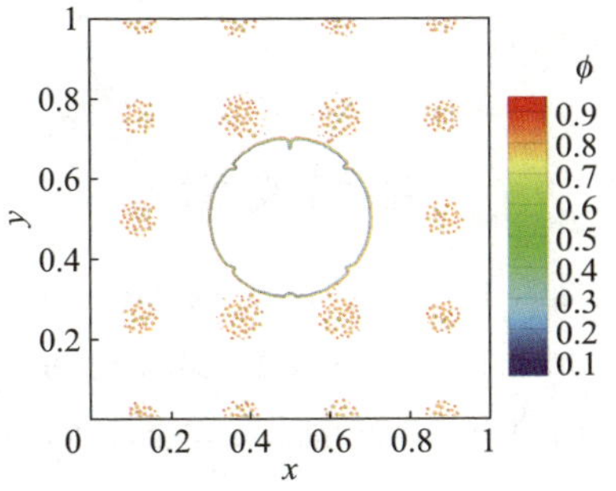

图 6-7　模型 C 在 $\phi_h=1$ 和 $\phi_l=0$ 时所得的界面轮廓

内部区域非物理扩散消失，而外部区域依然存在。无论 $\phi_h + \phi_l$ 是否等于零，三种修正的 MRT 模型均能准确捕捉相界面。数值色散对 $\bar{\phi}_{min}$ 和 $\bar{\phi}_{max}$ 的影响如表 6-3 所列。同样地，修正模型 MRT-E 能够在一定程度上减小色散误差。

表 6-3 剪切流算例中不同模型得到的上下界偏移量[$\bar{\phi}_{min}$,$\bar{\phi}_{max}$]

s_e	MRT-A	MRT-B	MRT-C	MRT-D	MRT-E
0.4	[−0.062,0.067]	[−0.047,0.050]	[−0.048,0.049]	[−0.045,0.048]	[−0.036,0.037]
0.8	[−0.042,0.080]	[−0.025,0.024]	[−0.029,0.029]	[−0.023,0.025]	[−0.013,0.015]
1.2	[−0.029,0.031]	[−0.015,0.017]	[−0.020,0.020]	[−0.014,0.014]	[−0.005,0.006]

6.4 本章小结

本章基于守恒型 Allen-Cahn 方程提出了修正的多松弛格子玻尔兹曼模型。通过引入非对角松弛矩阵，可以在不引入任何额外修正项的情况下准确恢复守恒型 Allen-Cahn 方程。结合界面捕捉基准算例，对比研究了不同多松弛 LBE 模型在准确性、有界性和界面稳定性等指标上的数值表现。研究表明，与未经修正的多松弛 LBE 模型相比，当前模型在较高特征速度条件下具有更低的相对误差和较小的上下界偏移。作为消除二阶误差项的一般方法，本章所提出的基于非对角松弛矩阵的 LBE 修正模型可以推广应用到 Cahn-Hilliard 相场方程或一般对流扩散方程。

参考文献

[1] HUANG R Z,WU H Y. Lattice Boltzmann model for the correct convection-diffusion equation with divergence-free velocity field[J]. Physical Review E,2015,91(3):033302.

[2] REN F,SONG B W,SUKOP M C,et al. Improved lattice Boltzmann modeling of binary flow based on the conservative Allen - Cahn equation [J]. Physical Review E, 2016, 94 (2):023311.

[3] XU X C, HU Y W, DAI B, et al. Modified phase-field-based lattice Boltzmann model for incompressible multiphase flows[J]. Physical Review E, 2021, 104(3): 035305.

[4] GEIER M, FAKHARI A, LEE T. Conservative phase-field lattice Boltzmann model for interface tracking equation[J]. Physical Review E, 2015, 91(6): 063309.

相场格子玻尔兹曼两相流模型

第7章

相场格子玻尔兹曼两相流模型

格子玻尔兹曼方法广泛应用于多相流体流动的数值模拟。基于不同的物理背景,格子玻尔兹曼多相流模型分为颜色模型、伪势模型、自由能模型以及相场模型等。其中,相场 LBE 模型以其简单高效、可拓展性以及适用于大密度比两相流模拟等优势,获得了越来越多的关注。本章基于守恒型 Allen-Cahn 方程,介绍相场格子玻尔兹曼方法在两相流模拟中的基础模型及其应用。

7.1 引　言

多相流建模包括相分离和界面力两个关键要素。在相场理论框架下,相分离由相场方程进行刻画,常用的相场方程包括 Cahn-Hilliard 方程和守恒型 Allen-Cahn 方程。两类相场方程均具有对流-扩散方程的形式,适用于格子玻尔兹曼方法离散求解。在扩散界面描述下,相间界面力可以表示成体积力的形式植入到纳维-斯托克斯方程之中,方程求解过程无须对界面附近的输运过程作特殊考虑。从形式上看,两相流的纳维-斯托克斯方程与单相流的控制方程相似,因此,单相流动的格子玻尔兹曼模型能够拓展应用到相场格子玻尔兹曼两相流模型。

建立相场格子玻尔兹曼两相流模型的核心思想是采用双分布函数法分别

构造相场方程和纳维-斯托克斯方程对应的格子玻尔兹曼求解格式。本章将略去相场方程求解模型的描述,详情请参考第 3~6 章。需要指出的是,相场两相流模拟对序参量有界性有更高的要求,这是因为两相流体的密度和黏性系数均是基于序参量插值计算得到,若序参量偏离其上下界,可能产生负密度或者负黏性系数,进一步发展可能导致程序发散。从这个角度考虑,第 4 章的模型 A 和第 5 章的高阶修正模型因其良好的有界性更适合应用到两相流中的界面捕捉。为了求解两相纳维-斯托克斯方程,可采用基于压力张量的 LBE 格式[1]、基于压强演化的 LBE 格式[2-6]和基于速度演化的 LBE 格式[7-8],这些模型均适用于大密度比两相流模拟。

扩散界面描述下的界面力可以有不同的表达形式,不同界面力格式对应的等效压强不同。由于离散误差,静置界面中界面力与等效压力的梯度可能无法满足力平衡条件,并将产生一定幅值的虚假速度场,称为伪流[9]。如何消除或者抑制界面附近的伪流幅值一直是格子玻尔兹曼两相流模型研究的难点。Shan[10]发现通过增加伪势模型中离散梯度算子的各向同性,能够在一定程度上抑制模型的伪流幅值。Leclaire 等[11]在颜色梯度模型中采用了高阶各向同性颜色梯度算子,将各向异性格式引起的伪流降低了一个数量级。关于自由能或相场模型,Seta 和 Okui[12]分析了压力张量中偏导项离散的截断误差,发现四阶离散格式能将伪流减少到二阶格式的一半。Pooley 和 Furtado[13]针对一阶空间导数和拉普拉斯算子的差分算子进行重新设计,将伪流幅值降低了一个数量级。Wagner[9]采用基于化学势的界面力代替压力张量的散度,虽然伪流有所减小,但模型数值不稳定,需要引入人工数值黏度进行改善。随后,Lee 和 Fischer[14]提出了一个稳定的离散化格式,其中速度方向导数采用了二阶混合差分格式。Guo 等[15]分析了平直界面在离散水平上的力平衡,证明标准 LBE 模型将不可避免地产生伪速度。最近,Guo[16]对离散误差进行进一步分析,开发得到保证力平衡条件的 LBE 模型。更多关于多相流 LBE 模型中的伪流讨论可参阅参考文献[17]。

本章介绍基于守恒型 Allen-Cahn 方程的相场格子玻尔兹曼两相流模型,讨论不同离散格式对伪流幅值的影响,进一步应用相场格子玻尔兹曼方法开展瑞利-泰勒不稳定性(Rayleigh-Taylor Instability)、单气泡上升和液滴撞击液膜过程中的界面演化模拟。

7.2 基本模型

7.2.1 两相流宏观方程

本章采用守恒型 Allen-Cahn 方程描述界面演化，引入序参量 $\phi(\boldsymbol{r},t)$，其中两体相的序参量取值分别为 ϕ_h 和 ϕ_l，界面位置由 $\phi_0=(\phi_l+\phi_h)/2$ 进行识别。两相流体流动的控制方程如下[1,5-6]：

$$\nabla\cdot\boldsymbol{u}=0 \tag{7.1a}$$

$$\rho\partial_t\boldsymbol{u}+\rho\boldsymbol{u}\cdot\nabla\boldsymbol{u}=-\nabla\cdot\boldsymbol{P}+\nabla\cdot\left[\mu(\nabla\boldsymbol{u}+(\nabla\boldsymbol{u})^{\mathrm{T}})\right]+\boldsymbol{F}_b \tag{7.1b}$$

$$\partial_t\phi+\nabla\cdot(\phi\boldsymbol{u})=M_\phi\nabla\cdot\left[\nabla\phi-\frac{4(\phi-\phi_h)(\phi-\phi_l)}{W(\phi_l-\phi_h)}\boldsymbol{n}\right] \tag{7.1c}$$

式中：ρ、μ 和 M_ϕ 分别为密度、黏性系数和迁移率。$\boldsymbol{n}=\nabla\phi/|\nabla\phi|$ 表示界面单位法向矢量；$\boldsymbol{F}_b$ 表示体积力。

方程(7.1b)中 $\boldsymbol{P}$ 为压力张量，其表达式为[1]

$$\boldsymbol{P}=\left[p+p_0-k\left(\frac{1}{2}|\nabla\phi|^2+\phi\nabla^2\phi\right)\right]\boldsymbol{I}+k\nabla\phi\nabla\phi \tag{7.2}$$

式(7.2)中括号部分称为全压[1]，即

$$P_{\mathrm{tot}}=p+p_0-k(|\nabla\phi|^2/2+\phi\nabla^2\phi) \tag{7.3}$$

全压包括流体静压和动压之和 p、热力学压强 p_0 以及由曲率引起的压强变化 $-k(|\nabla\phi|^2/2+\phi\nabla^2\phi)$。热力学压强 p_0 可由状态方程得到[1]：

$$p_0=\phi\psi'(\phi)-\psi(\phi) \tag{7.4}$$

若将方程(7.1b)中压力张量 $\boldsymbol{P}$ 中部分项视为界面力，动量方程可以改写为

$$\rho\partial_t\boldsymbol{u}+\rho\boldsymbol{u}\cdot\nabla\boldsymbol{u}=-\nabla\tilde{p}+\nabla\cdot\left[\mu(\nabla\boldsymbol{u}+(\nabla\boldsymbol{u})^{\mathrm{T}})\right]+\boldsymbol{F}_s+\boldsymbol{F}_b \tag{7.5}$$

式中：$\tilde{p}$ 表示等效压强。表 7-1 总结了不同界面力格式以及对应等效压强的表达式。

表 7-1 不同界面力格式及等效压强

等效压强 $\tilde{p}$	界面力 $\boldsymbol{F}_s$	参考文献
$p+p_0+\frac{k}{2}\lvert\nabla\phi\rvert^2-k\phi\nabla^2\phi$	$\boldsymbol{F}_{s1}=k\nabla\cdot(\lvert\nabla\phi\rvert^2\boldsymbol{I}-\nabla\phi\nabla\phi)$	[18]

续表

等效压强 $\tilde{p}$	界面力 F_s	参考文献
$p+p_0$	$\boldsymbol{F}_{s2}=k\nabla\cdot\left[\left(\frac{1}{2}\lvert\nabla\phi\rvert^2+\phi\nabla^2\phi\right)\boldsymbol{I}-\nabla\phi\nabla\phi\right]$	[19]
$p+p_0$	$\boldsymbol{F}_{s3}=k\phi\nabla\nabla^2\phi$	[2]
p	$\boldsymbol{F}_{s4}=-\phi\nabla\mu_\phi$	[14,20]
$p+\phi\mu_\phi$	$\boldsymbol{F}_{s5}=\mu_\phi\nabla\phi$	[21-22]
$\tilde{p}$	$\boldsymbol{F}_{s6}=-k\nabla\cdot\boldsymbol{n}\lvert\nabla\phi\rvert^2\boldsymbol{n}$	[23-24]

尽管不同界面力格式和等效压强组合得到的纳维-斯托克斯方程完全等价,但它们对应的离散数值误差并不相同,将影响模型的数值精度、局部性、动量守恒以及界面附近伪流幅值的大小:

(1)界面力 $\boldsymbol{F}_{s1}$ 称为“应力格式”[19],此时界面力的表达形式为保守型,若动量守恒特性比较重要,应首选应力格式。此外,应力格式下等效压强 $\tilde{p}$ 在界面区域的分布较为光滑,有利于提高相场模型在较大表面张力条件下的数值稳定性[19]。保守型应力格式并不唯一,表 7-1 中的 $\boldsymbol{F}_{s2}$ 也属于这一类型,$\boldsymbol{F}_{s2}$ 可以等效表示为

$$\boldsymbol{F}_{s2}=-k\nabla\cdot(\phi\nabla^2\phi\boldsymbol{I}+\boldsymbol{T}) \tag{7.6}$$

$$[T_{ij}]=\begin{bmatrix}(\partial_x^2\phi-\partial_y^2\phi)/2 & \partial_x\phi\partial_y\phi\\ \partial_x\phi\partial_y\phi & -(\partial_x^2\phi-\partial_y^2\phi)/2\end{bmatrix} \tag{7.7}$$

(2)界面力 $\boldsymbol{F}_{s3}$ 称为“压力格式”。无论梯度算子如何离散,压力格式对应的力平衡条件均不能准确成立,离散数值误差将不可避免地产生伪速度[15]。

(3)界面力 $\boldsymbol{F}_{s4}$ 与化学势相关,称为“势格式”[15]。对于静置平衡界面,势格式中的等效压强 $\tilde{p}=0$,而化学势为常数,则界面力 $\boldsymbol{F}_{s4}=0$,因此势格式在离散状态下满足力平衡条件。利用这一特点,Jamet 等[20]基于势格式提出了一种消除伪流的数值方案,随后 Guo[16]采用相同的策略构造得到相应的格子玻尔兹曼求解模型。压力格式和势格式均不是保守形式,其离散计算格式无法保持总动量守恒,但这对界面捕捉的影响可忽略[9]。

(4)界面力 $\boldsymbol{F}_{s5}$ 的形式最简单,只包含序参量梯度和序参量的二阶空间导数,模型的局部性相对较好,在大规模并行计算中具有优势。

(5)界面力格式 $\boldsymbol{F}_{s6}$ 是类比 level-set 法中的界面力得到的,涉及较多的非局部运算。考虑到界面曲率可以等效表示为[23]

$$\kappa(\phi) = \nabla \cdot \boldsymbol{n} = \frac{1}{|\nabla \phi|}(\nabla^2\phi - \nabla\nabla \phi : \boldsymbol{nn}) \tag{7.8}$$

因此,$\boldsymbol{F}_{s6}$ 与 $\boldsymbol{F}_{s5}$ 存在以下关系:

$$\begin{aligned}\boldsymbol{F}_{s5} &= \mu_\phi \nabla \phi = - k\kappa(\phi) \ |\nabla \phi| \nabla \phi + (\mu_0 - k \nabla\nabla \phi : \boldsymbol{nn}) \nabla \phi \\ &= \boldsymbol{F}_{s6} + (\mu_0 - k \nabla\nabla \phi : \boldsymbol{nn}) \nabla \phi\end{aligned} \tag{7.9}$$

7.2.2 相场格子玻尔兹曼模型

相场格子玻尔兹曼两相流模型通常采用双分布函数分别求解相场方程和纳维-斯托克斯方程,其中相场方程的格子玻尔兹曼模型在第 3~6 章做了详细介绍,这里不再赘述。在格子玻尔兹曼理论框架下求解动量方程(7.1b)时,压力张量 $\boldsymbol{P}$ 可通过构造平衡分布函数进行恢复[1]或者将 $-\nabla \cdot \boldsymbol{P}$ 按照源项进行处理,这两种处理方法均涉及复杂的偏导项,降低了模型的局部性。本章选用式(7.5)作为目标动量方程,基于压强演化的离散玻尔兹曼方程可以表示为[2,6]

$$\partial_t g_i + \boldsymbol{e}_i \cdot \nabla g_i = \Omega_g + G_i \tag{7.10}$$

式中:G_i 为广义源项,碰撞项为 $\Omega_g = - \Lambda_{ij}(g_j - g_j^{\mathrm{eq}})$,平衡分布函数 g_i^{eq} 表示为

$$g_i^{\mathrm{eq}} = \begin{cases} (w_0 - 1) p - w_0 \dfrac{\rho u^2}{2}, & i = 0 \\ w_i p + \rho c_s^2 s_i(\boldsymbol{u}), & i \neq 0 \end{cases} \tag{7.11}$$

式中:$s_i(\boldsymbol{u})$ 的表达式为

$$s_i(\boldsymbol{u}) = w_i\left[\frac{\boldsymbol{e}_i \cdot \boldsymbol{u}}{c_s^2} + \frac{(\boldsymbol{e}_i \cdot \boldsymbol{u})^2}{2c_s^4} - \frac{u^2}{2c_s^2}\right] \tag{7.12}$$

流体密度由相场分布得到:

$$\rho = \rho_1 + \frac{\phi - \phi_1}{\phi_h - \phi_1}(\rho_h - \rho_1) \tag{7.13}$$

式中:ρ_h 和 ρ_1 分别表示较重和较轻项流体的密度。

离散源项表示为[6]

$$G_i = (\boldsymbol{e}_i - \boldsymbol{u}) \cdot \{s_i(\boldsymbol{u}) c_s^2 \nabla \rho + [s_i(\boldsymbol{u}) + w_i](\boldsymbol{F}_s + \boldsymbol{F}_b + \boldsymbol{F}_a)\} \tag{7.14}$$

式中：$\boldsymbol{F}_a = \vartheta \boldsymbol{u} = \dfrac{\rho_h - \rho_l}{\phi_h - \phi_l} M_\phi \nabla \cdot (\nabla \phi - \theta \boldsymbol{n}) \boldsymbol{u}$。利用梯形求积公式，方程(7.10)可以表示为

$$g_i(\boldsymbol{x} + \boldsymbol{e}_i \delta_t, t + \delta_t) - g_i(\boldsymbol{x}, t) = \frac{\delta_t}{2}(\Omega_g |_{(\boldsymbol{x}+\boldsymbol{e}_i\delta_t, t+\delta_t)} + \Omega_g |_{(\boldsymbol{x},t)}) + \frac{\delta_t}{2}(G_i |_{(\boldsymbol{x}+\boldsymbol{e}_i\delta_t, t+\delta_t)} + G_i |_{(\boldsymbol{x},t)}) \tag{7.15}$$

为了得到式(7.15)的显式表达式，引入以下分布函数变式：

$$\bar{g}_i = g_i - \frac{\delta_t}{2}(\Omega_g + G_i) \tag{7.16}$$

相应的平衡分布函数为

$$\bar{g}_i^{\mathrm{eq}} = g_i^{\mathrm{eq}} - \frac{\delta_t}{2} G_i \tag{7.17}$$

由式(7.16)和式(7.17)可以得到：

$$\bar{g}_i - \bar{g}_i^{\mathrm{eq}} = [\boldsymbol{I} + \delta_t \Lambda/2]_{ij}(g_j - g_j^{\mathrm{eq}}) \tag{7.18}$$

因此，演化方程(7.15)可以显式表示为

$$\bar{g}_i(\boldsymbol{x} + \boldsymbol{e}_i \delta_t, t + \delta_t) - \bar{g}_i(\boldsymbol{x}, t) = -\bar{\Lambda}_{ij}(\bar{g}_j(\boldsymbol{x}, t) - \bar{g}_j^{\mathrm{eq}}(\boldsymbol{x}, t)) + \delta_t G_i(\boldsymbol{x}, t) \tag{7.19}$$

式中：$\bar{\Lambda}_{ij}$ 满足 $\bar{\Lambda} = \delta_t \Lambda [\boldsymbol{I} + \delta_t \Lambda/2]^{-1}$。在 MRT-LB 理论框架下，$\bar{\Lambda}$ 替换为 $\boldsymbol{M}^{-1} \boldsymbol{S}^g \boldsymbol{M}$，其中 $\boldsymbol{S}^g$ 为对角松弛矩阵，以 D2Q9 为例可以表示为 $\boldsymbol{S}^g = \mathrm{diag}(s_0^g, s_1^g, s_2^g, \cdots, s_8^g)$，式中松弛参数 s_7^g 和 s_8^g 由 $s_7^g = s_8^g = 1/\tau_g$ 给定，τ_g 与动力学黏性系数相关：

$$\tau_g = \frac{\mu}{\rho c_s^2 \delta_t} + 0.5 \tag{7.20}$$

采用线性插值，动力学黏性系数 μ 可以表示成序参量的线性函数[8]：

$$\mu = \mu_l + \frac{\phi - \phi_l}{\phi_h - \phi_l}(\mu_h - \mu_l) \tag{7.21}$$

式中：μ_h 和 μ_l 分别为重相和轻相的黏性系数。宏观量可以由分布函数求矩得到：

$$\boldsymbol{u} = \left[\frac{\sum \boldsymbol{e}_i \bar{g}_i}{c_s^2} + 0.5 \delta_t (\boldsymbol{F}_s + \boldsymbol{F}_b) \right] / (\rho - 0.5 \delta_t \vartheta) \tag{7.22}$$

$$p = \frac{1}{1 - w_0}\left[\sum_{i \neq 0} \bar{g}_i + \frac{c_s^2}{2}\delta_t \boldsymbol{u} \cdot \boldsymbol{\nabla} \rho + \rho c_s^2 s_0(\boldsymbol{u}) \right] \tag{7.23}$$

注意到当前模型中存在梯度算子和拉普拉斯算子，这增加了计算的复杂性。根据等式(7.13)，密度梯度可以借助 $\boldsymbol{\nabla}\phi$ 计算得到。使用各向同性中心差分格式，序参量的梯度算子和拉普拉斯算子计算如下：

$$\boldsymbol{\nabla}\phi = \frac{1}{c_s^2\delta_t}\sum_i \boldsymbol{e}_i w_i \phi(\boldsymbol{x} + \boldsymbol{e}_i\delta_t, t) \tag{7.24}$$

$$\boldsymbol{\nabla}^2\phi = \frac{2}{c_s^2\delta_t^2}\sum_i w_i[\phi(\boldsymbol{x} + \boldsymbol{e}_i\delta_t, t) - \phi(\boldsymbol{x}, t)] \tag{7.25}$$

式(7.17)和式(7.19)中的 G_i 包含方向导数 $\boldsymbol{e}_i \cdot \boldsymbol{\nabla}\phi$，可采用中心差分或混合差分格式进行计算，相应的梯度算子上用上标 c 和 m 进行区分，计算表达式分别为[5]

$$\delta_t \boldsymbol{e}_i \cdot \boldsymbol{\nabla}^{\mathrm{c}}\phi \,\big|_{(\boldsymbol{x},t)} = \frac{\phi(\boldsymbol{x} + \boldsymbol{e}_i\delta_t, t) - \phi(\boldsymbol{x} - \boldsymbol{e}_i\delta_t, t)}{2} \tag{7.26}$$

$$\begin{aligned}\delta_t \boldsymbol{e}_i \cdot \boldsymbol{\nabla}^{\mathrm{m}}\phi \,\big|_{(\boldsymbol{x},t)} = -\frac{1}{4}[&\phi(\boldsymbol{x} - \boldsymbol{e}_i\delta_t, t) + 3\phi(\boldsymbol{x}, t) \\ &- 5\phi(\boldsymbol{x} + \boldsymbol{e}_i\delta_t, t) + \phi(\boldsymbol{x} + 2\boldsymbol{e}_i\delta_t, t)]\end{aligned} \tag{7.27}$$

研究表明混合差分格式不严格满足质量守恒和动量守恒[15,25-26]，但 Chiappini 等[27]指出，这种非守恒特性对实际动力学的影响可忽略不计。

7.3 模型验证

下面采用静置液滴、瑞利-泰勒不稳定性、单气泡上升和单液滴撞击液膜 4 个基准算例验证相场格子玻尔兹曼方法。所有测试算例均采用守恒型 Allen-Cahn 方程进行界面捕捉，液滴撞击液膜算例中相场方程采用第 4 章的单松弛 LBE 模型进行求解，其余算例中的相场方程均采用第 6 章的多松弛 LBE 模型求解。

7.3.1 静置液滴

静置液滴是测试多相流数值模型的基准算例，主要验证模型能否满足拉普拉斯定律。在 $L \times L$ 的方形计算域中心放置圆形液滴，四周采用周期边界。计算域边长为 $L = 256$，液滴半径为 $R = 64$，液滴中心的坐标为 (0,0) 。序参量迁移率为 $M_\phi = 0.01$，其他计算参数设置为[25]：液滴密度 $\rho_h = 1$、气相密度 $\rho_l = 0.2$、Cahn 数 $Cn = 0.04$、运动学黏度 $\nu = (\tau_f - 0.5)\, c_s^2 \delta_t = 0.2$、参数 $\beta = 0.01$。序参量由其平衡态初始化，相应地，初始密度场由下式给出：

$$\rho(x,y) = \frac{\rho_h + \rho_l}{2} + \frac{\rho_h - \rho_l}{2}\tanh\left(2\,\frac{R - \sqrt{x^2 + y^2}}{W}\right) \tag{7.28}$$

这里采用第 6 章中的多松弛修正模型 MRT-B 和 MRT-E 进行对比研究。为了测试外力项离散格式的影响，将比较 4 种不同的离散方案：各向同性中心差分格式的 MRT-B（MRT-B-ICS）、混合差分格式的 MRT-B（MRT-B-MS）、各向同性中心差分格式的 MRT-E（MRT-E-ICS）和混合差分格式的 MRT-E（MRT-E-MS）。图 7-1 展示了达到平衡状态（ $t = 1\times10^6\delta_t$ ）时的伪流分布，所有 4 种计算格式的伪流幅值均为 $O(10^{-7})$ 。当方向导数采用相同的离散格式时，MRT-B 和 MRT-E 的伪流分布没有明显差异。与混合差分格式的结果不同，各向同性中心差分格式的伪流分布集中在界面附近，对体相几乎没有影响。

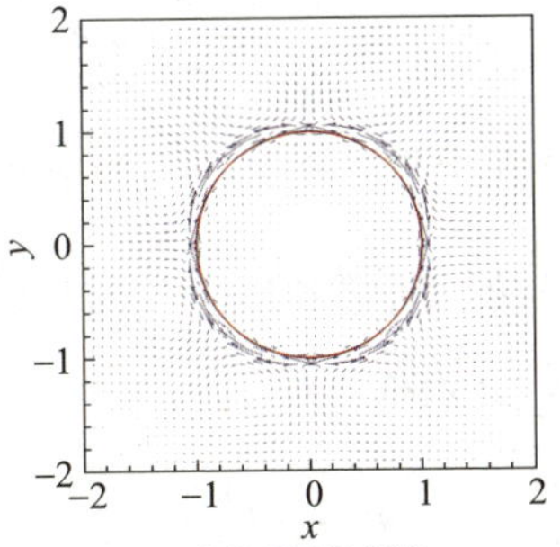

(a)MRT-B-ICS

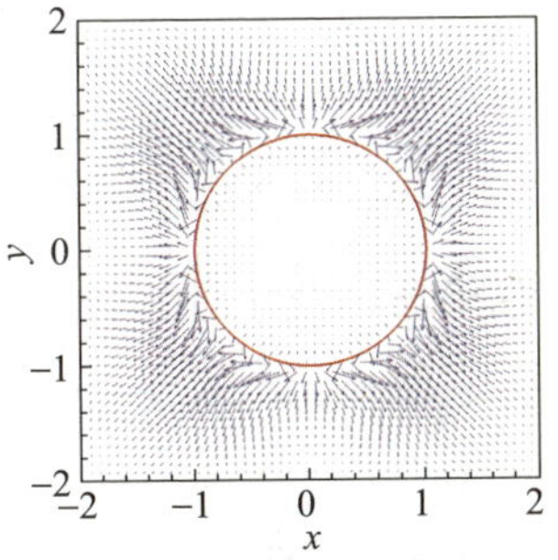

(b)MRT-B-MS

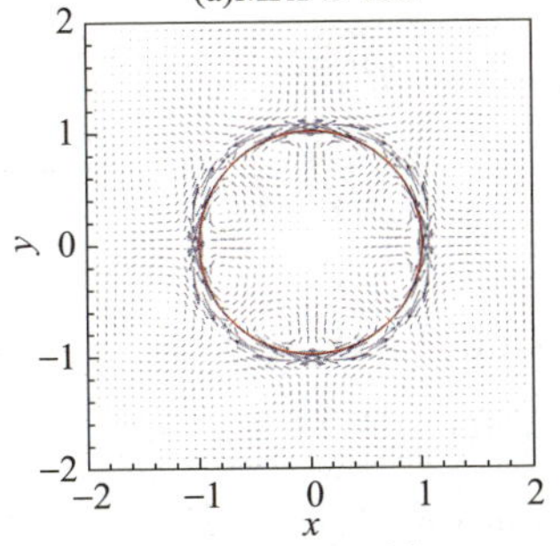

(c)MRT-E-ICS

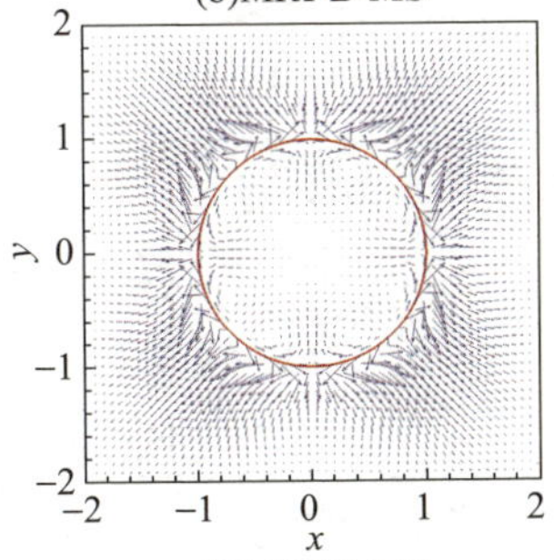

(d)MRT-E-MS

图 7-1 不同计算模型的伪流分布

液滴中心 (0,0) 到点 ($L/2$,0) 的密度分布如图 7-2(a)所示,这 4 种离散格式得到的密度分布与等式(7.28)给出的初始分布吻合良好。图 7-2(b)给出了 $y=0$ 处的压力分布,其中 P 表示全压,由定义式(7.3)计算得到。根据拉普拉斯定律,体相压差应满足关系 $\Delta P = P_{\mathrm{h}} - P_{\mathrm{l}} = \sigma/R$,其中 P_{h} 和 P_{l} 分别是重相和轻相的压力。这 4 种离散格式计算得到的表面张力 σ_{LBM} 与理论解之间的比值分别为 0.9893、0.9966、0.9893 和 0.9966。从这个角度来看,混合差分格式比各向同性中心格式更精确。

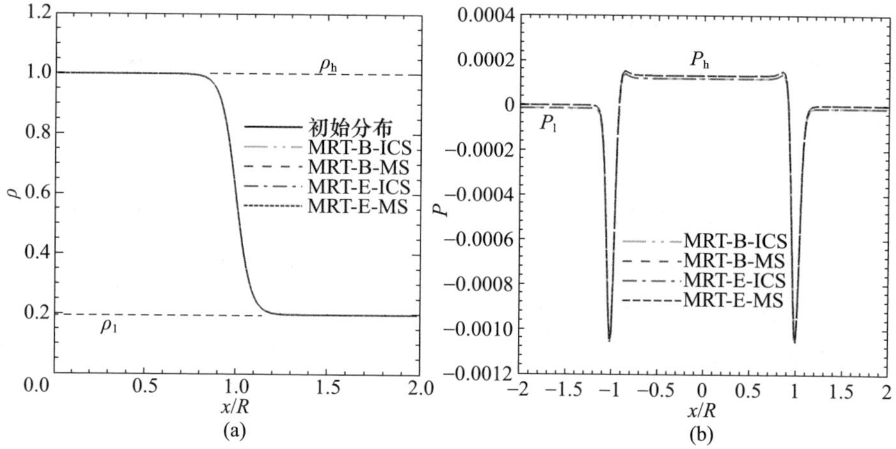

图 7-2　基于模型 MRT-B 和 MRT-E 得到的密度及压强分布

进一步评估模型的质量守恒特性,系统总质量和组分相质量分别为

$$M_t(t) = \sum_{x} \rho(x,t) \tag{7.29a}$$

$$M_{\mathrm{h}}(t) = \sum_{x \in \{\phi(x,t) \geqslant (\phi_{\mathrm{h}}+\phi_{\mathrm{l}})/2\}} \rho(x,t) \tag{7.29b}$$

$$M_{\mathrm{l}}(t) = \sum_{x \in \{\phi(x,t) < (\phi_{\mathrm{h}}+\phi_{\mathrm{l}})/2\}} \rho(x,t) \tag{7.29c}$$

定义质量的相对误差分别为

$$E_t = |M_t(t) - M_t(0)|/M_t(0) \tag{7.30a}$$

$$E_{\mathrm{h}} = (M_{\mathrm{h}}(t) - M_{\mathrm{h}}(0))/M_t(0) \tag{7.30b}$$

$$E_{\mathrm{l}} = (M_{\mathrm{l}}(t) - M_{\mathrm{l}}(0))/M_t(0) \tag{7.30c}$$

表 7-2 列出了平衡状态下系统及各分散相的相对质量变化。在模型 MRT-B 和 MRT-E 中,方向导数采用两种离散格式均能很好地保持系统质量守恒。至

于各分散相质量相对误差 E_h 和 E_l，基于守恒性 Allen-Cahn 方程的 LBE 模型所得到的结果比参考文献[25]中的模拟结果小两个数量级，这可能得益于守恒型 Allen-Cahn 方程的保守性。Lou 等[25]指出，各向同性中心差分格式比混合差分格式更有利于保持系统质量守恒，然而基于守恒型 Allen-Cahn 方程的格子玻尔兹曼方法的模拟结果没有发现这种差异。综合考虑减少伪流和保持质量守恒的性能，采用各向同性中心差分离散格式的 MRT-E 应该是更好的选择，将在下文的模拟中采用。

表 7-2　平衡状态时系统及各分散相的相对质量变化

计算模型	E_h	E_l	E_t
势格式-ICS[25]	7.7815×10^{-2}	-7.7815×10^{-2}	7.4510×10^{-13}
势格式-MS [25]	-1.5485×10^{-2}	1.5483×10^{-2}	1.1805×10^{-6}
MRT-B-ICS	2.9848×10^{-4}	-2.9848×10^{-4}	-2.8972×10^{-12}
MRT-B-MS	3.2338×10^{-4}	-3.2338×10^{-4}	-2.7990×10^{-12}
MRT-E-ICS	3.0045×10^{-4}	-3.0045×10^{-4}	-3.1161×10^{-12}
MRT-E-MS	3.2451×10^{-4}	-3.2451×10^{-4}	-2.7969×10^{-12}

7.3.2　瑞利-泰勒不稳定性

瑞利-泰勒不稳定性广泛用于多相流模型界面捕捉验证[28-30]，本小节将利用这一经典问题来检验相场格子玻尔兹曼模型的可靠性。如图 7-3 所示，腔体中填充两层具有不同密度的流体，密度较大的流体在上层，密度较小的流体在下层。当平直界面施加一个初始扰动 δ，相界面在重力的作用下发生失稳。随着界面不稳定的发展，这两种流体将相互渗透。

在瑞利-泰勒不稳定性问题中，选择特征速度 $U=\sqrt{gL}$，特征时间 $T=\sqrt{L/g}$，无量纲时间可以表示为 $t^*=t/\sqrt{L/g}$。为了描述这一问题，需要考虑以下无量纲数：

(1)雷诺数(Reynolds number) $Re=\rho_h UL/\mu_h$。

(2)毛细管数(Capillary number) $Ca=\mu_h U/\sigma$。

(3)黏度比 $\lambda_\mu=\mu_h/\mu_l$：描述上下两层流体的动力学黏性系数之比。

(4)密度比 $\lambda_\rho=\rho_h/\rho_l$：描述上下两层流体的密度比，文献中常用 Atwood 数

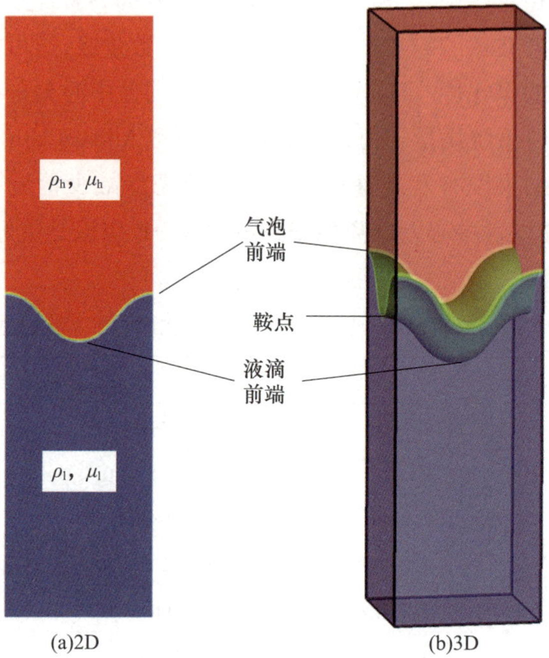

图 7-3　瑞利-泰勒不稳定性示意图

$At = (\rho_h - \rho_l)/(\rho_h + \rho_l)$ 替代。

(5)佩克莱特数(Péclet number)：$Pe = UL/M_\phi$。

(6)卡恩数(Cahn number)：$Cn = W/L$。

本小节将讨论二维和三维的瑞利-泰勒不稳定性问题,相关无量纲数如表 7-3 所列。针对二维问题,选取矩形计算域$[0,L] \times [-2L,2L]$,初始时刻界面位于 $y = 0$ 处。为触发界面失稳,在界面上施加小扰动$\delta = 0.1L\cos(2\pi x/L)$。在当前模拟中,选择计算网格为 200×800,即 $L = 200$。界面厚度和表面张力系数分别给定为 $W=5$ 和 $\sigma = 5 \times 10^{-5}$。其他参数设置为 $At = 0.5$,$\lambda_\rho = 3$,$\lambda_\mu = 1$,$Pe=1000$ 和 $Re=3000$。上下壁采用无滑移边界条件,侧壁采用周期边界条件。

表 7-3　瑞利-泰勒不稳定性计算参数

工况	维度	Re	Ca	λ_ρ	λ_μ	Pe	$Cn(W/L)$
1	2D	3000	0.26	3	1	1000	5/200
2	3D	128	960	3	3	1024	5/64

图 7-4 给出了在无量纲时间 $t^* = 0.5$、1、1.5、2 和 2.5 时刻的界面演变。在早期阶段，重流体下沉，轻流体上浮，随着重流体高度减小，重流体中出现两个反向旋转的旋涡。在 $t^* = 2.5T$ 时，MRT-E 得到的界面演化和参考文献[3,4]中的结果一致。为了定量描述界面位置随时间的变化情况，将气相和液相前端的位置作为基准量。图 7-5 绘制了当前 LBE 模型获得的气泡和液体前端位置变化曲线，与参考文献[3,7-8]中的变化规律吻合良好。

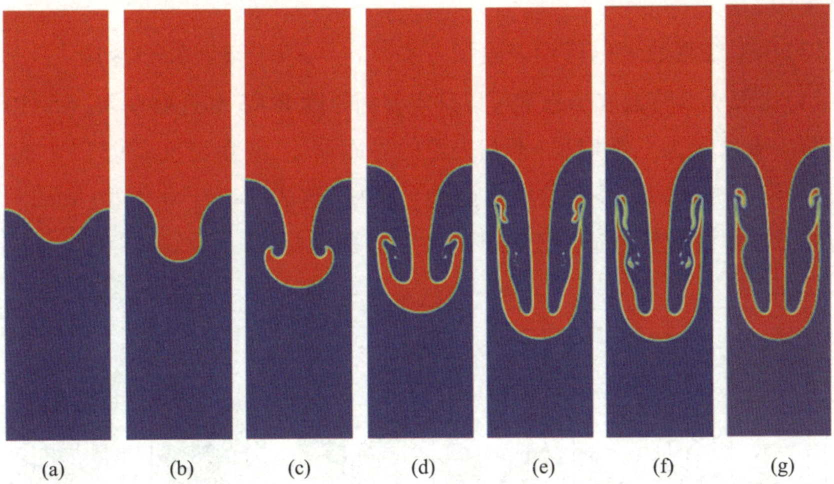

(a)~(e) MRT-E;(f)参考文献[3],$t^* = 2.5$;(g)参考文献[4],$t^* = 2.5$

图 7-4　二维瑞利-泰勒失稳的界面演化

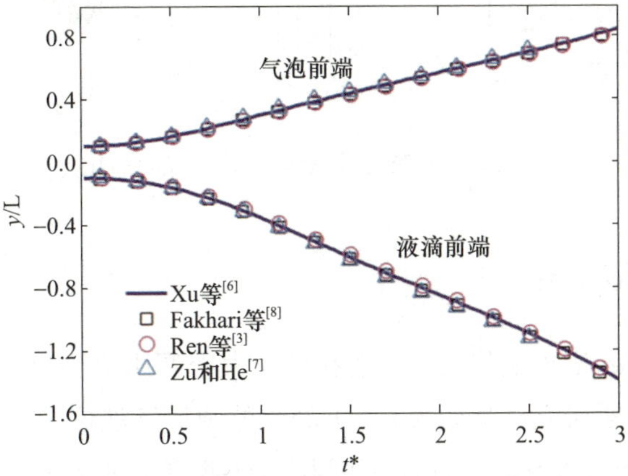

图 7-5　气泡和液滴前沿位置的时间历程曲线

针对工况 2 的三维瑞利-泰勒不稳定性问题，在 $[0,L]\times[0,L]\times[-2L,2L]$ 的计算域中，上下壁面采用半反弹边界，四周采用周期边界，界面 $z=0$ 处施加初始扰动 $\delta=0.05L[\cos(2\pi x/L)+\cos(2\pi y/L)]$，序参量由平衡态进行初始化。其余格子参数按照以下方法进行确定：

(1)设置特征速度 $U=0.08$，流体密度 $\rho_h=1$ 和 $\rho_l=1/3$。

(2)由雷诺数和黏度比得到黏性系数 $\mu_h=\rho_h UL/Re=0.04$ 及 $\mu_l=\mu_h/\lambda_\mu=1.33\times10^{-2}$。

(3)由毛细管数可以得到表面张力系数 $\sigma=\mu_h U/Ca=3.33\times10^{-6}$。

(4)由佩克莱特数和卡恩数可以确定界面厚度 $W=5$ 和迁移率 $M_\phi=5\times10^{-3}$。

图 7-6 所示为三维瑞利-泰勒失稳的界面演化，同参考文献[31]中的结果相比较，模型 MRT-E 得到的相界面吻合良好，这表明基于守恒型 Allen-Cahn 相场格子玻尔兹曼模型适用于两相流复杂界面捕捉。

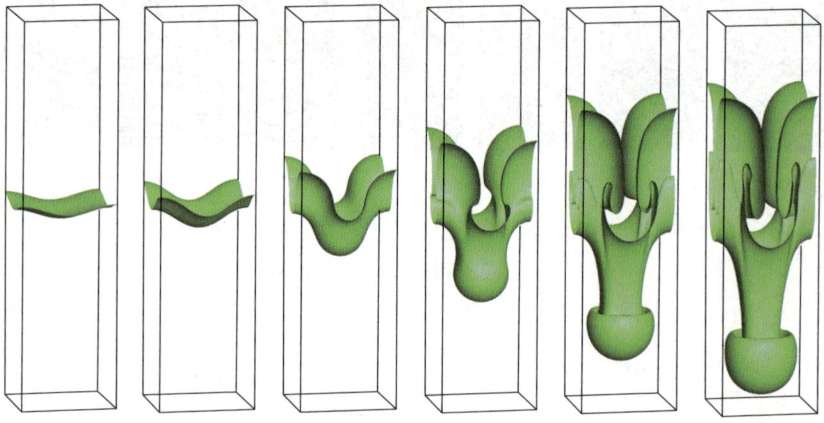

图 7-6　三维瑞利-泰勒失稳的界面演化

7.3.3　单气泡上升

为了测试相场格子玻尔兹曼模型在模拟大密度比两相流的准确性，下面开展单气泡上升问题研究。半径为 $r=0.25\text{m}$ 的圆形气泡位于 $1\text{m}\times2\text{m}$ 矩形域，圆心坐标为(0.5m，0.5m)。特征长度和特征速度分别选择为 $L=2r$ 和 $U=\sqrt{2gr}$。表 7-4 列出了模拟工况的无量纲参数，其中爱特威(Eötvös)数的定义

为 $Eo = \rho_h U^2 L/\sigma$，相应的物理参数见参考文献[32]。在当前的相场 LBE 模型中，采用网格 300 × 600，这足以获得与网格无关的模拟结果。顶部和底部边界采用反弹边界格式，而两侧壁面采用镜面对称格式。

表 7-4　工况 1 和 2 的无量纲数

工况	Re	Eo	λ_ρ	λ_μ
1	35	10	10	10
2	35	125	1000	100

工况 1 的模拟是在相对较低的 Eo 数下进行的，气泡形貌演化如图 7-7 所示。图 7-8(a) 比较了 $t=3$s 时相场格子玻尔兹曼方法、基于有限元的水平集法 (FEM-LSM)[32] 和基于有限元的相场法 (FEM-PFM)[33] 得到的气泡轮廓。可以看出，基于相场格子玻尔兹曼方法得到的界面轮廓与参考文献吻合良好。为了定量描述气泡运动规律，引入气泡质心位置作为定量比较的物理量，图 7-8(b) 描述了不同模型中质心位置变化规律，PFLBM 模型得到的时间历程曲线与参考文献中的模拟结果一致。

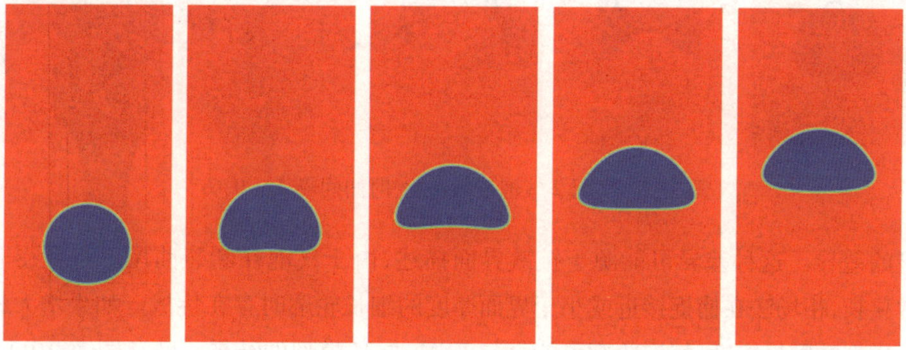

图 7-7　工况 1 气泡形貌演化，时间间隔 $\Delta t = 0.6$s

在工况 2 中，密度比和黏度比分别为 1000 和 100，Eo 数增大到 125，此时表面张力相对较弱，气泡将经历较大变形，气泡形貌演化如图 7-9 所示。

图 7-10(a) 将工况 2 中 $t=3$s 时得到的气泡轮廓与基于有限元法的模拟结果进行比较，相场格子玻尔兹曼方法与 FEM-PFM 模型的模拟结果吻合良好，文献中基于 Cahn-Hilliard 的相场模型也获得了类似的气泡形状[34]。然而，与 FEM-LSM 模型获得的气泡形状相比，相场法模拟结果中气泡尾部存在一些明

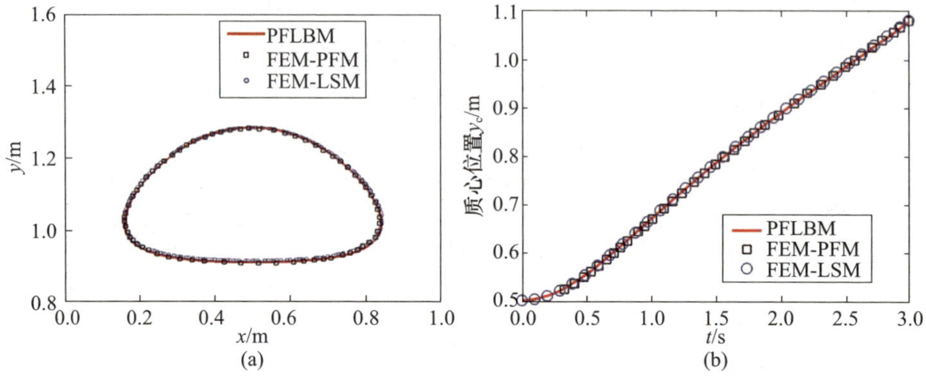

图 7-8　工况 1 中 $t=3$s 时气泡形貌和质心随时间的变化

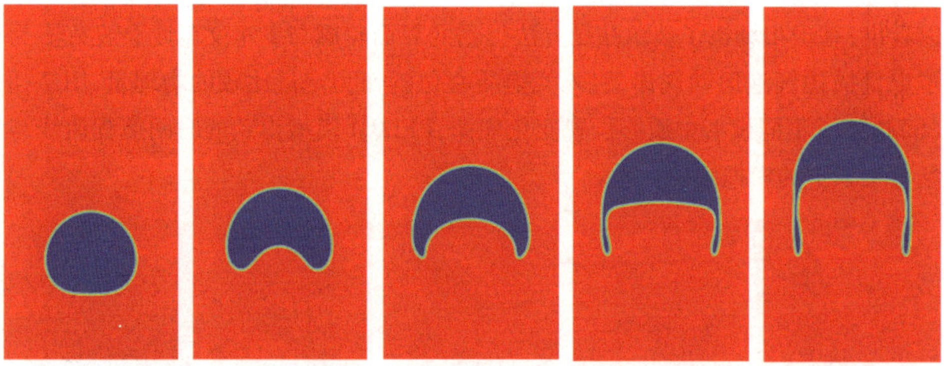

图 7-9　工况 2 气泡形貌演化,时间间隔 $\Delta t=0.6$s

显的差异。这种差异可能源于扩散界面描述,由于气泡在断裂前尾巴将变得非常狭长,相场法在捕捉接近或小于界面厚度的细长轮廓时存在挑战。如果增大相场模拟的网格密度,气泡轮廓可能会与 FEM-LSM 模型的结果一致。图 7-10(b)给出了三种方法获得的气泡质心在垂直方向的位置变化规律,不同形貌的气泡尾部似乎对气泡质心位置变化影响较小。当前工况下的气泡模拟基准解还未达成共识,但上述研究仍然可以说明 PFLBM 的准确性与基于 FEM 的相场模型相当。

在三维单气泡上升模拟中,工况参数同表 7-4,为了与参考文献[35]一致,所有壁面均采用无滑移边界条件。图 7-11 和图 7-12 给出了工况 1 得到的气泡形貌演化图像以及气泡质心的时间历程曲线,3D 气泡的纵向截面与 2D 模拟的结果类似,3D 气泡质心上升速度快于 2D 气泡。气泡界面形貌和质心位置变化规律同基于 FeatFlow 和 LBM-LSM 得到的结果吻合良好[35]。

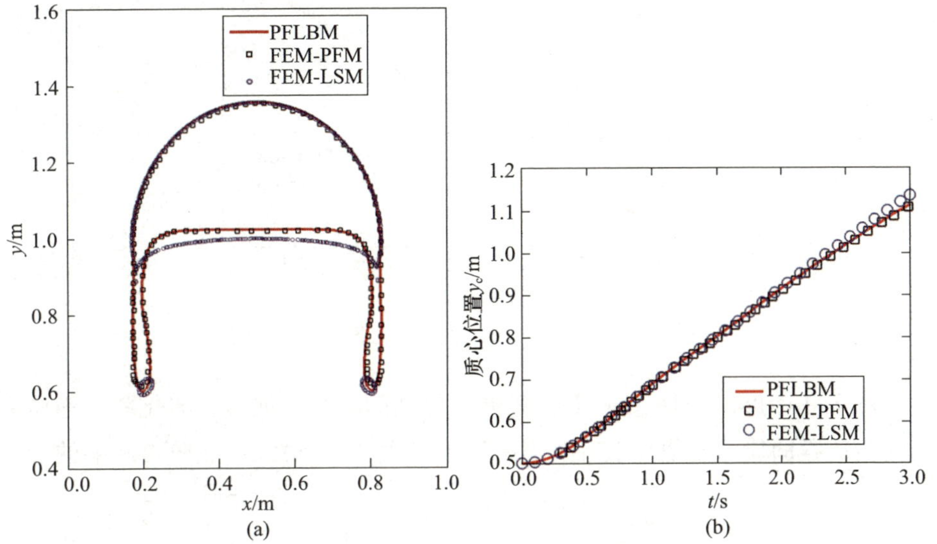

图 7-10　工况 2 中 $t=3$s 时气泡形貌和质心随时间的变化

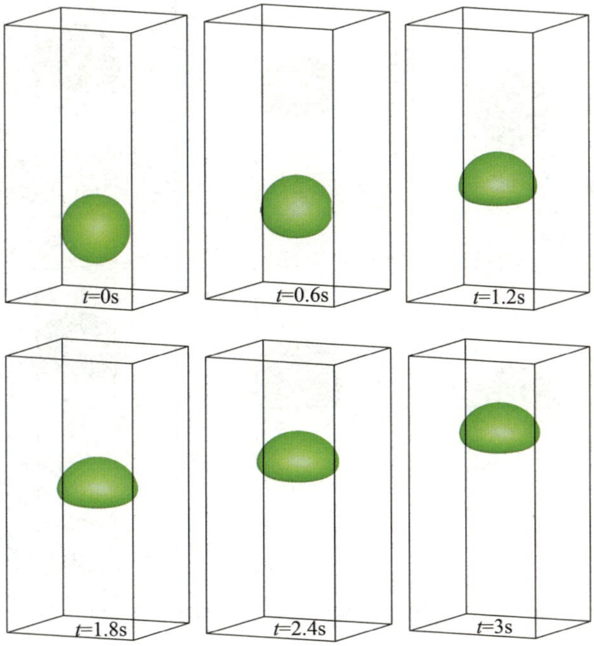

图 7-11　工况 1 气泡形貌演化,时间间隔 $\Delta t=0.6$s

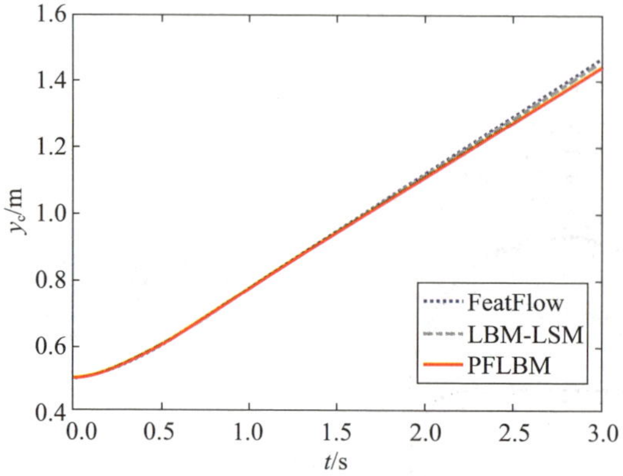

图 7-12　工况 1 三维气泡的质心时间历程曲线

图 7-13 和图 7-14 对应工况 2 模拟得到的三维气泡形貌演化和气泡质心的时间历程曲线。气泡在上升过程中发生较大变形，最终形成向内凹陷的椭球

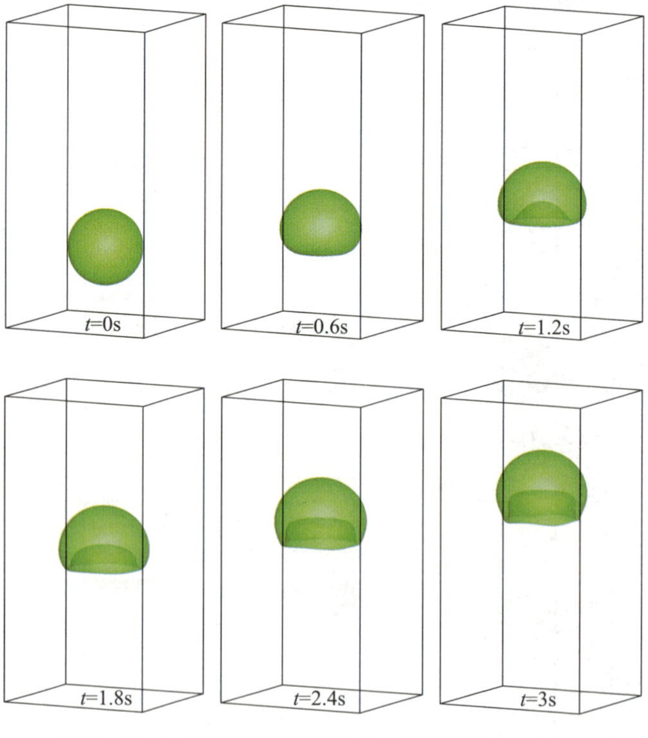

图 7-13　工况 2 气泡形貌演化，时间间隔 $\Delta t=0.6$s

冠形貌。相较于 2D 气泡,3D 气泡的"裙摆"较短,质心移动速度较快。相场格子玻尔兹曼模型得到的气泡形貌与 LBM-LSM 和 FeatFlow 预测的结果相似[35],质心变化曲线与 FeatFlow 预测规律吻合良好。单气泡上升算例表明相场格子玻尔兹曼模型能够适用于真实工况下的大密度比两相流模拟。

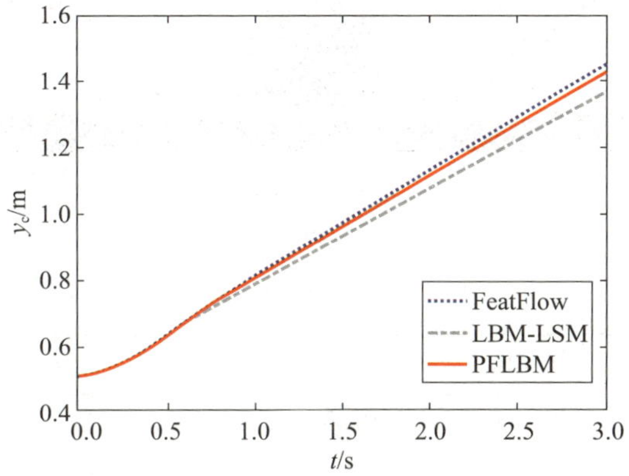

图 7-14　工况 2 三维气泡的质心时间历程曲线

7.3.4　单液滴撞击液膜

本小节以液滴撞击薄液膜为基准算例,对第 4 章的相场 LBE 二阶修正模型作进一步评估。如图 7-15 所示,计算域设置为 $3H \times H$,直径为 $D = 0.4H$ 的圆形液滴位于 $h = 0.1H$ 厚的液膜正上方,液滴中心位于 $(x_0, y_0) = (1.5H, 0.3H)$,初始速度为 U。针对这个问题需要引入 4 个无量纲参数[36],即密度比 $\lambda_\rho = \rho_h/\rho_l$、黏度比 $\lambda_\mu = \mu_h/\mu_l$、韦伯数 $We = \rho_h U^2 D/\sigma$ 和雷诺数 $Re = \rho_h UD/\mu_h$。特征长度和特征时间分别为 D 和 D/U。无量纲铺展半径 $r^* = r/D$ 与无量纲时间 $t^* = Ut/D$ 遵循以下幂律关系[18,37]:

$$r^* = \alpha \sqrt{t^*} \tag{7.31}$$

式中:α 为常系数。

在下面的相场 LBE 模拟中,相关参数设置为:$U = 0.005$、$W = 5$、$M_\phi = 0.01$,相应的佩克莱特数 $Pe^* = UW/M_\phi = 2.5$,其他无量纲参数如表 7-5 所列。为了满足网格无关性,计算域高度取 $H = 512$。两体相中的序参量分别设置为 $\phi_l = 0$ 和 $\phi_h = 1$,计算域的序参量可以通过以下方式进行初始化:

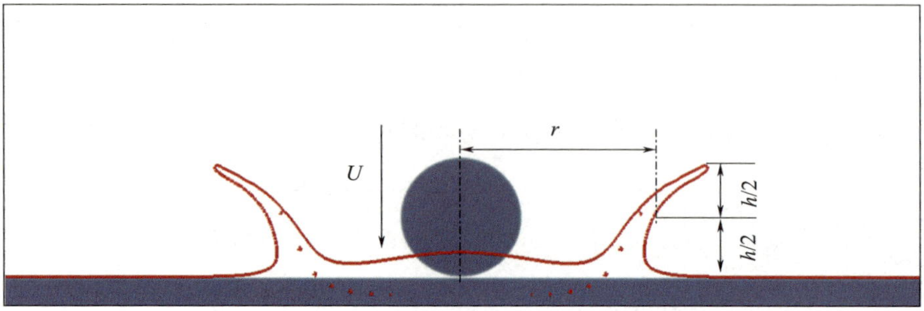

图 7-15　液滴撞击薄液膜示意图

表 7-5　液滴在薄液膜上飞溅的数值参数

工况	Re	We	λ_ρ	λ_μ	Pe^*	$Cn(W/H)$
1	20	8000	1000	1000	2.5	5/512
2	100	8000	1000	200	2.5	5/512

$$\phi(x,y)=\text{Maximum}\left\{0.5-0.5\tanh\left(\frac{2(y-h)}{W}\right),0.5-0.5\tanh\left(\frac{2(l-R_0)}{W}\right)\right\} \tag{7.32}$$

式中：$l=\sqrt{(x-x_0)^2+(y-y_0)^2}$。计算域两侧采用周期边界，上下两侧施加反弹边界。

图 7-16 展示了模型 A 在松弛时间取 $\tau_\phi=0.8$ 得到的界面演化。当 Re 较小时，液滴与液膜相互融合。随着 Re 的增加，流体的惯性力占主导地位，这导致液滴与液膜碰撞后发生飞溅。模型 A 预测的界面演化与参考文献[36,38]中给出的数值结果吻合良好，表明模型 A 适用于大密度比、较高 Re 数的两相流模拟。

进一步研究松弛时间对模拟结果的影响，松弛时间取 $\tau_\phi=1.2$ 和 $\tau_\phi=2.0$。对于工况 2，不同松弛时间下模型 A 预测的界面轮廓相互重合，在对数坐标系下图 7-17 所示为液滴铺展半径随时间的变化曲线，基于式(7.31)进行拟合，拟合参数 $\alpha=1.32$。模拟曲线与拟合曲线在 t^* 较小时存在一定的偏差，这可能是由于初始阶段铺展半径计算不准确导致的。

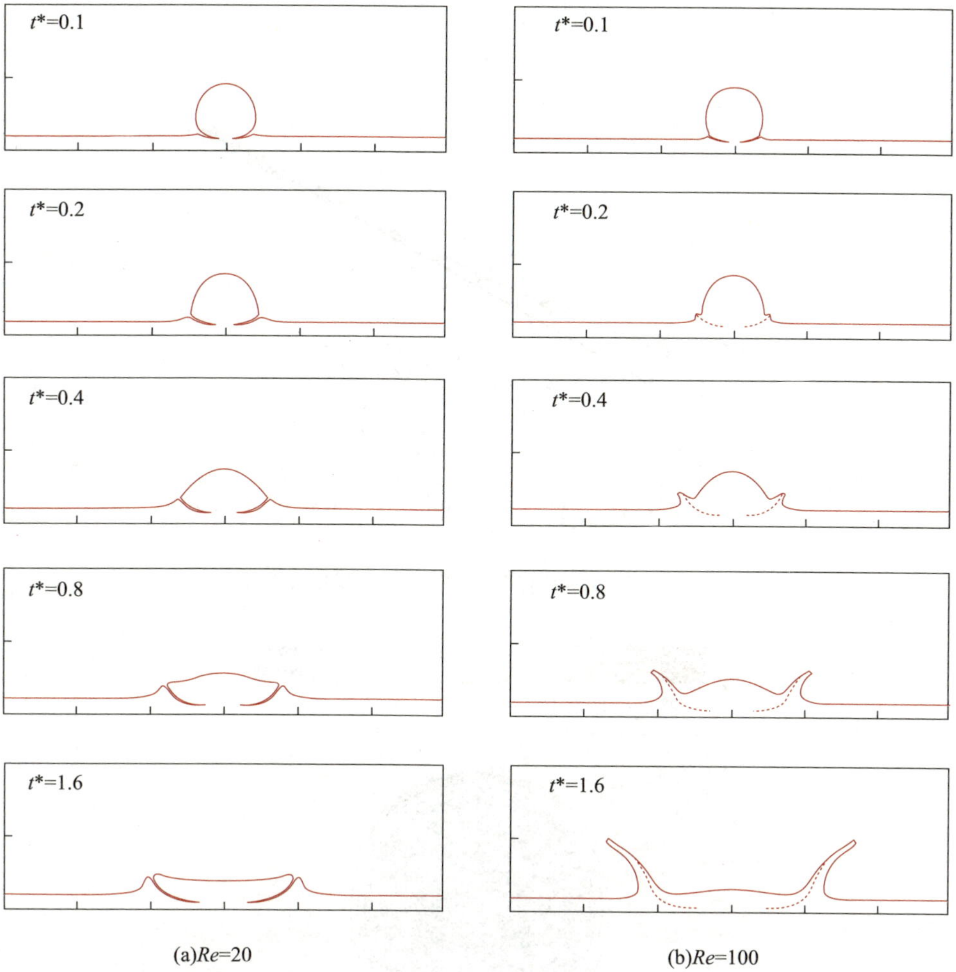

图 7-16　液滴撞击液膜的界面演化

当松弛时间取 $\tau_\phi > 1.4$ 时,模型 B 和模型 C 的计算程序发散。为了研究程序发散的根源,图 7-18 给出了模型 C 在发散前的序参量分布。在液滴顶部边缘附近,序参量的模拟结果小于其初始下界 ϕ_l;随着迭代步数增加,序参量极小值进一步减小;根据式(7.13),当序参量 $(\phi - \phi_l)/(\phi_h - \phi_l) < 1/(1 - \lambda_\rho)$ 时,相应的区域将会出现负密度,从而导致程序发散。上述分析表明,两相密度比越大,计算程序对序参量有界性要求越高。第 4 章中模型 A 在较大松弛时间范围内均能保持良好的序参量有界性,第 5 章中高阶修正的模型 C 在合适的参数取

值范围内满足序参量严格有界，因此，这两类模型在大密度比两相流模拟具有一定优势。

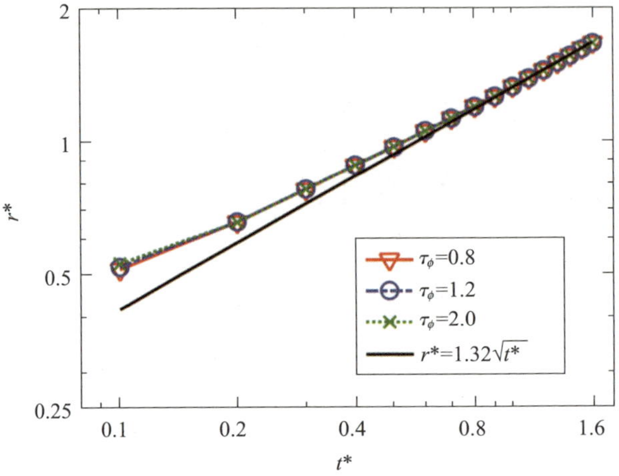

图 7-17　不同松弛时间下模型 A 的无量纲飞溅半径

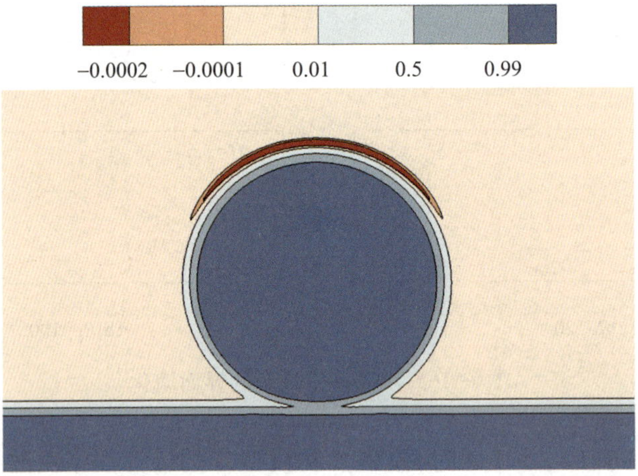

图 7-18　单松弛模型 C 在 170 次迭代后得到的序参量分布

在 $Re=100$ 的情况下，不同相场 LBE 模型的质量守恒特性如图 7-19 和表 7-6 所示。不同相场 LBE 格式中系统质量均存在细微的变化，这是由舍入误差累积导致的。当前模拟中分布函数采用 8 位浮点数表示，其舍入误差为 $O(10^{-16})$ 。系统质量需要对 9 个离散方向和整个计算区域上的分布函数求和，故每次迭代系统质量的舍入误差约为 $O(10^{-10})$ 。若系统初始质量为 $O(10^5)$ ，模拟时间为 $O(10^4)$，系统质量变化的舍入误差将累积至 $O(10^{-11})$，这与目前的数值结果相吻合。对于更长的模拟时间，如 $O(10^{10})$，则系统质量变化的舍入误差将累积至 $O(10^{-5})$，这意味着相场 LBE 模型在长时间数值模拟中依然具有良好的质量守恒特性。

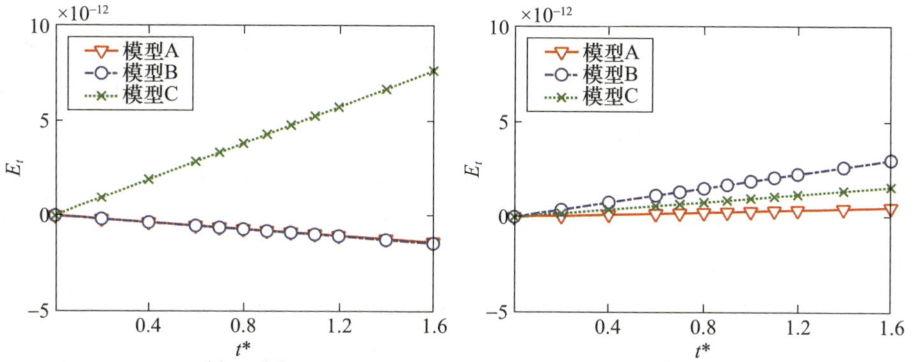

(a) τ_ϕ=0.8　　(b) τ_ϕ=1.2

图 7-19　系统质量的时间历程曲线

表 7-6　不同模型在 t^* =1.6 时的质量变化

τ_ϕ	模型 A	模型 B	模型 C
0.8	-1.36×10^{-12}	-1.42×10^{-12}	7.66×10^{-12}
1.2	5.17×10^{-13}	3.00×10^{-12}	1.58×10^{-12}
2.0	-2.59×10^{-12}	—	—

7.4　本章小结

本章基于压强演化的 LBE 模型求解纳维-斯托克斯方程，结合第 4~6 章介绍的基于守恒性 Allen-Cahn 方程的 LBE 模型，建立了相场格子玻尔兹曼两相流模型。基准算例表明，当前相场 LBE 两相流模型能够抑制相界面附近的伪流幅值，实现复杂的两相界面演化的追踪模拟。对于真实物理工况下的大密度比两相流，相场 LBE 模型与基于有限元方法的模拟结果吻合良好。

参考文献

[1] SWIFT M R,ORLANDINI E,OSBORN W R,et al. Lattice Boltzmann simulations of liquid-gas and binary fluid systems[J]. Physical Review E,1996,54(5):5041-5052.

[2] HE X Y,CHEN S Y,ZHANG R Y. A lattice Boltzmann scheme for incompressible multiphase flow and its application in simulation of Rayleigh-Taylor instability[J]. Journal of Computational Physics,1999,152(2):642-663.

[3] REN F,SONG B W,SUKOP M C,et al. Improved lattice Boltzmann modeling of binary flow based on the conservative Allen - Cahn equation [J]. Physical Review E, 2016, 94(2):023311.

[4] LI Q,LUO K H,GAO Y J,et al. Additional interfacial force in lattice Boltzmann models for incompressible multiphase flows[J]. Physical Review E,2012,85(2):026704.

[5] FAKHARI A,BOLSTER D,LUO L S. A weighted multiple-relaxation-time lattice Boltzmann method for multiphase flows and its application to partial coalescence cascades[J]. Journal of Computational Physics,2017,341:22-43.

[6] XU X C,HU Y W,DAI B,et al. Modified phase-field-based lattice Boltzmann model for incompressible multiphase flows[J]. Physical Review E,2021,104(3):035305.

[7] ZU Y Q,HE S. Phase-field-based lattice Boltzmann model for incompressible binary fluid systems with density and viscosity contrasts[J]. Physical Review E,2013,87(4):043301.

[8] FAKHARI A,MITCHELL T,LEONARDI C,et al. Improved locality of the phase-field lattice-Boltzmann model for immiscible fluids at high density ratios[J]. Physical Review E,2017,96(5):053301.

[9] WAGNER A J. The origin of spurious velocities in lattice Boltzmann[J]. International Journal of Modern Physics B,2003,17(1/2):193-196.

[10] SHAN X W. Analysis and reduction of the spurious current in a class of multiphase lattice Boltzmann models[J]. Physical Review E,2006,73(4):047701.

[11] LECLAIRE S,REGGIO M,TRÉPANIER J Y. Isotropic color gradient for simulating very high-density ratios with a two-phase flow lattice Boltzmann model[J]. Computers & Fluids,2011,48(1):98-112.

[12] SETA T,OKUI K. Effects of truncation error of derivative approximation for two-phase

lattice Boltzmann method[J]. Journal of Fluid Science and Technology, 2007, 2(1): 139-151.

[13] POOLEY C M, FURTADO K. Eliminating spurious velocities in the free-energy lattice Boltzmann method[J]. Physical Review E, 2008, 77(4): 046702.

[14] LEE T, FISCHER P F. Eliminating parasitic currents in the lattice Boltzmann equation method for nonideal gases[J]. Physical Review E, 2006, 74(4): 046709.

[15] GUO Z, ZHENG C, SHI B. Force imbalance in lattice Boltzmann equation for two-phase flows [J]. Physical Review E, 2011, 83(3): 036707.

[16] GUO Z L. Well-balanced lattice Boltzmann model for two-phase systems[J]. Physics of Fluids, 2021, 33(3): 031709.

[17] CONNINGTON K, LEE T. A review of spurious currents in the lattice Boltzmann method for multiphase flows[J]. Journal of Mechanical Science and Technology, 2012, 26(12): 3857-3863.

[18] LEE T, LIN C L. A stable discretization of the lattice Boltzmann equation for simulation of incompressible two-phase flows at high density ratio[J]. Journal of Computational Physics, 2005, 206(1): 16-47.

[19] LEE T, LIN C L. Pressure evolution lattice-Boltzmann-equation method for two-phase flow with phase change[J]. Physical Review E, 2003, 67(5): 056703.

[20] JAMET D, TORRES D, BRACKBILL J U. On the theory and computation of surface tension: The elimination of parasitic currents through energy conservation in the second-gradient method[J]. Journal of Computational Physics, 2002, 182(1): 262-276.

[21] FAKHARI A, RAHIMIAN M H. Phase-field modeling by the method of lattice Boltzmann equations[J]. Physical Review E, 2010, 81(3): 036707.

[22] DUPUY P M, FERNANDINO M, JAKOBSEN H A, et al. Using Cahn-Hilliard mobility to simulate coalescence dynamics[J]. Computers & Mathematics with Applications, 2010, 59 (7): 2246-2259.

[23] KIM J. A continuous surface tension force formulation for diffuse-interface models[J]. Journal of Computational Physics, 2005, 204(2): 784-804.

[24] HUANG H B, HUANG J J, LU X Y. A mass-conserving axisymmetric multiphase lattice Boltzmann method and its application in simulation of bubble rising[J]. Journal of Computational Physics, 2014, 269: 386-402.

[25] LOU Q, GUO Z L, SHI B C. Effects of force discretization on mass conservation in lattice Boltzmann equation for two-phase flows[J]. EPL, 2012, 99(6): 64005.

[26] GROSS M, MORADI N, ZIKOS G, et al. Shear stress in nonideal fluid lattice Boltzmann simulations[J]. Physical Review E, 2011, 83(1): 017701.

[27] CHIAPPINI D, BELLA G, SUCCI S, et al. Improved lattice Boltzmann without parasitic currents for Rayleigh-Taylor instability[J]. Communications in Computational Physics, 2010, 7(3): 423-444.

[28] YAN J L, LI S F, ZHANG A M, et al. Updated Lagrangian Particle Hydrodynamics(ULPH) modeling and simulation of multiphase flows[J]. Journal of Computational Physics, 2019, 393: 406-437.

[29] WANG Y, SHU C, HUANG H B, et al. Multiphase lattice Boltzmann flux solver for incompressible multiphase flows with large density ratio[J]. Journal of Computational Physics, 2015, 280: 404-423.

[30] MONAGHAN J J, RAFIEE A. A simple SPH algorithm for multi-fluid flow with high density ratios[J]. International Journal for Numerical Methods in Fluids, 2013, 71(5): 537-561.

[31] Zu Y Q, Li A D, Wei H. Phase-field lattice Boltzmann model for interface tracking of a binary fluid system based on the Allen-Cahn equation[J]. Physical Review E, 2020. 102(5-1): 053307.

[32] HYSING S R, TUREK S, KUZMIN D, et al. Quantitative benchmark computations of two-dimensional bubble dynamics[J]. International Journal for Numerical Methods in Fluids, 2009, 60(11): 1259-1288.

[33] ALAND S, VOIGT A. Benchmark computations of diffuse interface models for two-dimensional bubble dynamics[J]. International Journal for Numerical Methods in Fluids, 2012, 69(3): 747-761.

[34] ZHANG C H, GUO Z L, LI Y B. A fractional step lattice Boltzmann model for two-phase flow with large density differences[J]. International Journal of Heat and Mass Transfer, 2019, 138: 1128-1141.

[35] Safi M A, Prasianakis N, Turek S. Benchmark computations for 3D two-phase flows: A coupled lattice Boltzmann-level set study[J]. Computers & Mathematics with Applications, 2017. 73(3): 520-536.

[36] FAKHARI A, GEIER M, LEE T. A mass-conserving lattice Boltzmann method with dynamic grid refinement for immiscible two-phase flows[J]. Journal of Computational Physics, 2016, 315: 434-457.

[37] LIANG H, XU J R, CHEN J X, et al. Phase-field-based lattice Boltzmann modeling of large-density-ratio two-phase flows[J]. Physical Review E, 2017, 97(3): 033309.

[38] HAJABDOLLAHI F, PREMNATH K, WELCH S. Central moment lattice Boltzmann method using a pressure-based formulation for multiphase flows at high density ratios and including effects of surface tension and Marangoni stresses[J]. Journal of Computational Physics, 2021, 425(1): 109893.

8

轴对称相场格子玻尔兹曼两相流模型

第8章

轴对称相场格子玻尔兹曼两相流模型

本章是相场格子玻尔兹曼两相流模型在柱坐标系下的拓展,基于伪直角坐标系下的守恒型 Allen-Cahn 方程和纳维-斯托克斯方程,建立轴对称相场格子玻尔兹曼求解模型。通过引入关于密度和径向坐标的权系数,对目标动量方程进行改写,进一步构造得到轴对称流场 LBE 模型的一般形式,权系数的不同取值对应不同的轴对称 LBE 模型。最后对比研究了影响轴对称模型伪流分布的因素。

8.1 引 言

标准 LBE 模型是基于笛卡儿坐标系下均匀网格进行搭建的,对于轴对称情形,必须对模型进行特殊设计。现有的轴对称 LBE 模型可分为两类:一类是自顶向下模型[1-2],通过将柱坐标系下的控制方程改写成伪直角坐标系下的形式,相比于二维控制方程,多余项采用等效源项的形式添加到演化方程中,本书称为等效源项型轴对称模型。另一类是自底向上模型,由 Guo 等[3]基于柱坐标系下连续玻尔兹曼方程推导得到,它最显著的特点是分布函数中包含径向坐标,因而此类格子玻尔兹曼方程也称为半径加权型格子波尔兹曼方程(radius-weighted lattice Boltzmann equation, RW-LBE)。RW-LBE 模型中的离散源项较为简单,不含应力张量相关的非局部运算。Zhang 等[4]针对两类单相轴对称

LBE 模型开展了综合对比研究，结果表明 RW-LBE 模型在准确性和计算效率方面更有优势。

二维相场 LBE 多相流模型主要分为基于速度演化的 LBE 模型和基于压强演化的 LBE 模型，当其拓展到轴对称情形，将会产生 4 种可能的情况：基于压强演化的等效源项型 LBE 模型、基于压强演化的 RW-LBE 模型、基于速度演化的等效源项型 LBE 模型和基于速度演化的 RW-LBE 模型。本章考虑了这 4 种轴对称模型并提出了轴对称相场 LBE 统一格式。同二维两相流模型一样，伪流抑制也是考察轴对称两相流模型性能的重点。由于轴对称模型中通常包含更加复杂的等效源项，离散形式的力平衡条件更加苛刻，将会产生比二维模型更大幅值的伪速度场。本章以基于压强演化的等效源项型 LBE 模型和基于压强演化的 RW-LBE 模型为例，探究影响伪流分布的不同因素，包括界面厚度、迁移率、两相密度比和黏性系数插值格式。

8.2　轴对称两相流宏观方程

联立求解柱坐标系下的相场方程和纳维-斯托克斯方程可实现轴对称两相流模拟。其中，守恒型 Allen-Cahn 方程在伪直角坐标系 (r,z) 下可表示为[5]

$$\partial_t\phi + \partial_\alpha(\phi u_\alpha) + \frac{\phi u_r}{r} = \partial_\alpha[M_\phi(\partial_\alpha\phi - \theta n_\alpha)] + \frac{M_\phi}{r}(\partial_r\phi - \theta n_r) \tag{8.1}$$

式中：M_ϕ 为迁移率；希腊字母下标满足爱因斯坦（Einstein）约定求和规则，在 $[r,z]$ 中取值。序参量 ϕ 在两相中分别取 ϕ_h 和 $\phi_l(\phi_h > \phi_l)$，相界面由 $\phi_0 = (\phi_h + \phi_l)/2$ 确定。界面单位法向量可表示为 $\boldsymbol{n} = \dfrac{\nabla\phi}{|\nabla\phi|}$，其中 $\nabla\phi$ 为序参量梯度，$\nabla\phi = (\partial_r\phi, \partial_z\phi)$。当界面达到平衡状态时，序参量分布满足双曲正切轮廓，即

$$\phi^{eq}(\xi) = \frac{\phi_h + \phi_l}{2} + \frac{\phi_h - \phi_l}{2}\tanh\left(\frac{2\xi}{W}\right) \tag{8.2}$$

式中：W 为界面厚度，局部坐标系 ξ 垂直于界面，坐标原点 $(\xi = 0)$ 位于界面上。平衡态时序参量的梯度表示为 θ，即 $\theta = |\nabla\phi^{eq}|$，由式(8.2)得

$$\theta = \left|\frac{d\phi^{eq}}{d\xi}\right| = \frac{4(\phi - \phi_h)(\phi - \phi_l)}{W(\phi_l - \phi_h)} \tag{8.3}$$

柱坐标系下化学势 μ_ϕ 的表达式为

$$\mu_\phi = 4\beta(\phi - \phi_1)(\phi - \phi_h)(\phi - \phi_0) - k(\partial_{\beta\beta}\phi + \partial_r\phi/r) \tag{8.4}$$

式中：β 和 k 与表面张力 σ 和界面厚度 W 有关，满足：

$$\beta = \frac{12\sigma}{|\phi_h - \phi_1|^4 W}, \quad k = \frac{3}{2|\phi_h - \phi_1|^2} W\sigma \tag{8.5}$$

需要指出的是，参考文献[6]中有关 θ 、β 和 k 的表达式仅在 $\phi_h = 1$ 和 $\phi_1 = 0$ 条件下成立。

柱坐标系下的连续性方程和纳维-斯托克斯方程可以整理成半径加权型宏观方程形式[5]：

$$\partial_\beta(ru_\beta) = 0 \tag{8.6a}$$

$$\begin{aligned} r\rho(\partial_t u_\alpha + u_\beta\partial_\beta u_\alpha) = & -\partial_\alpha(rp) + \partial_\beta[r\nu\rho(\partial_\beta u_\alpha + \partial_\alpha u_\beta)] \\ & + r(F_{b\alpha} + F_{s\alpha}) + \left(p - \frac{2\rho\nu}{r}u_r\right)\delta_{\alpha r} \end{aligned} \tag{8.6b}$$

式中：ρ 、p 和 ν 分别为密度，压强和运动学黏度。F_b 为体积力；表面张力 $\boldsymbol{F}_s$ 可以有不同的表达形式，详情参考第 7 章的讨论。这里采用 $\boldsymbol{F}_s = \mu_\phi \nabla\phi$ ，其算法植入相对简单，涉及的非局部项仅有 $\partial_\alpha\phi$ 和 $\partial_{\beta\beta}\phi$ 。

8.3 轴对称相场的 LBE 模型

8.3.1 等效源项型 LBE 模型

轴对称 Allen-Cahn 方程在伪直角坐标系 (r,z) 下可以表示为[5]

$$\partial_t\phi + \partial_\alpha(\phi u_\alpha) + \frac{\phi u_r}{r} = \partial_\alpha[M_\phi(\partial_\alpha\phi - \theta n_\alpha)] + \frac{M_\phi}{r}(\partial_r\phi - \theta n_r) \tag{8.7}$$

考虑到界面移动过程中序参量始终保持准平衡状态，$M_\phi(\partial_r\phi - \theta n_r)/r$ 理论上是高阶小量，因此方程(8.7)中最后一项可忽略，序参量演化方程可以改写为

$$\partial_t\phi + \partial_\alpha(\phi u_\alpha) = \partial_\alpha[M_\phi(\partial_\alpha\phi - \theta n_\alpha)] - \frac{\phi u_r}{r} \tag{8.8}$$

序参量的格子玻尔兹曼方程可以设计为

$$h_i(\boldsymbol{x}+\boldsymbol{e}_i\delta_t,t+\delta_t)-h_i(\boldsymbol{x},t)=-\frac{h_i(\boldsymbol{x},t)-h_i^{\mathrm{eq}}(\boldsymbol{x},t)}{\tau_\phi}+\left(1-\frac{1}{2\tau_\phi}\right)\delta_t R_i(\boldsymbol{x},t) \tag{8.9}$$

式中：松弛时间 τ_ϕ 由迁移率决定，$M_\phi=(\tau_\phi-0.5)c_s^2\delta_t$。在 D2Q9 格子模型中，声速定义为 $c_s=c/\sqrt{3}$，其中 c 是网格步长 δ_x 与时间步长 δ_t 的比值。平衡分布函数为

$$h_i^{\mathrm{eq}}=w_i\phi\left(1+\frac{\boldsymbol{e}_i\cdot\boldsymbol{u}}{c_s^2}\right) \tag{8.10}$$

格子速度矢量 $\boldsymbol{e}_i=(e_{ir},e_{iz})$ 表示为

$$\boldsymbol{e}=c\begin{bmatrix}0 & 1 & 0 & -1 & 0 & 1 & -1 & -1 & 1\\ 0 & 0 & 1 & 0 & -1 & 1 & 1 & -1 & -1\end{bmatrix} \tag{8.11}$$

相应的权系数分别为 $w_0=4/9$，$w_{1\sim4}=1/9$ 和 $w_{5\sim8}=1/36$。由于轴对称相场方程(8.8)相较于对流扩散方程存在多余项，多余项在这里按源项进行处理：

$$R_i=w_ie_{i\alpha}\left[\theta n_\alpha+\frac{\partial_t(\phi u_\alpha)}{c_s^2}\right]-w_i\frac{\phi u_r}{r} \tag{8.12}$$

按照标准的碰撞步-迁移步进行迭代，宏观序参量可由分布函数求矩得

$$\phi=\frac{\sum_i h_i}{1+0.5\delta_t u_r/r} \tag{8.13}$$

宏观密度 ρ 可由两相密度 ρ_h 和 ρ_l 线性插值得

$$\rho=\frac{\phi-\phi_l}{\phi_h-\phi_l}(\rho_h-\rho_l)+\rho_l \tag{8.14}$$

基于守恒型 Allen-Cahn 方程的二维模型[7-8]与当前轴对称模型在形式上非常相似。区别在于，式(8.12)和式(8.13)包含附加项 u_r/r，当由二维模型拓展成轴对称模型时，只需对这两处作简单修改即可，程序通用性较强。当速度场为零时，当前轴对称模型和二维模型完全相同，因此与二维模型一样，能够保证模型的质量守恒。当考虑流体对流时，下面开展模型的准确性和守恒性验证。

8.3.2　模型验证

类比二维剪切流中的界面测试[9]，这里设计了一个轴对称界面追踪基准算

例。在柱腔计算域 $N_R = N_Z = 512$ 中，半径为 100 的球状气泡位于(256,256)处，外加流场由流函数方程给出，即

$$\psi = \frac{U}{n\pi}[r^2\sin(n\pi r)\cos(n\pi z)]\cos\frac{\pi t}{T} \tag{8.15}$$

相应地，可由 $u = \frac{1}{r}\frac{\partial\psi}{\partial z}$ 和 $v = -\frac{1}{r}\frac{\partial\psi}{\partial r}$ 得到速度分布，即

$$\begin{bmatrix} u \\ v \end{bmatrix} = -U\begin{bmatrix} r\sin(n\pi r) \times \sin(n\pi z) \\ \left(\frac{2\sin(n\pi r)}{n\pi} + r\cos(n\pi r)\right) \times \cos(n\pi z) \end{bmatrix}\cos\frac{\pi t}{T} \tag{8.16}$$

式中：$T = 1.25N_R/U$。其他参数设置为：$n = 4$、$U = 0.01$、$W = 4$、$M_\phi = 0.005$。左右两侧为对称边界，在竖直方向上设定为周期性边界。一个周期 T 内的相界面演化如图 8-1 所示，其中计算域按 N_R 进行无量纲化。在前半周期，相界面发生拉伸和剪切变形，并在 $t = T/2$ 时变形最大；随后，相界面朝相反的方向运动，并在一个周期时刻返回其初始状态。与二维剪切流中界面演化行为不同，轴对称算例中相界面的对称性遭到破坏。在图 8-1(h)中，一个周期后的相界面轮廓与其初始状态(用红线表示)吻合良好，序参量的相对误差为 6.91×10^{-4}，气泡体积的相对变化为 -2.05×10^{-5}。因此，基于轴对称 Allen-Cahn 方程的 LBE 修正模型不仅能够获得稳定而精确的界面，而且能够保证质量守恒。

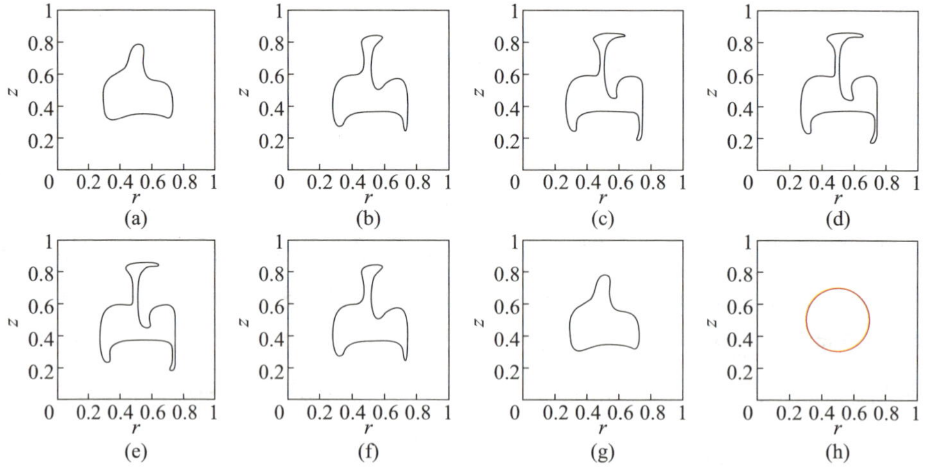

图 8-1　单周期内相界面演化，时间间隔为 $T/8$

8.4　轴对称流场 LBE 模型统一格式

多相流体流动的连续性方程和纳维-斯托克斯方程分别为

$$\nabla \cdot \boldsymbol{u} = 0 \tag{8.17a}$$

$$\frac{\partial(\rho \boldsymbol{u})}{\partial t} + \nabla \cdot (\rho \boldsymbol{u}\boldsymbol{u}) = -\nabla p + \nabla \cdot [\nu\rho(\nabla \boldsymbol{u} + (\nabla \boldsymbol{u})^{\mathrm{T}})] + \boldsymbol{F}_{\mathrm{s}} + \boldsymbol{F}_{\mathrm{b}} \tag{8.17b}$$

在伪直角坐标系下，式(8.17)可改写成适合 LBE 模型求解的一般形式：

$$\tilde{\nabla} \cdot (\eta_r \rho \boldsymbol{u}) = r\boldsymbol{u} \cdot \tilde{\nabla}\left(\frac{\eta_r \rho}{r}\right) \tag{8.18a}$$

$$\begin{aligned}\frac{\partial \eta_r \rho \boldsymbol{u}}{\partial t} + \tilde{\nabla} \cdot (\eta_r \rho \boldsymbol{u}\boldsymbol{u}) = & -\tilde{\nabla}(\eta_r p) + \tilde{\nabla} \cdot [\eta_r \rho\nu(\tilde{\nabla}\boldsymbol{u} + \boldsymbol{u}\tilde{\nabla})] \\ & + \eta_r(\boldsymbol{F}_{\mathrm{b}} + \boldsymbol{F}_{\mathrm{s}} + \boldsymbol{F}_{ex}) \\ & + [p\boldsymbol{I} - \rho\nu(\tilde{\nabla}\boldsymbol{u} + \boldsymbol{u}\tilde{\nabla})] \cdot \tilde{\nabla}\eta_r \\ & + \left[\frac{\eta_r \rho\nu(\tilde{\nabla}\boldsymbol{u} + \boldsymbol{u}\tilde{\nabla})}{r} - \frac{2\eta_r \rho\nu u_r}{r^2}\boldsymbol{I}\right] \cdot \tilde{\nabla} r\end{aligned} \tag{8.18b}$$

这里 $\tilde{\nabla} = (\partial_r, \partial_z)$ 为伪直角坐标系下的算子，计算法则同二维直角坐标系下的 ∇ 算子。$\eta_r(\rho, r)$ 是关于径向坐标 r 和密度 ρ 的函数，其梯度可以展开成如下形式：

$$\tilde{\nabla}\eta_r = \frac{\partial \eta_r}{\partial \rho}\tilde{\nabla}\rho + \frac{\partial \eta_r}{\partial r}\tilde{\nabla} r$$

将上式代入式(8.18b)，方程最后两项可以整理为

$$\begin{aligned}& [p\boldsymbol{I} - p\nu(\tilde{\nabla}\boldsymbol{u} + \boldsymbol{u}\tilde{\nabla})] \cdot \tilde{\nabla}\eta_r + \left[\frac{\eta_r\rho\nu(\tilde{\nabla}\boldsymbol{u} + \boldsymbol{u}\tilde{\nabla})}{r} - \frac{2\eta_r\rho\nu u_r}{r^2}\boldsymbol{I}\right] \cdot \tilde{\nabla} r \\ & = \frac{\partial \eta_r}{\partial \rho}[p\boldsymbol{I} - \rho\nu(\tilde{\nabla}\boldsymbol{u} + \boldsymbol{u}\tilde{\nabla})] \cdot \tilde{\nabla}\rho \\ & \quad + \left[\left(\frac{\eta_r}{r} - \frac{\partial \eta_r}{\partial r}\right)\rho\nu(\tilde{\nabla}\boldsymbol{u} + \boldsymbol{u}\tilde{\nabla}) + \left(\frac{\partial \eta_r}{\partial r}p - \frac{2\eta_r\rho u_r}{r^2}\right)\boldsymbol{I}\right] \cdot \tilde{\nabla} r\end{aligned} \tag{8.19}$$

因此，宏观方程可以表示为

$$\widetilde{\boldsymbol{\nabla}}\cdot(\eta_r\rho\boldsymbol{u}) = q_m \tag{8.20a}$$

$$\frac{\partial\eta_r\rho\boldsymbol{u}}{\partial t} + \widetilde{\boldsymbol{\nabla}}\cdot(\eta_r\rho\boldsymbol{u}\boldsymbol{u}) = -\widetilde{\boldsymbol{\nabla}}(\eta_r p) + \widetilde{\boldsymbol{\nabla}}\cdot[\eta_r\rho\nu(\widetilde{\boldsymbol{\nabla}}\boldsymbol{u} + \boldsymbol{u}\widetilde{\boldsymbol{\nabla}})] + \eta_r\boldsymbol{F} \tag{8.20b}$$

式中:等效源项为

$$q_m = r\boldsymbol{u}\cdot\widetilde{\boldsymbol{\nabla}}\left(\frac{\eta_r\rho}{r}\right) \tag{8.21}$$

等效合外力项包括 5 部分:$\boldsymbol{F} = \boldsymbol{F}_{\mathrm{b}} + \boldsymbol{F}_{\mathrm{s}} + \boldsymbol{F}_{\rho} + \boldsymbol{F}_{ex} + \boldsymbol{F}_{Dr}$,后三项是由于轴对称效应和引入 $\eta_r(\rho,r)$ 所产生的,其表达式分别为

$$\boldsymbol{F}_{ex} = \frac{1}{\eta_r}\left[\frac{\partial\eta_r\rho}{\partial t} + \widetilde{\boldsymbol{\nabla}}\cdot(\eta_r\rho\boldsymbol{u})\right]\boldsymbol{u} = \frac{1}{\eta_r}\left[\frac{\partial\eta_r\rho}{\partial t} + \boldsymbol{u}\cdot\widetilde{\boldsymbol{\nabla}}(\eta_r\rho) - \frac{\eta_r\rho u_r}{r}\right]\boldsymbol{u} \tag{8.22}$$

$$F_{\rho} = \frac{\partial\eta_r}{\eta_r\partial\rho}[p\boldsymbol{I} - \rho\nu(\widetilde{\boldsymbol{\nabla}}\boldsymbol{u} + \boldsymbol{u}\widetilde{\boldsymbol{\nabla}})]\cdot\widetilde{\boldsymbol{\nabla}}\rho \tag{8.23}$$

$$\boldsymbol{F}_{Dr} = \left[\left(\frac{1}{r} - \frac{\partial\eta_r}{\eta_r\partial r}\right)\rho\nu(\widetilde{\boldsymbol{\nabla}}\boldsymbol{u} + \boldsymbol{u}\widetilde{\boldsymbol{\nabla}}) + \left(\frac{\partial\eta_r}{\eta_r\partial r}p - \frac{2\rho\nu u_r}{r^2}\right)\boldsymbol{I}\right]\cdot\widetilde{\boldsymbol{\nabla}}r \tag{8.24}$$

针对式(8.20a)和式(8.20b),设计构造轴对称 LBE 统一格式。引入分布函数 g_i,对应的演化方程表示为

$$g_i(\boldsymbol{x} + \boldsymbol{e}_i\delta_t, t + \delta_t) - g_i(\boldsymbol{x},t) = -\frac{g_i - g_i^{\mathrm{eq}}}{\tau_g} + \delta_t\left(1 - \frac{1}{2\tau_g}\right)G_i \tag{8.25}$$

式中:松弛时间由 $\nu = (\tau_g - 0.5)c_{\mathrm{s}}^2\delta_t$ 确定,平衡分布函数计为

$$g_i^{\mathrm{eq}} = w_i\eta_r\frac{p}{c_{\mathrm{s}}^2} + \rho\eta_r(\Gamma_i(\boldsymbol{u}) - \Gamma_i(0)) \tag{8.26}$$

$$\Gamma_i(\boldsymbol{u}) = w_i\left[1 + \frac{\boldsymbol{e}_i\cdot\boldsymbol{u}}{c_{\mathrm{s}}^2} + \frac{(\boldsymbol{e}_i\cdot\boldsymbol{u})^2}{2c_{\mathrm{s}}^4} - \frac{\boldsymbol{u}\cdot\boldsymbol{u}}{2c_{\mathrm{s}}^2}\right] \tag{8.27}$$

平衡分布函数各阶矩如下:

$$\begin{cases}\sum g_i^{\mathrm{eq}} = \dfrac{\eta_r p}{c_{\mathrm{s}}^2}\\ \sum \boldsymbol{e}_i g_i^{\mathrm{eq}} = \eta_r\rho\boldsymbol{u}\\ \sum \boldsymbol{e}_i\boldsymbol{e}_i g_i^{\mathrm{eq}} = \eta_r p\boldsymbol{I} + \eta_r\rho\boldsymbol{u}\boldsymbol{u}\end{cases} \tag{8.28}$$

源项可以设计成如下一般形式：

$$G_i = \frac{\Gamma_i(\boldsymbol{e}_i - \boldsymbol{u}) \cdot \eta_r \boldsymbol{F}}{c_s^2} + \frac{s_i(\boldsymbol{e}_i - \boldsymbol{u}) \cdot \boldsymbol{E}_1}{c_s^2} + w_i \frac{\boldsymbol{E}_2 \boldsymbol{u} : (\boldsymbol{e}_i \boldsymbol{e}_i - c_s^2 \boldsymbol{I})}{c_s^4} + w_i q_{m1} \tag{8.29}$$

式中：

$$s_i(\boldsymbol{u}) = w_i \left[\frac{\boldsymbol{e}_i \cdot \boldsymbol{u}}{c_s^2} + \frac{(\boldsymbol{e}_i \cdot \boldsymbol{u})^2}{2c_s^4} - \frac{\boldsymbol{u} \cdot \boldsymbol{u}}{2c_s^2} \right] \tag{8.30}$$

源项中不同项的各阶矩如表 8-1 所列。

表 8-1　离散源项的各阶矩

n 阶矩	$\frac{\Gamma_i(\boldsymbol{e}_i - \boldsymbol{u}) \cdot \eta_r \boldsymbol{F}}{c_s^2}$	$\frac{s_i(\boldsymbol{e}_i - \boldsymbol{u}) \cdot \boldsymbol{E}_1}{c_s^2}$	$w_i \frac{\boldsymbol{E}_2 \boldsymbol{u} : (\boldsymbol{e}_i \boldsymbol{e}_i - c_s^2 \boldsymbol{I})}{c_s^4}$	$w_i q_{m1}$
0	0	$\frac{\boldsymbol{u} \cdot \boldsymbol{E}_1}{c_s^2}$	0	q_{m1}
1	$\eta_r \boldsymbol{F}$	0	0	0
2	$\eta_r(\boldsymbol{F}\boldsymbol{u} + \boldsymbol{u}\boldsymbol{F})$	$\boldsymbol{E}_1 \boldsymbol{u} + \boldsymbol{u} \boldsymbol{E}_1 + \boldsymbol{u} \cdot \boldsymbol{E}_1 \boldsymbol{I}$	$\boldsymbol{E}_2 \boldsymbol{u} + \boldsymbol{u} \boldsymbol{E}_2$	$q_{m1} c_s^2 \boldsymbol{I}$

查表 8-1 计算得到源项的各阶矩分别为

$$\sum G_i = \frac{\boldsymbol{u} \cdot \boldsymbol{E}_1}{c_s^2} + q_{m1} \tag{8.31a}$$

$$\sum \boldsymbol{e}_i G_i = \eta_r \boldsymbol{F} \tag{8.31b}$$

$$\Lambda = \sum \boldsymbol{e}_i \boldsymbol{e}_i G_i = [\eta_r \boldsymbol{F} + \boldsymbol{E}_1 + \boldsymbol{E}_2] \boldsymbol{u} + \boldsymbol{u} [\eta_r \boldsymbol{F} + \boldsymbol{E}_1 + \boldsymbol{E}_2] + (\boldsymbol{u} \cdot \boldsymbol{E}_1 + c_s^2 q_{m1}) \boldsymbol{I} \tag{8.31c}$$

宏观量求解表达式为

$$\frac{\eta_r p}{c_s^2} = \sum g_i + \frac{\delta_t}{2} q_m \tag{8.32}$$

$$\boldsymbol{u} = \frac{\sum \boldsymbol{e}_i g_i}{\eta_r \rho} + \frac{\delta_t}{2\rho} \boldsymbol{F} \tag{8.33}$$

基于 Chapman-Enskog 多尺度分析，为了准确恢复得到二阶尺度上的宏观方程，需要满足

$$\frac{\boldsymbol{u}\cdot\boldsymbol{E}_1}{c_s^2}+q_{m1}=q_m \tag{8.34}$$

$$\boldsymbol{E}_1+\boldsymbol{E}_2=-\tilde{\boldsymbol{\nabla}}(\eta_r p-\eta_r\rho c_s^2) \tag{8.35}$$

式中：$\boldsymbol{E}_1$、$\boldsymbol{E}_2$ 和 q_{m1} 可以有不同的选择方案，如 $\boldsymbol{E}_1=0$，$\boldsymbol{E}_2=-\tilde{\boldsymbol{\nabla}}(\eta_r p-\eta_r\rho c_s^2)$，$q_{m1}=q_m$。一旦确定 η_r，即完成轴对称 LBE 模型的搭建。下面介绍不同 η_r 取值对应的轴对称 LBE 模型。

8.4.1 轴对称模型 A

当 $\eta_r=1$ 时，控制方程在伪直角坐标系下可以表示为

$$\tilde{\boldsymbol{\nabla}}\cdot(\rho\boldsymbol{u})=\boldsymbol{u}\cdot\tilde{\boldsymbol{\nabla}}\rho-\frac{\rho u_r}{r} \tag{8.36a}$$

$$\partial_t(\rho\boldsymbol{u})+\tilde{\boldsymbol{\nabla}}\cdot(\rho\boldsymbol{u}\boldsymbol{u})=-\tilde{\boldsymbol{\nabla}}p+\tilde{\boldsymbol{\nabla}}\cdot[\rho\nu(\tilde{\boldsymbol{\nabla}}\boldsymbol{u}+\boldsymbol{u}\tilde{\boldsymbol{\nabla}})]+\boldsymbol{F} \tag{8.36b}$$

式中：等效作用力项为

$$\boldsymbol{F}=\boldsymbol{F}_s+\boldsymbol{F}_b+\left(\vartheta-\frac{\rho u_r}{r}\right)\boldsymbol{u}+\left[\frac{\rho\nu(\tilde{\boldsymbol{\nabla}}\boldsymbol{u}+\boldsymbol{u}\tilde{\boldsymbol{\nabla}})}{r}-\frac{2\rho\nu u_r}{r^2}\boldsymbol{I}\right]\cdot\tilde{\boldsymbol{\nabla}}r \tag{8.37}$$

式中：$\vartheta=\partial_t\rho+\boldsymbol{u}\cdot\tilde{\boldsymbol{\nabla}}\rho$ 可通过相场方程得到，当采用 Cahn-Hilliard 方程时，有

$$\vartheta=\frac{\mathrm{d}\rho}{\mathrm{d}\phi}\left[\tilde{\boldsymbol{\nabla}}\cdot(M_\phi\tilde{\boldsymbol{\nabla}}\mu_\phi)+\frac{M_\phi\partial_r\mu_\phi}{r}\right] \tag{8.38}$$

当采用守恒型 Allen-Cahn 方程时，有

$$\vartheta=\frac{\mathrm{d}\rho}{\mathrm{d}\phi}\left[\tilde{\boldsymbol{\nabla}}\cdot(M_\phi\tilde{\boldsymbol{\nabla}}\phi-M_\phi\theta\boldsymbol{n})+\frac{M_\phi\partial_r\phi}{r}-\frac{M_\phi\theta n_r\phi}{r}\right] \tag{8.39}$$

考虑到序参量处于准平衡态，ϑ 的影响通常可以忽略不计。

针对式(8.36a)和式(8.36b)，轴对称流场的格子玻尔兹曼模型设计为[10-13]

$$g_i(\boldsymbol{x}+\boldsymbol{e}_i\delta_t,t+\delta_t)-g_i(\boldsymbol{x},t)=-\frac{g_i-g_i^{\mathrm{eq}}}{\tau_g}+\delta_t\left(1-\frac{1}{2\tau_g}\right)G_i \tag{8.40}$$

式中：平衡分布函数和离散源项分别为

$$g_i^{\mathrm{eq}}=w_i\frac{p}{c_s^2}+\rho s_i(\boldsymbol{u}) \tag{8.41}$$

$$G_i = \frac{\Gamma_i(\boldsymbol{e}_i - \boldsymbol{u}) \cdot \boldsymbol{F}}{c_s^2} + s_i(\boldsymbol{e}_i - \boldsymbol{u}) \cdot \tilde{\boldsymbol{\nabla}}\rho - w_i \frac{\rho u_r}{r} \tag{8.42}$$

宏观量求解表达式为

$$p = \sum g_i + \frac{\delta_t}{2}\left(c_s^2 \boldsymbol{u} \cdot \tilde{\boldsymbol{\nabla}}\rho - \frac{\rho u_r}{r}\right) \tag{8.43}$$

$$\boldsymbol{u} = \frac{\sum \boldsymbol{e}_i g_i}{\rho} + \frac{\delta_t}{2\rho}\boldsymbol{F} \tag{8.44}$$

松弛时间与黏性系数的关系满足：

$$\nu = (\tau_g - 0.5)\, c_s^2 \delta_t \tag{8.45}$$

界面区域的黏性系数可以通过两相黏性系数插值求得

$$\nu = \frac{\phi - \phi_l}{\phi_h - \phi_l}(\nu_h - \nu_l) + \nu_l \tag{8.46}$$

在离散作用力项以及宏观量表达式中,空间导数采用各向同性差分格式进行计算[14]。为了改善模型的局部性,作用力项中的应变率张量可基于非平衡分布求矩得到。Li 等[1]提出一种改进的轴对称计算模型,即

$$g_i(\boldsymbol{x} + \boldsymbol{e}_i\delta_t, t + \delta_t) - g_i(\boldsymbol{x}, t) = -\omega_g(g_i - g_i^{eq}) + \delta_t\left(1 - \frac{\omega_g}{2}\right) G_i \tag{8.47}$$

与应变率张量相关的作用力项被纳入到碰撞算子中,松弛参数改写为与迁移方向有关的形式：

$$\omega_g = \left(1 + \frac{(\tau_g - 0.5)\, e_{ir}}{r}\right)\frac{1}{\tau_g} \tag{8.48}$$

此时,离散源项和宏观量计算表达式中的等效作用力项为

$$\boldsymbol{F} = \boldsymbol{F}_s + \boldsymbol{F}_b + \left(\vartheta - \frac{\rho u_r}{r}\right)\boldsymbol{u} - \frac{2\rho\nu u_r}{r^2}\tilde{\boldsymbol{\nabla}} r \tag{8.49}$$

8.4.2　轴对称模型 B

当 $\eta_r = r$ 时,得到半径加权型动量演化方程[15]：

$$\tilde{\boldsymbol{\nabla}} \cdot (r\rho\boldsymbol{u}) = r\boldsymbol{u} \cdot \tilde{\boldsymbol{\nabla}}\rho \tag{8.50a}$$

$$\frac{\partial r\rho\boldsymbol{u}}{\partial t} + \tilde{\boldsymbol{\nabla}} \cdot (r\rho\boldsymbol{u}\boldsymbol{u}) = -\tilde{\boldsymbol{\nabla}}(rp) + \tilde{\boldsymbol{\nabla}} \cdot [r\rho\nu(\tilde{\boldsymbol{\nabla}}\boldsymbol{u} + \boldsymbol{u}\tilde{\boldsymbol{\nabla}})] + r\boldsymbol{F} \tag{8.50b}$$

式中：等效作用力项化简为

$$\boldsymbol{F}=\boldsymbol{F}_{\mathrm{s}}+\boldsymbol{F}_{\mathrm{b}}+\vartheta\boldsymbol{u}+\frac{rp-2\rho\nu u_r}{r^2}\widetilde{\boldsymbol{\nabla}}r \tag{8.51}$$

针对式(8.50a)和式(8.50b)，构造如下形式的轴对称格子玻尔兹曼模型：

$$g_i(\boldsymbol{x}+\boldsymbol{e}_i\delta_t,t+\delta_t)-g_i(\boldsymbol{x},t)=-\frac{g_i-g_i^{\mathrm{eq}}}{\tau_g}+\delta_t\left(1-\frac{1}{2\tau_g}\right)G_i \tag{8.52}$$

式中：平衡分布函数和离散源项分别为

$$g_i^{\mathrm{eq}}=r\left(w_i\frac{p}{c_{\mathrm{s}}^2}+\rho s_i(\boldsymbol{u})\right) \tag{8.53}$$

$$G_i=\frac{\Gamma_i(\boldsymbol{e}_i-\boldsymbol{u})\cdot r\boldsymbol{F}}{c_{\mathrm{s}}^2}+s_i(\boldsymbol{e}_i-\boldsymbol{u})\cdot r\widetilde{\boldsymbol{\nabla}}\rho+w_i\frac{(\rho c_{\mathrm{s}}^2-p)\,\boldsymbol{u}\widetilde{\boldsymbol{\nabla}}r:(\boldsymbol{e}_i\boldsymbol{e}_i-c_{\mathrm{s}}^2\boldsymbol{I})}{c_{\mathrm{s}}^4} \tag{8.54}$$

由于平衡分布函数与径向坐标有关，这类轴对称模型称为径向加权型轴对称模型。宏观量求解表达式为

$$\frac{rp}{c_{\mathrm{s}}^2}=\sum g_i+\frac{\delta_t}{2}r\boldsymbol{u}\cdot\widetilde{\boldsymbol{\nabla}}\rho \tag{8.55}$$

$$\boldsymbol{u}=\frac{\sum\boldsymbol{e}_i g_i}{r\rho}+\frac{\delta_t}{2\rho}\boldsymbol{F} \tag{8.56}$$

式中：$\boldsymbol{F}$ 包含速度相关项，整理方程(8.56)可以得到速度的显式求解表达式为

$$u_\alpha=\frac{\sum_i e_{i\alpha}g_i+0.5\delta_t r(F_{\mathrm{s}\alpha}+F_{\mathrm{b}\alpha})+0.5\delta_t p\delta_{\alpha r}}{r\rho+\delta_t r^{-1}\nu\rho_0\delta_{\alpha r}-0.5\delta_t\vartheta} \tag{8.57}$$

注意到式(8.55)和式(8.57)中压强和速度相互耦合，可采用预测-修正算法更新宏观量[16]。

8.4.3 轴对称模型 C

当 $\eta_r=1/\rho$ 时，控制方程化简为

$$\widetilde{\boldsymbol{\nabla}}\cdot\boldsymbol{u}=-\frac{u_r}{r} \tag{8.58a}$$

$$\frac{\partial\boldsymbol{u}}{\partial t}+\widetilde{\boldsymbol{\nabla}}\cdot(\boldsymbol{u}\boldsymbol{u})=-\widetilde{\boldsymbol{\nabla}}\left(\frac{p}{\rho}\right)+\widetilde{\boldsymbol{\nabla}}\cdot[\nu(\widetilde{\boldsymbol{\nabla}}\boldsymbol{u}+\boldsymbol{u}\widetilde{\boldsymbol{\nabla}})]+\frac{\boldsymbol{F}}{\rho} \tag{8.58b}$$

等效作用力项的表达式为

$$\boldsymbol{F} = \boldsymbol{F}_{\mathrm{s}} + \boldsymbol{F}_{\mathrm{b}} - \frac{\rho u_r \boldsymbol{u}}{r} + \left[- c_{\mathrm{s}}^2 p^{*} \boldsymbol{I} + \nu(\tilde{\boldsymbol{\nabla}}\boldsymbol{u} + \boldsymbol{u}\tilde{\boldsymbol{\nabla}}) \right] \cdot \tilde{\boldsymbol{\nabla}}\rho$$
$$+ \left[\frac{\rho\nu(\tilde{\boldsymbol{\nabla}}\boldsymbol{u} + \boldsymbol{u}\tilde{\boldsymbol{\nabla}})}{r} - \frac{2\rho\nu u_r}{r^2}\boldsymbol{I} \right] \cdot \tilde{\boldsymbol{\nabla}} r \tag{8.59}$$

式中：$p^{*} = p/(\rho c_{\mathrm{s}}^2)$ 为无量纲压强。相较于 $\eta_r = 1$ 和 $\eta_r = r$ 对应的等效作用力项，式(8.59)不含 ϑ 相关项，但表达形式更加复杂，涉及较多的非局部运算。

针对式(8.58a)和式(8.58b)，构造如下形式的轴对称格子玻尔兹曼模型：

$$g_i(\boldsymbol{x} + \boldsymbol{e}_i\delta_t, t + \delta_t) - g_i(\boldsymbol{x}, t) = -\frac{g_i - g_i^{\mathrm{eq}}}{\tau_g} + \delta_t\left(1 - \frac{1}{2\tau_g}\right) G_i \tag{8.60}$$

式中：平衡分布函数和离散源项分别为

$$g_i^{\mathrm{eq}} = w_i p^{*} + s_i(\boldsymbol{u}) \tag{8.61}$$

$$G_i = \frac{\Gamma_i(\boldsymbol{e}_i - \boldsymbol{u}) \cdot \boldsymbol{F}}{\rho c_{\mathrm{s}}^2} - w_i \frac{u_r}{r} \tag{8.62}$$

宏观量求解表达式为

$$p^{*} = \sum g_i - \delta_t \frac{u_r}{2r} \tag{8.63}$$

$$\boldsymbol{u} = \sum \boldsymbol{e}_i g_i + \frac{\delta_t}{2\rho}\boldsymbol{F} \tag{8.64}$$

8.4.4　轴对称模型 D

当 $\eta_r = r/\rho$ 时，轴对称流场方程可以化简为

$$\tilde{\boldsymbol{\nabla}} \cdot (r\boldsymbol{u}) = 0 \tag{8.65a}$$

$$\frac{\partial r\boldsymbol{u}}{\partial t} + \tilde{\boldsymbol{\nabla}} \cdot (r\boldsymbol{u}\boldsymbol{u}) = -\tilde{\boldsymbol{\nabla}}\left(\frac{rp}{\rho}\right) + \tilde{\boldsymbol{\nabla}} \cdot \left[r\nu(\tilde{\boldsymbol{\nabla}}\boldsymbol{u} + \boldsymbol{u}\tilde{\boldsymbol{\nabla}}) \right] + \frac{r\boldsymbol{F}}{\rho} \tag{8.65b}$$

式中：等效作用力的表达式为

$$\boldsymbol{F} = \boldsymbol{F}_{\mathrm{s}} + \boldsymbol{F}_{\mathrm{b}} + \left[- c_{\mathrm{s}}^2 p^{*} \boldsymbol{I} + \nu(\tilde{\boldsymbol{\nabla}}\boldsymbol{u} + \boldsymbol{u}\tilde{\boldsymbol{\nabla}}) \right] \cdot \tilde{\boldsymbol{\nabla}}\rho + \rho \frac{rp^{*} c_{\mathrm{s}}^2 - 2\nu u_r}{r^2}\tilde{\boldsymbol{\nabla}} r \tag{8.66}$$

为了恢复得到宏观方程，构造如下形式的轴对称格子玻尔兹曼模型：

$$g_i(\boldsymbol{x}+\boldsymbol{e}_i\delta_t,t+\delta_t)-g_i(\boldsymbol{x},t)=-\frac{g_i-g_i^{\mathrm{eq}}}{\tau_g}+\delta_t\left(1-\frac{1}{2\tau_g}\right)G_i \tag{8.67}$$

式中:平衡分布和源项分别为

$$g_i^{\mathrm{eq}}=rw_ip^*+rs_i(\boldsymbol{u}) \tag{8.68}$$

$$G_i=\frac{\Gamma_i(\boldsymbol{e}_i-\boldsymbol{u})\cdot\boldsymbol{F}}{\rho c_{\mathrm{s}}^2}+w_i\frac{(1-p^*)\,\boldsymbol{u}\tilde{\boldsymbol{\nabla}}r:(\boldsymbol{e}_i\boldsymbol{e}_i-c_{\mathrm{s}}^2\boldsymbol{I})}{c_{\mathrm{s}}^2} \tag{8.69}$$

宏观量求解表达式为

$$rp^*=\sum g_i \tag{8.70}$$

$$\boldsymbol{u}=\frac{\sum\boldsymbol{e}_ig_i}{r}+\frac{\delta_t}{2\rho}\boldsymbol{F} \tag{8.71}$$

由于合力项中包含速度项,整理式(8.72)可得速度的显式求解表达式为

$$u_\alpha=\frac{r}{\nu\delta_t\delta_{\alpha r}+r^2}\left[\sum\boldsymbol{e}_{i\alpha}g_i+\frac{r\delta_t}{2\rho}\hat{\boldsymbol{F}}+\frac{\delta_t}{2}p^*c_{\mathrm{s}}^2\delta_{\alpha r}\right] \tag{8.72}$$

式中:$\hat{\boldsymbol{F}}=\boldsymbol{F}_{\mathrm{s}}+\boldsymbol{F}_{\mathrm{b}}+[-c_{\mathrm{s}}^2p^*\boldsymbol{I}+\nu(\tilde{\boldsymbol{\nabla}}\boldsymbol{u}+\boldsymbol{u}\tilde{\boldsymbol{\nabla}})]\cdot\tilde{\boldsymbol{\nabla}}\rho$。相较于 η_r 的其他取值,当前模型最显著的特点是等效源项 $q_m=0$,这使得宏观量求解表达中式中无量纲压强 p^* 与速度 $\boldsymbol{u}$ 解耦。

以上列举的 4 类轴对称 LBE 模型中,$\eta_r=1$ 和 $\eta_r=r$ 两种情况比较常用,$\eta_r=1/\rho$ 和 $\eta_r=r/\rho$ 所对应的模型目前还未被报道过。从模型的简洁性和局部性考虑,轴对称模型 B 是最好的选择,其余三种轴对称 LBE 模型均涉及应力张量的计算。

8.5 轴对称 LBE 模型伪流对比研究

下面以柱腔静置气泡为例,对比研究轴对称模型 A 和 B 中影响伪流幅值的因素。设定计算域为 128 × 256,气泡置于柱腔中心(0,128),气泡半径为 $R_0=64$。对称轴采用对称边界,其他三边采用无滑移边界条件。相场初始条件由平衡态给出,相应地可以得到初始化的密度分布。这里给定表面张力 $\sigma=0.001$,模型中其他待定的计算参数包括密度比、黏性比、表面张力、迁移率和界面厚度,不同算例中的参数设置如表 8-2 所列。

表 8-2 计算参数设置

算例	界面厚度 W	迁移率 M_ϕ	密度比	黏性系数 (ν_h,ν_l)
(a)	4	0.01	1000	(0.1,0.1)
(b)	8	0.01	1000	(0.1,0.1)
(c)	4	0.1	1000	(0.1,0.1)
(d)	4	0.01	2	(0.01,0.1)
(e)	4	0.01	1000	(0.01,0.1)

1. 界面厚度对伪流的影响

本节中运动学黏性系数给定为 $\nu_h = \nu_l = 0.1$,整个计算域的黏性系数为常数。考虑到相场 LB 模型适用于大密度比两相流模拟,这里将密度比设为 1000,两相密度分别设为 $\rho_h = 1$ 和 $\rho_l = 0.001$。相界面厚度 W 取值分别为 4 和 8,对应于表 8-2 中的算例(a)和算例(b)。图 8-2 给出了两轴对称模型在 $W = 4$ 和 $W = 8$ 时的伪流分布。当 $W = 4$ 时,模型 A 和 B 的最大速度分别为 8.0×10^{-6} 和 3.1×10^{-5}。注意到模型 B 中最大伪流速度位于相界面和对称轴的交点附近,在模型 A 中对应位置速度取得较小值。远离对称轴时,两模型伪流幅值和分布规律基本相同。增加界面厚度到 $W=8$ 时,两模型中伪流均有所减小,最大值分别

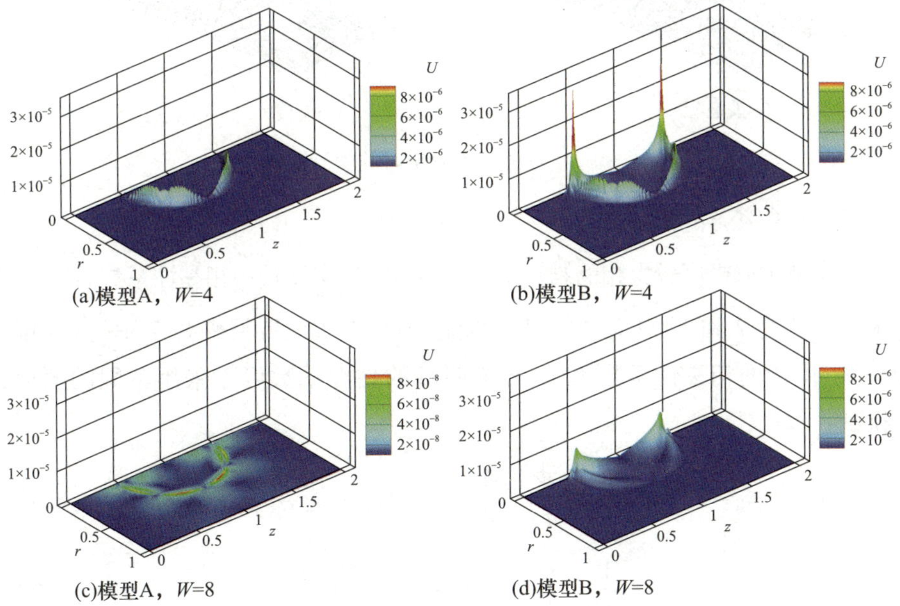

图 8-2 不同界面厚度下伪流分布

为 1.5×10^{-7} 和 7.9×10^{-6}。由于界面厚度的增加,界面附近的作用力较平滑,伪流减小在意料之中。观察到在界面厚度为 $W=8$ 时,模型 A 中伪流沿着圆周分布较为均匀,而模型 B 在对称轴附近取得最大伪速度。

2. 迁移率对伪流的影响

为了研究迁移率对伪流大小及分布的影响,以算例(a)为参照对象,将迁移率 M_ϕ 增大到 0.1,参数设置见表 8-2 中算例(c)。两模型所得伪流云图,如图 8-3 所示。相较于 $M_\phi=0.01$,迁移率 $M_\phi=0.1$ 时的伪流分布基本保持不变,但界面附近的幅值略有减小。模型 A 和 B 所得到的伪流最大值分别为 6.5×10^{-6} 和 3.2×10^{-5}。若将迁移率减小为 $M_\phi=0.001$,两模型均发散。由此可见,对于大密度比两相流模拟,迁移率的选取应在合适范围内才能得到收敛解;迁移率对伪流的影响有限,无法通过调整迁移率有效抑制界面附近的伪流幅值。

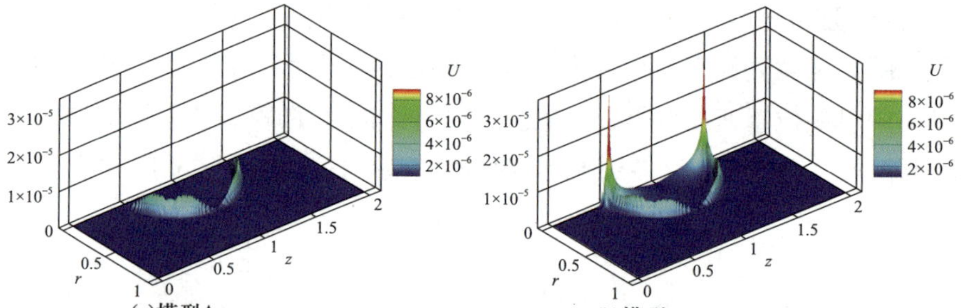

(a)模型A　　(b)模型B

图 8-3　迁移率为 0.1 时的伪流分布

3. 密度比对伪流的影响

本小节中取密度较大相的黏性系数 $\nu_h=0.01$,密度较小相黏性系数 $\nu_l=0.1$,讨论密度比为 2 和 1000 时两模型中伪流分布,参数设置见表 8-2 中的算例(d)和(e)。由于两相黏性系数不同,界面附近的黏性系数可以采用不同的插值格式得到:

$$\nu=\frac{\phi-\phi_l}{\phi_h-\phi_l}(\nu_h-\nu_l)+\nu_l \tag{8.73a}$$

$$\frac{1}{\nu}=\frac{\phi-\phi_l}{\phi_h-\phi_l}\left(\frac{1}{\nu_h}-\frac{1}{\nu_l}\right)+\frac{1}{\nu_l} \tag{8.73b}$$

若采用式(8.73a),即对 ν 线性插值,图 8-4(a)、(b)所示为密度比为 2 时,模型 A 和 B 得到的伪流云图。不同于前两小节算例中伪流集中分布于界面附近，采用当前参数设置时界面周围的伪速度和两相中的伪速度量级相当。模型 A 的伪流分布较均匀，最大值为 4.6×10^{-6}；模型 B 的伪流最大值为 1.4×10^{-5}，位于对称轴和界面的交点处。当密度比为 1000 时，如图 8-4(c)、(d)所示，模型 A 中伪流幅值相对较小，而模型 B 中伪流在对称轴附近有极大值，两模型速度最大值分别为 1.1×10^{-5} 和 3.6×10^{-5}。相较于密度比为 2 的情况，随着密度比的增大，模拟得到的伪流相应增大。当密度比进一步增大时，伪流成为影响计算结果准确性和稳定性的重要因素。

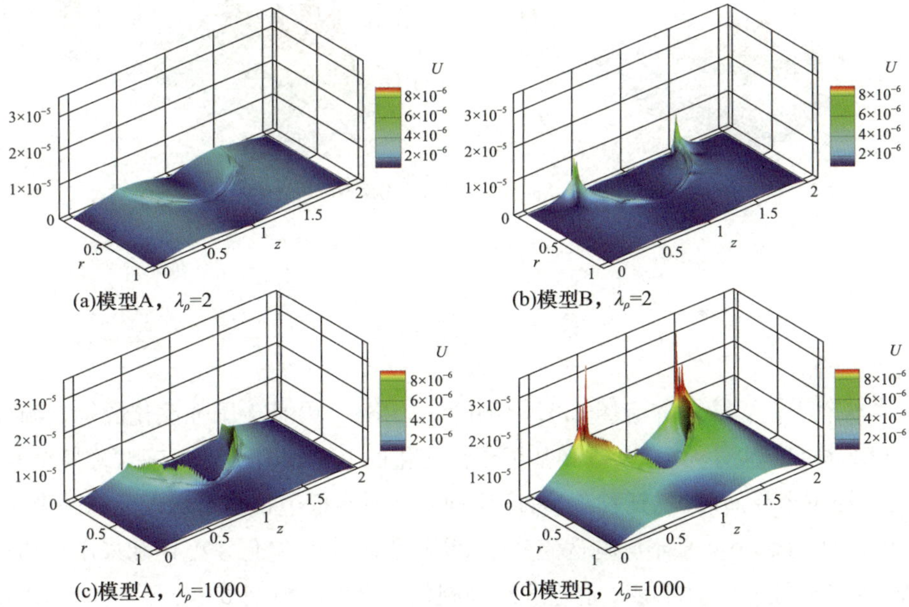

(a)模型A，$\lambda_\rho=2$　(b)模型B，$\lambda_\rho=2$

(c)模型A，$\lambda_\rho=1000$　(d)模型B，$\lambda_\rho=1000$

图 8-4　不同密度比对伪流分布的影响

4. 黏性系数插值格式的影响

接着上一小节继续讨论不同黏性系数插值格式对伪流分布的影响。当采用式(8.73b)，界面附近的运动学黏性系数由 ν 的调和插值得到，图 8-5 对比了模型 A 和模型 B 的伪流分布。当采用相同插值格式时，模型 B 的伪流幅值总是大于模型 A，并且模型 B 伪流最大区域位于对称轴附近。同一工况下，采用线性插值 ν 时伪流幅值小于调和插值 ν，从抑制伪流的角度应选择式(8.73a)作为插值格式。

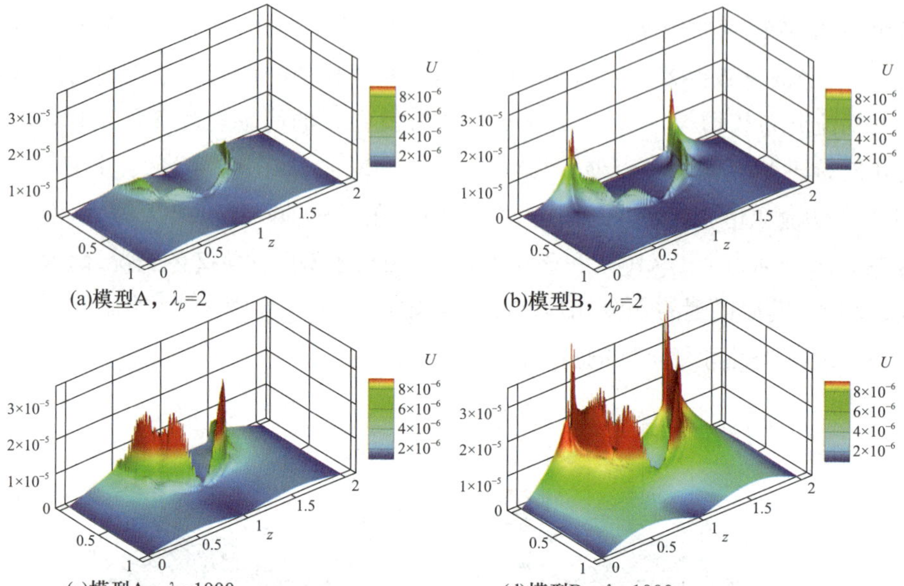

(a)模型A，$\lambda_\rho=2$　(b)模型B，$\lambda_\rho=2$

(c)模型A，$\lambda_\rho=1000$　(d)模型B，$\lambda_\rho=1000$

图 8-5　调和插值 ν 得到的伪流分布

8.6　本章小结

本章建立了轴对称流场 LBE 模型的统一格式，以基于压强演化的等效源项型 LBE 模型（轴对称模型 A）和基于压强演化的 RW-LBE 模型（轴对称模型 B）为例，探讨了界面厚度、迁移率、密度比和黏性系数插值格式对伪流分布的影响。结果表明，迁移率几乎不影响伪流分布，增大界面厚度、降低密度比和采用运动学黏性系数的线性插值能够一定程度地抑制伪流幅值。模型 B 获得的伪流分布在对称轴附近均出现极大值，这一异常现象是由于模型 B 的奇异性所致。有关模型 B 的伪流奇异性产生机理和消除方法将在下一章进行分析和讨论。

参考文献

[1] Li Q, He Y L, Tang G H, et al. Improved axisymmetric lattice Boltzmann scheme[J]. Physical Review E, 2010, 81(5): 056707.

[2] ZHOU J G. Axisymmetric lattice Boltzmann method revised[J]. Physical Review E, 2011, 84

(4):036704.
[3] GUO Z L,HAN H,SHI B,et al. Theory of the lattice Boltzmann equation: Lattice Boltzmann model for axisymmetric flows[J]. Physical Review E,2009,79(4):046708.
[4] ZHANG L Q,YANG S L,ZENG Z,et al. A comparative study of the axisymmetric lattice Boltzmann models under the incompressible limit[J]. Computers & Mathematics with Applications, 2017,74(4):817-841.
[5] LIANG H,LI Y,CHEN J X,et al. Axisymmetric lattice Boltzmann model for multiphase flows with large density ratio[J]. International Journal of Heat and Mass Transfer,2019,130:1189-1205.
[6] BEGMOHAMMADI A,HAGHANI-HASSAN-ABADI R,FAKHARI A,et al. Study of phase-field lattice Boltzmann models based on the conservative Allen-Cahn equation[J]. Physical Review E,2020,102:023305.
[7] GEIER M,FAKHARI A,LEE T. Conservative phase-field lattice Boltzmann model for interface tracking equation[J]. Physical Review E,2015,91(6):063309.
[8] FAKHARI A,MITCHELL T,LEONARDI C,et al. Improved locality of the phase-field lattice-Boltzmann model for immiscible fluids at high density ratios[J]. Physical Review E,2017,96(5):053301.
[9] LIANG H,SHI B C,GUO Z L,et al. Phase-field-based multiple-relaxation-time lattice Boltzmann model for incompressible multiphase flows[J]. Physical Review E,2014,89:053320.
[10] FAKHARI A,RAHIMIAN M H. Simulation of an axisymmetric rising bubble by a multiple relaxation time lattice Boltzmann method[J]. International Journal of Modern Physics B,2009, 23(24):4907-4932.
[11] HUANG H B,HUANG J J,LU X Y. A mass-conserving axisymmetric multiphase lattice Boltzmann method and its application in simulation of bubble rising[J]. Journal of Computational Physics,2014,269:386-402.
[12] SRIVASTAVA S,PERLEKAR P,BOONKKAMP T,et al. Axisymmetric multiphase lattice Boltzmann method[J]. Physical Review E,2013,88(1):013309.
[13] MUKHERJEE S,ABRAHAM J. Lattice Boltzmann simulations of two-phase flow with high density ratio in axially symmetric geometry[J]. Physical Review E,2007,75(2):026701.
[14] FAKHARI A,BOLSTER D,LUO L S. A weighted multiple-relaxation-time lattice Boltzmann method for multiphase flows and its application to partial coalescence cascades[J]. Journal of Computational Physics,2017,341:22-43.
[15] LIANG H,CHAI Z H,SHI B C,et al. Phase-field-based lattice Boltzmann model for axisymmetric multiphase flows[J]. Physical Review E,2014,90(6):063311.
[16] ZU Y Q,HE S. Phase-field-based lattice Boltzmann model for incompressible binary fluid systems with density and viscosity contrasts[J]. Physical Review E,2013,87(4):043301.

9

轴对称相场格子玻尔兹曼高阶修正模型

第9章

轴对称相场格子玻尔兹曼高阶修正模型

第8章的研究表明,轴对称流场的RW-LBE模型在对称轴上存在伪流奇异性。本章针对这类模型开展高阶截断误差分析,结合量纲分析识别出产生奇异性的三阶误差项,进一步提出局部性良好的高阶修正模型。利用高阶修正模型对比研究了模型修正前后的伪流分布。

9.1 轴对称流场的高阶RW-LBE模型

本节首先简单介绍半径加权型二阶LBE模型,然后基于高阶多尺度展开和量纲分析,推导得到RW-LBE模型在三阶尺度上的主要误差项,并进一步识别出产生较大伪流幅值的奇异项。为了消除伪流奇异项,提出了形式简单、局部性良好的RW-LBE高阶修正模型。

9.1.1 二阶RW-LBE模型

本节对Liang等[1]提出的轴对称两相流LBE格式作简要回顾。这里采用D2Q9格子模型,演化方程可以表示为

$$g_i(\boldsymbol{x}+\boldsymbol{e}_i\delta_t, t+\delta_t)-g_i(\boldsymbol{x},t)=-\frac{g_i-g_i^{eq}}{\tau}+\delta_t\left(1-\frac{1}{2\tau}\right)G_i \tag{9.1}$$

式中：松弛时间 τ 与黏性系数相关，$\nu=(\tau-0.5)c_s^2\delta_t$。两相黏性系数分别为 ν_h 和 ν_l，界面区域松弛时间则由调和插值得到[2]：

$$\frac{1}{\tau}=\frac{1}{\tau_l}+\frac{\phi-\phi_l}{\phi_h-\phi_l}\left(\frac{1}{\tau_h}-\frac{1}{\tau_l}\right) \tag{9.2}$$

平衡分布函数定义为

$$g_i^{\mathrm{eq}}=r\left(w_i\frac{p}{c_s^2}+\rho s_i(\boldsymbol{u})\right) \tag{9.3}$$

源项设计成如下形式：

$$\begin{aligned}G_i=&\frac{(e_{i\alpha}-u_\alpha)\left[rs_i(\boldsymbol{u})\partial_\alpha(\rho c_s^2)+rF_\alpha(w_i+s_i(\boldsymbol{u}))\right]}{c_s^2}\\&+\frac{w_iu_\alpha(\rho c_s^2-p)\delta_{\beta r}(e_{i\alpha}e_{i\beta}-c_s^2\delta_{\alpha\beta})}{c_s^4}\end{aligned} \tag{9.4}$$

式中：等效合力的表达式为 $F_\alpha=F_{s\alpha}+F_{b\alpha}+\dfrac{rp-2\rho\nu u_r}{r^2}\delta_{\alpha r}$。关于 δ_t 的多尺度展开可知 $F_\alpha=F_{0\alpha}+\delta_tF_{1\alpha}$ 包含两个不同尺度：

$$F_{0\alpha}=F_{s\alpha}+F_{b\alpha}+\frac{p}{r}\delta_{\alpha r},\quad F_{1\alpha}=-\frac{2\rho(\tau-0.5)c_s^2u_r}{r^2}\delta_{\alpha r} \tag{9.5}$$

宏观量可由分布函数得到，压力的计算表达式为

$$p=\frac{c_s^2}{r}\sum g_i+\frac{c_s^2\delta_t}{2}u_\alpha\partial_\alpha\rho \tag{9.6}$$

流体宏观速度的求解表达式为

$$u_\alpha=\frac{\sum e_{i\alpha}g_i}{r\rho}+\frac{\delta_t}{2\rho}F_\alpha \tag{9.7}$$

进一步可以显式表示为[3]

$$u_\alpha=\frac{\sum\limits_i e_{i\alpha}f_i+0.5\delta_trF_{0\alpha}}{r\rho+\delta_tr^{-1}\nu\rho\delta_{\alpha r}} \tag{9.8}$$

碰撞过程和宏观量更新中涉及的空间导数可采用各向同性差分格式计算得

$$\boldsymbol{\nabla}\phi=\frac{1}{c_s^2\delta_t}\sum_i\boldsymbol{e}_iw_i\phi(x+\boldsymbol{e}_i\delta_t,t) \tag{9.9}$$

$$\boldsymbol{\nabla}^2\phi = \partial_{\beta\beta}\phi = \frac{2}{c_s^2\delta_t^2}\sum_i w_i[\phi(x+\boldsymbol{e}_i\delta_t,t)-\phi(x,t)] \tag{9.10}$$

上述 RW-LBE 模型描述相较于原始模型[1]有细微的简化。平衡分布函数式(9.3)以统一形式表示，而原始模型中平衡分布函数在 $i=0$ 时进行了特殊处理。此外，相较于原始模型，宏观压强的表达式(9.6)更加简单。需要说明的是，这种简化并不影响前三阶截断误差分析，也就是说，RW-LBE 模型中奇异性不能通过调整平衡分布函数 g_0^{eq} 的表达式得到消除。

9.1.2 RW-LBE 模型三阶多尺度分析

基于 Holdych 等[4]所提出的截断误差分析方法，本节开展 RW-LBE 两相流模型三阶尺度误差分析。将方程(9.1)中的时间平移 $-\delta_t$，重新整理为

$$\begin{aligned} g_i(\boldsymbol{x},t) = &\left(1-\frac{1}{\tau}\right)g_i(\boldsymbol{x}-\boldsymbol{e}_i\delta_t,t-\delta_t)+\frac{1}{\tau}g_i^{\mathrm{eq}}(\boldsymbol{x}-\boldsymbol{e}_i\delta_t,t-\delta_t) \\ &+\delta_t\left(1-\frac{1}{2\tau}\right)G_i(x-\boldsymbol{e}_i\delta_t,t-\delta_t) \end{aligned} \tag{9.11}$$

递归调用式(9.11)，分布函数 g_i 可以由平衡分布函数 $g_i^{\mathrm{eq}}(\boldsymbol{x}-n\boldsymbol{e}_i\delta_t,t-n\delta_t)$ 和源项 $G_i(\boldsymbol{x}-n\boldsymbol{e}_i\delta_t,t-n\delta_t)$ 表示：

$$\begin{aligned} g_i = &\frac{1}{\tau}\sum_{n=1}^{\infty}\left(1-\frac{1}{\tau}\right)^{n-1}g_i^{\mathrm{eq}}(\boldsymbol{x}-n\boldsymbol{e}_i\delta_t,t-n\delta_t) \\ &+\delta_t\left(1-\frac{1}{2\tau}\right)\sum_{n=1}^{\infty}\left(1-\frac{1}{\tau}\right)^{n-1}G_i(\boldsymbol{x}-n\boldsymbol{e}_i\delta_t,t-n\delta_t) \end{aligned} \tag{9.12}$$

将式(9.12)中的 $g_i^{\mathrm{eq}}(\boldsymbol{x}-n\boldsymbol{e}_i\delta_t,t-n\delta_t)$ 和 $G_i(\boldsymbol{x}-n\boldsymbol{e}_i\delta_t,t-n\delta_t)$ 在 $(\boldsymbol{x},t)$ 处进行泰勒展开得

$$\begin{aligned} g_i = &g_i^{\mathrm{eq}}+\tau\sum_{m=1}^{\infty}\frac{p[\tau,m]}{m!}(\delta_t D_i)^m g_i^{\mathrm{eq}} \\ &+\delta_t\frac{2\tau-1}{2}G_i+\delta_t\frac{2\tau-1}{2}\tau\sum_{m=1}^{\infty}\frac{p[\tau,m]}{m!}(\delta_t D_i)^m G_i \end{aligned} \tag{9.13}$$

式中：$D_i=\partial_t+e_{i\alpha}\partial_\alpha$，$p[\tau,m]$ 定义为

$$p[\tau,m] = \frac{1}{\tau^2}\sum_{n=1}^{\infty}\left(1-\frac{1}{\tau}\right)^{n-1}(-n)^m \tag{9.14}$$

当 $m = 0,1,2,3$ 时，$p[\tau,m]$ 的表达式分别为[5]

$$\begin{cases} p[\tau,0] = 1/\tau, \quad p[\tau,1] = -1 \\ p[\tau,2] = 2\tau - 1, \quad p[\tau,3] = -6\tau^2 + 6\tau - 1 \end{cases} \tag{9.15}$$

为了便于开展高阶截断误差分析，给出分布函数和源项前两阶速度矩：

$$\begin{cases} \sum_i g_i = \dfrac{rp}{c_s^2} - \dfrac{\delta_t}{2} ru_\alpha \partial_\alpha \rho, \ \sum_i g_i^{eq} = \dfrac{rp}{c_s^2}, \ \sum_i G_i = ru_\alpha \partial_\alpha \rho \\ \sum_i e_{i\alpha} g_i = \rho r u_\alpha - \dfrac{\delta_t}{2} rF_\alpha, \ \sum_i e_{i\alpha} g_i^{eq} = \rho r u_\alpha, \ \sum_i e_{i\alpha} G_i = rF_\alpha \end{cases} \tag{9.16}$$

高阶速度矩定义如下：

$$\begin{cases} \Pi_{\alpha\beta}^0 = \sum_i e_{i\alpha} e_{i\beta} g_i^{eq} \\ Q_{\alpha\beta\gamma}^0 = \sum_i e_{i\alpha} e_{i\beta} e_{i\gamma} g_i^{eq} \\ A_{\alpha\beta\gamma\delta}^0 = \sum_i e_{i\alpha} e_{i\beta} e_{i\gamma} e_{i\delta} g_i^{eq} \\ \Psi_{\alpha\beta} = \sum_i e_{i\alpha} e_{i\beta} G_i \\ \Xi_{\alpha\beta\gamma} = \sum_i e_{i\alpha} e_{i\beta} e_{i\gamma} G_i \end{cases} \tag{9.17}$$

对方程(9.13)求零阶矩得到连续性方程：

$$\begin{aligned} &\frac{r}{c_s^2}\partial_t p + \partial_\alpha(\rho r u_\alpha) = ru_\alpha \partial_\alpha \rho \\ &\quad + (\tau - 0.5)\delta_t \left[\frac{r}{c_s^2}\partial_{tt} p + 2\partial_{t\alpha}(\rho r u_\alpha) + \partial_{\alpha\beta}\Pi_{\alpha\beta}^0 - \partial_t(ru_\alpha \partial_\alpha \rho) - \partial_\alpha(rF_\alpha) \right] \\ &\quad + \left(-\tau^2 + \tau - \frac{1}{6}\right)\delta_t^2 \left[\frac{r}{c_s^2}\partial_{ttt} p + 3\partial_{tt\alpha}(\rho r u_\alpha) + 3\partial_{t\alpha\beta}\Pi_{\alpha\beta}^0 + \partial_{\alpha\beta\gamma} Q_{\alpha\beta\gamma}^0 \right] \\ &\quad + \left(\tau - \frac{1}{2}\right)^2 \delta_t^2 \left[\partial_{tt}(ru_\alpha \partial_\alpha \rho) + 2\partial_{t\alpha}(rF_\alpha) + \partial_{\alpha\beta}\Psi_{\alpha\beta} \right] + O(\delta_t^3) \end{aligned} \tag{9.18}$$

对方程(9.13)求一阶矩得到动量方程：

$$\begin{aligned}\partial_t(\rho r u_\alpha) + \partial_\beta \Pi^0_{\beta\alpha} = rF_\alpha \\ &+ (\tau - 0.5)\delta_t[\partial_{tt}(\rho r u_\alpha) + 2\partial_{t\beta}\Pi^0_{\alpha\beta} \\ &+ \partial_{\beta\gamma}Q^0_{\beta\gamma\alpha} - \partial_t(rF_\alpha) - \partial_\beta \Psi_{\beta\alpha}] \\ &+ \left(-\tau^2 + \tau - \frac{1}{6}\right)\delta_t^2[\partial_{ttt}(\rho r u_\alpha) + 3\partial_{tt\beta}\Pi^0_{\beta\alpha} \\ &+ 3\partial_{t\beta\gamma}Q^0_{\beta\gamma\alpha} + \partial_{\beta\gamma\delta}A^0_{\beta\gamma\delta\alpha}] \\ &+ \left(\tau - \frac{1}{2}\right)^2\delta_t^2[\partial_{tt}(rF_\alpha) + 2\partial_{t\beta}\Psi_{\beta\alpha} + \partial_{\beta\gamma}\Xi_{\beta\gamma\alpha}] + O(\delta_t^3)\end{aligned} \tag{9.19}$$

将动量方程递归代入等式右侧并略去 $O(\delta_t^3)$ 得

$$\begin{aligned}\partial_t(\rho r u_\alpha) + \partial_\beta \Pi^0_{\beta\alpha} = rF_\alpha + (\tau - 0.5)\delta_t\partial_\beta[\partial_t\Pi^0_{\alpha\beta} + \partial_\gamma Q^0_{\beta\gamma\alpha} - \Psi_{\beta\alpha}] \\ &+ \left(-\tau^2 + \tau - \frac{1}{12}\right)\delta_t^2\partial_{tt\beta}\Pi^0_{\beta\alpha} + \left(-2\tau^2 + 2\tau - \frac{1}{4}\right)\delta_t^2\partial_{t\beta\gamma}Q^0_{\beta\gamma\alpha} \\ &+ \left(-\tau^2 + \tau - \frac{1}{6}\right)\delta_t^2\partial_{\beta\gamma\delta}A^0_{\beta\gamma\delta\alpha} + \left(\tau - \frac{1}{2}\right)^2\delta_t^2(\partial_{t\beta}\Psi_{\beta\alpha} + \partial_{\beta\gamma}\Xi_{\beta\gamma\alpha}) \\ &+ \frac{1}{12}\delta_t^2\partial_{tt}(rF_{0\alpha}) + O(\delta_t^3)\end{aligned} \tag{9.20}$$

由于 $F_\alpha = F_{0\alpha} + \delta_t F_{1\alpha}$，式中最后一项只保留了 $F_{0\alpha}$。在方程(9.20)中，第一行对应于保留到二阶尺度的宏观方程，中括号里的三项可以化简得

$$\partial_t\Pi^0_{\alpha\beta} + \partial_\gamma Q^0_{\gamma\alpha\beta} - \Psi_{\alpha\beta} = r\rho c_s^2(\partial_\alpha u_\beta + \partial_\beta u_\alpha) \tag{9.21}$$

类似地，递归调用方程(9.18)并利用方程(9.20)，连续性方程可以化简为

$$\begin{aligned}\frac{r}{c_s^2}\partial_t p + \rho\partial_\alpha(ru_\alpha) = \frac{\delta_t^2}{12}[\partial_{t\alpha\beta}\Pi^0_{\alpha\beta} + \partial_{\alpha\beta\gamma}Q^0_{\gamma\alpha\beta} \\ &+ \partial_{tt}(ru_\alpha\partial_\alpha\rho) + 2\partial_{t\alpha}(rF_{0\alpha})] + O(\delta_t^3)\end{aligned}$$

基于量纲分析评估方程(9.20)在三阶尺度上的主要误差项。特征长度和特征速度分别指定为 L 和 U，相关变量归一化表示如下：

$$\bar{r} = r/L, \bar{u} = u/U, \bar{t} = tL/U, \bar{p} = p/\rho c_s^2, \bar{F}_\alpha = F_\alpha L/(\rho c_s^2) \tag{9.22}$$

从而得到归一化的宏观方程，为了简单起见，宏观方程中略去了无量纲变量上的短横标记：

$$Ma^2 r(\partial_t u_\alpha + u_\beta \partial_\beta u_\alpha) = -\partial_\alpha(rp) + rF_{0\alpha} + KnMa\left[\partial_\beta(r\partial_\beta u_\alpha + r\partial_\alpha u_\beta) - 2\frac{u_r}{r}\delta_{\alpha r}\right] + E_\alpha \tag{9.23}$$

式中：马赫数 $Ma = U/c_s$；克努森数 $Kn = c_s(\tau - 0.5)\delta_t/L$，雷诺数 $Re = LU/\nu$，三者并不独立，满足关系 $Ma = ReKn$。假定 $Ma \ll 1$ 和 $Kn < 1$，那么 E_α 的三阶误差项中，$\partial_{t\beta}\Pi^0_{\beta\alpha}$、$\partial_{t\beta\gamma}Q^0_{\beta\gamma\alpha}$、$\partial_{t\beta}\Psi_{\beta\alpha}$ 和 $\partial_{tt}(rF_{0\alpha})$ 的量级为 Kn^2Ma^2，可忽略。$\partial_{\beta\gamma\delta}A^0_{\beta\gamma\delta\alpha}$ 和 $\partial_{\beta\gamma}\Xi_{\beta\gamma\alpha}$ 的量级为 Kn^2，这两项可以显式表示为

$$\partial_{\beta\gamma\delta}\boldsymbol{A}^0_{\beta\gamma\delta\alpha} = c_s^2\partial_\beta[\partial_{\gamma\gamma}(rp)\delta_{\alpha\beta} + \partial_{\alpha\beta}(rp) + \partial_{\beta\alpha}(rp)] \tag{9.24}$$

$$\partial_{\beta\gamma}\Xi_{\beta\gamma\alpha} = c_s^2\partial_\beta[\partial_\gamma(rF_{0\gamma})\delta_{\alpha\beta} + \partial_\alpha(rF_{0\beta}) + \partial_\beta(rF_{0\alpha})] + O(\delta_t) \tag{9.25}$$

利用关系式

$$-\partial_\alpha(rp) + rF_{0\alpha} = 0 + O(Ma^2, KnMa) \tag{9.26}$$

结合式(9.24)~式(9.26)，式(9.23)中的误差项可以表示为

$$E_\alpha = \frac{1}{12}Kn^2\partial_\beta[\partial_\gamma(rF_{0\gamma})\delta_{\alpha\beta} + \partial_\alpha(rF_{0\beta}) + \partial_\beta(rF_{0\alpha})] + O(Kn^2Ma^2, Kn^3Ma) \tag{9.27}$$

因此，保留前三阶主要误差项的宏观方程具有以下形式：

$$r\rho(\partial_t u_\alpha + u_\beta\partial_\beta u_\alpha) = -\partial_\alpha(rp) + rF_{0\alpha} + \partial_\beta[r\nu\rho(\partial_\beta u_\alpha + \partial_\alpha u_\beta)] - 2\rho\nu u_r/r\delta_{\alpha r} + E_\alpha \tag{9.28}$$

式中：三阶误差项为

$$E_\alpha = \frac{1}{12}\delta_t^2c_s^2\partial_\beta[\partial_\gamma(rF_{0\gamma})\delta_{\alpha\beta} + \partial_\alpha(rF_{0\beta}) + \partial_\beta(rF_{0\alpha})] \tag{9.29}$$

一般而言，在二维和三维情况下，E_α 是高阶小量，可以忽略。然而，在轴对称两相流模型中，这些误差项在对称轴附近表现出奇异性，将产生较大伪速度，不可忽略。

9.1.3 消除奇异性的 RW-LBE 修正模型

消除误差项 E_α 的一种比较直接的方法是在演化方程中引入离散源项。假

设补偿项的形式为 $\left(1-\frac{1}{2\tau}\right)\delta_t G'_i$，为抵消三阶误差，补偿项的各阶矩应满足以下关系：

$$\sum_i G'_i = 0,\quad \sum_i e_{i\alpha} G'_i = 0,\quad \sum_i e_{i\alpha} e_{i\beta} e_{i\gamma} G'_i = 0 \tag{9.30}$$

$$\sum_i e_{i\alpha} e_{i\beta} G'_i = \Psi'_{\alpha\beta} = \frac{1}{12(\tau-0.5)}\delta_i c_s^2 [\partial_\gamma (rF_{0\gamma})\delta_{\alpha\beta} + \partial_\alpha (rF_{0\beta}) + \partial_\beta (rF_{0\alpha})] \tag{9.31}$$

因此，补偿项可以设计为

$$G'_i = \begin{cases} -\dfrac{1}{12(\tau-0.5)}\delta_t \partial_\alpha (rF_{0\alpha}), & i=0 \\ \dfrac{w_i}{12(\tau-0.5)}\delta_t \dfrac{e_{i\alpha} e_{i\beta} \partial_\alpha (rF_{0\beta})}{c_s^2}, & i\neq 0 \end{cases} \tag{9.32}$$

式(9.32)中包含空间导数，将降低 LBE 算法的局部性。

为了进一步识别出式(9.29)中奇异性的来源，将作用力项 $F_{0\alpha}$ 拆分成两部分，即

$$F_{0\alpha} = \hat{F}_{0\alpha} + p\delta_{\alpha r}/r \tag{9.33}$$

将式(9.33)代入(9.29)可得

$$\begin{aligned} E_\alpha = &\frac{1}{12}\delta_t^2 c_s^2 \partial_\beta [\partial_\gamma (r\hat{F}_{0\gamma})\delta_{\alpha\beta} + \partial_\alpha (r\hat{F}_{0\beta}) + \partial_\beta (r\hat{F}_{0\alpha})] \\ &+ \frac{1}{12}\delta_t^2 c_s^2 \partial_\beta (\delta_{\alpha\beta}\partial_r p + \delta_{\beta r}\partial_\alpha p + \delta_{\alpha r}\partial_\beta p) \end{aligned} \tag{9.34}$$

将等式右侧第一项展开：

$$\begin{aligned} &\frac{1}{12}\delta_t^2 c_s^2 \partial_\beta [\partial_\gamma (r\hat{F}_{0\gamma})\delta_{\alpha\beta} + \partial_\alpha (r\hat{F}_{0\beta}) + \partial_\beta (r\hat{F}_{0\alpha})] \\ = &\frac{1}{12}\delta_t^2 c_s^2 [r(\partial_{\alpha\gamma}\hat{F}_{0\gamma} + \partial_{\alpha\beta}\hat{F}_{0\beta} + \partial_{\beta\beta}\hat{F}_{0\alpha}) + 2\partial_\beta (\hat{F}_{0\alpha}\delta_{\beta r} + \hat{F}_{0\beta}\delta_{\alpha r} + \hat{F}_{0r}\delta_{\alpha\beta})] \end{aligned} \tag{9.35}$$

式中包含两类误差项：一类与 r 成比例，另一类是作用力的空间导数。若将宏观方程(9.28)等式两侧同时除以 r，第一类误差项在对称轴附近不会有增大的趋势，而第二类误差项将在 $r=0$ 处产生奇异性。忽略与 r 成比例的误差项，式(9.34)可以整理为

$$E_\alpha = \frac{1}{4}\delta_t^2 c_s^2 \partial_\beta (\hat{F}_{0\alpha}\delta_{\beta r} + \hat{F}_{0\beta}\delta_{\alpha r} + \hat{F}_{0r}\delta_{\alpha\beta}) \tag{9.36}$$

化简过程中用到了 $-\partial_\alpha p + \hat{F}_{0\alpha} = 0$。式(9.36)表明,奇异性与网格分辨率和界面区域作用力的平滑性有关。

基于三阶误差式(9.36)设计补偿项,修正后的模型为

$$g_i(\boldsymbol{x} + \boldsymbol{e}_i\delta_t, t + \delta_t) - g_i(\boldsymbol{x}, t) = -\frac{g_i - g_i^{eq}}{\tau} + \delta_t\left(1 - \frac{1}{2\tau}\right) G_i + G_i' \tag{9.37}$$

式中:补偿项为

$$G_i' = \begin{cases} -\dfrac{1}{4\tau}\delta_t^2 \hat{F}_{0r}, & i = 0 \\ \dfrac{w_i}{4\tau}\delta_t^2 \dfrac{e_{i\alpha}e_{ir}\hat{F}_{0\alpha}}{c_s^2}, & i \neq 0 \end{cases} \tag{9.38}$$

式中:$\hat{F}_{0\alpha} = F_{s\alpha} + F_{b\alpha}$。平衡分布函数 g_i^{eq} 和源项 G_i 与原始模型中的表达式相同,见式(9.3)和式(9.4)。G_i' 也可以合并到平衡分布函数中,$\hat{g}_i^{eq} = g_i^{eq} + \tau G_i'$。

9.2　伪流奇异性分析及消除

本节基于静置界面对比研究两模型在抑制伪流方面的数值表现。修正前后的模型分别记为二阶模型和三阶模型。如图 9-1 所示,在半径 $R = 1$、高度 $Z = 2$ 的柱腔中,侧壁施加 half-way 反弹边界,上下底采用周期边界。在 RW-LBE 模型中,轴对称边界条件无法直接施加在 $r = 0$ 处,对称轴上的边界条件需要做特殊处理。

Guo 等[6]提出了一种对称格式,将计算域偏离对称轴 $0.5\delta_x$,计算域第一条网格线位于 $r = 0.5\delta_x$ 处,对称边界借助位于 $r = -0.5\delta_x$ 处的辅助网格线进行施加:

$$\begin{cases} g_1^*(\boldsymbol{x}_A, t) = g_3^*(\boldsymbol{x}_B, t) \\ g_5^*(\boldsymbol{x}_A, t) = g_6^*(\boldsymbol{x}_B, t) \\ g_8^*(\boldsymbol{x}_A, t) = g_7^*(\boldsymbol{x}_B, t) \end{cases} \tag{9.39}$$

式中:g_i^* 为碰后分布函数。基于类似的策略,David 等[6]提出了一种半径加权型对称边界格式(本节称为反对称边界),虚拟网格线上的碰后分布函数 g_i^* 按

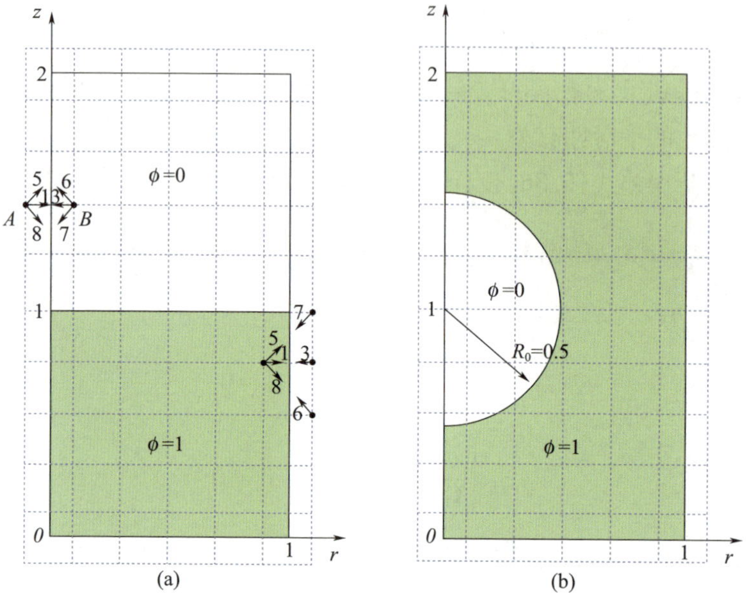

图 9-1　柱腔平衡界面及伪流分布模拟示意图

以下方式更新:

$$\begin{cases} g_1^*(\boldsymbol{x}_A,t) = -g_3^*(\boldsymbol{x}_B,t) \\ g_5^*(\boldsymbol{x}_A,t) = -g_6^*(\boldsymbol{x}_B,t) \\ g_8^*(\boldsymbol{x}_A,t) = -g_7^*(\boldsymbol{x}_B,t) \end{cases} \tag{9.40}$$

9.2.1　平直界面伪流分布

如图 9-1(a)所示,初始时刻相界面位于 $z_0 = 1$ 处,相应的序参量通过其平衡态进行初始化:

$$\phi(r,z) = \frac{\phi_h + \phi_l}{2} + \frac{\phi_h - \phi_l}{2}\tanh\left(\frac{2(z_0 - z)}{W/N_R}\right) \tag{9.41}$$

式中:$W = 4$、$\phi_l = 0$、$\phi_h = 1$。其他参数设置为:$\rho_h = 1$、$\rho_l = 0.001$、$\nu_h = \nu_l = 0.1$、$\sigma = 0.001$、$M_\phi = 0.01$。这里采用 128 × 256 的均匀网格,对称轴位置采用式(9.39)给出的对称边界条件。

图 9-2 给出了伪流幅值 U_{max} 和动能 $E = \int 2\pi r\rho\,|\boldsymbol{u}|^2 \mathrm{d}r\mathrm{d}z$ 随时间变化的曲

线。当时间为 $t=1\times10^6$ 时，二阶模型中伪流幅值的量级为 $O(10^{-5})$，而三阶模型中 U_{max} 的量级约为 $O(10^{-8})$。在二阶模型中，U_{max} 和 E 在 $t\geqslant10^4$ 时几乎保持不变，这表明此时奇异性起主要作用，不能通过增加迭代次数来降低伪流。

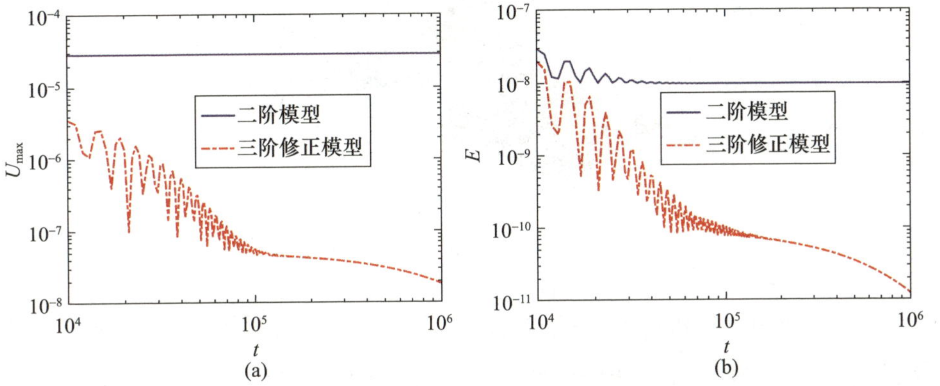

图 9-2　平直界面算例中伪流幅值及动能的时间历程曲线

二阶模型获得的伪流大小分布如图 9-3(a)所示，伪流幅值出现在相界面和对称轴的交点附近。在三阶模型中，伪流幅值明显减小，且在两相中均匀分布，如图 9-3(b)所示。根据宏观方程(9.28)和误差项式(9.36)可知，奇异项的贡献与半径成反比。理论上，二阶模型获得的速度分布与半径坐标的乘积应近似为常数。

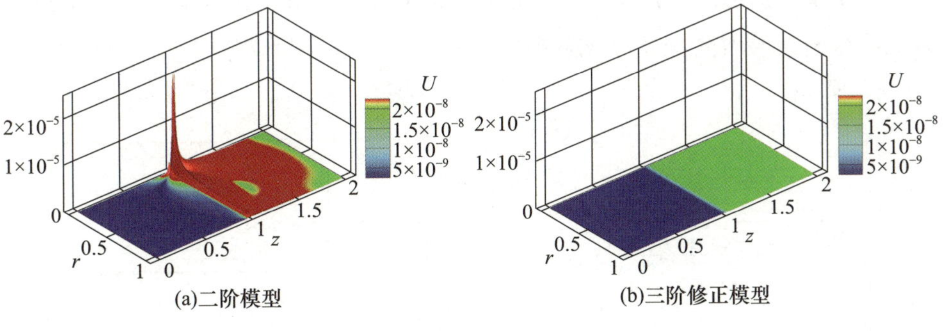

图 9-3　平直界面算例中伪流分布云图

引入变量 $\xi_u(r,z)=rN_RU(r,z)$，并在图 9-4 中绘制其分布。正如理论预测的那样，ξ_u 在 r 方向上均匀分布，在界面处有最大值，从侧面印证图 9-3(a)中的伪流奇异性是由三阶误差项导致的。

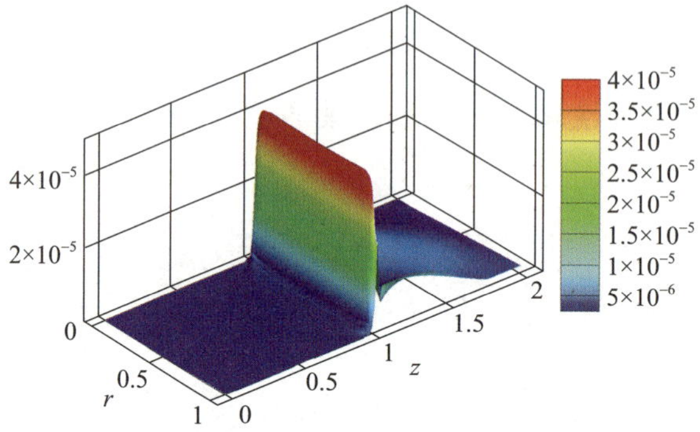

图 9-4　二阶模型中变量 $\xi_u=rN_RU$ 的分布云图

二阶模型中，U 和 ξ_u 沿半径方向的变化趋势如图 9-5 所示。沿径向分布的伪流由 $U=\xi_u/(rN_R)$ 进行拟合，当 $z=1$ 时，得到 $\xi_u=1.98\times10^{-5}$，当 $z=1+2/N_r$ 时，得到 $\xi_u=4.22\times10^{-5}$。有趣的是，U 的最大值不在界面 $z=1$ 处，而是位于远离界面 2 个网格的位置。在对称轴附近，数值结果小于拟合数据，这表明对称边界条件在一定程度上抑制了伪流奇异性。

文献中很少提到平直界面的伪流分布，这是因为平直界面曲率为零，离散状态下的作用力比较容易满足力平衡条件。在基于有限差分的二维 LBE 模型中曾观察到平直界面附近存在 $O(10^{-2})$ 量级的非物理流动[7]，但这种非物理流动是由错误的速度定义产生的[8]，而非界面受力不平衡所致。本书首次报道了因三阶截断误差项的奇异性导致平直界面中产生较大伪流分布。

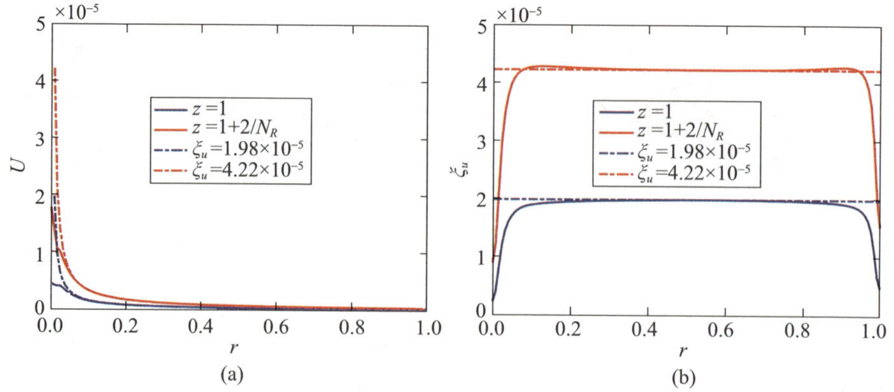

图 9-5　$z=1$ 和 $z=1+2/N_R$ 处伪流的径向分布

9.2.2　球状界面伪流分布

为了进一步比较二阶模型和三阶模型，下面讨论柱腔中球形气泡的伪流分布。气泡的中心位于 $(r_c,z_c)=(0,1)$，气泡半径是 $r_0=0.5$。气泡和液体的序参量分别用 0 和 1 表示。序参量基于其平衡态进行初始化：

$$\phi(r,z)=\frac{1}{2}+\frac{1}{2}\tanh\left(2\frac{\sqrt{(r-r_c)^2+(z-z_c)^2}-R_0}{W/N_R}\right) \tag{9.42}$$

式中：界面厚度 $W=4$，迁移率 $M_\phi=0.01$，两相密度给定为 $\rho_h=1$ 和 $\rho_l=0.001$。给定 $\nu_h=\nu_l=0.1$ 和 $\sigma=10^{-4}$，测试网格分辨率对伪流幅值的影响。如图 9-6 所示，两种模型的伪流幅值均随 N_R 增大而减小。当 N_R 趋于无穷大时，对称轴附近的圆形界面变得平坦，根据 9.2.1 节的讨论，此时它仍然受到奇异项的影响。在抑制伪流方面，对称边界和反对称边界之间并没有观察到明显差异。在后面研究中，除非明确指定，否则默认使用 128×256 网格和反对称边界条件。

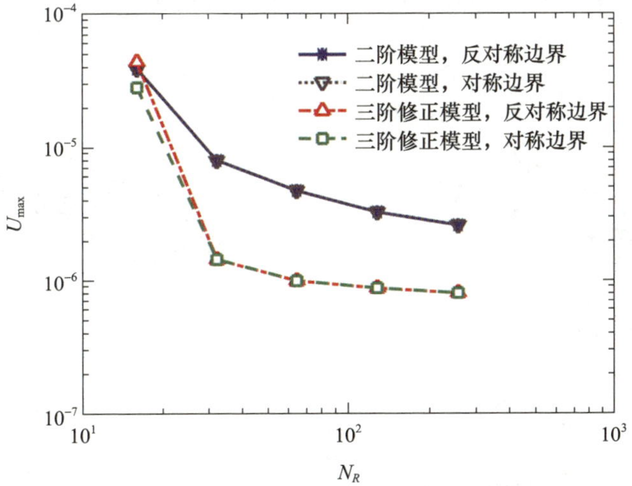

图 9-6　网格密度对伪流幅值的影响

平衡状态下序参量的轴向分布如图 9-7(a)所示，在界面区域，两模型的序参置均能保持双曲正切分布。相场两相流模型中总压 P 的计算表达式见参考文献[9]，图 9-7(b)给出了沿轴向的总压分布。根据拉普拉斯定律，两相压差应满足关系 $\Delta P=2\sigma/R_0$。两模型均满足拉普拉斯定律，相场 LBE 模型预测的表面张力系数与理论值之间的比值分别为 0.9872 和 0.9885。

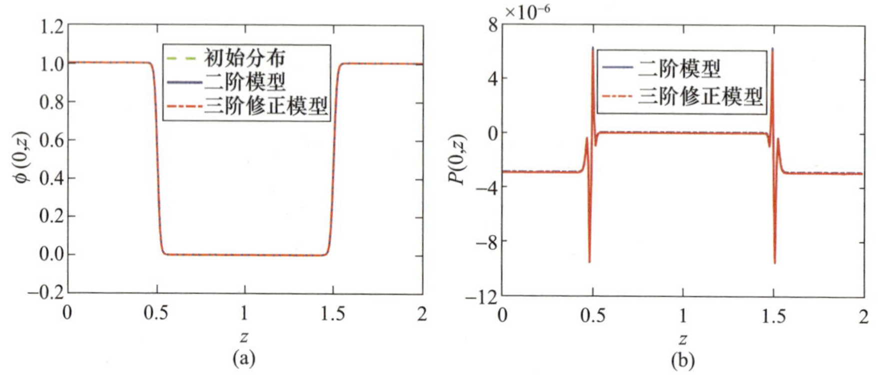

图 9-7　序参量和压强在对称轴上的分布

下面讨论表面张力对伪流分布的影响。黏性系数设定为 $\nu_h = \nu_l = 0.1$，表面张力系数在 $10^{-5} \sim 10^{-2}$ 取值。图 9-8(a)、(b)给出了表面张力系数取 $\sigma = 10^{-5}$ 对应的伪流分布，伪流主要分布在相界面周围，呈现明显的周期性波动，这与参

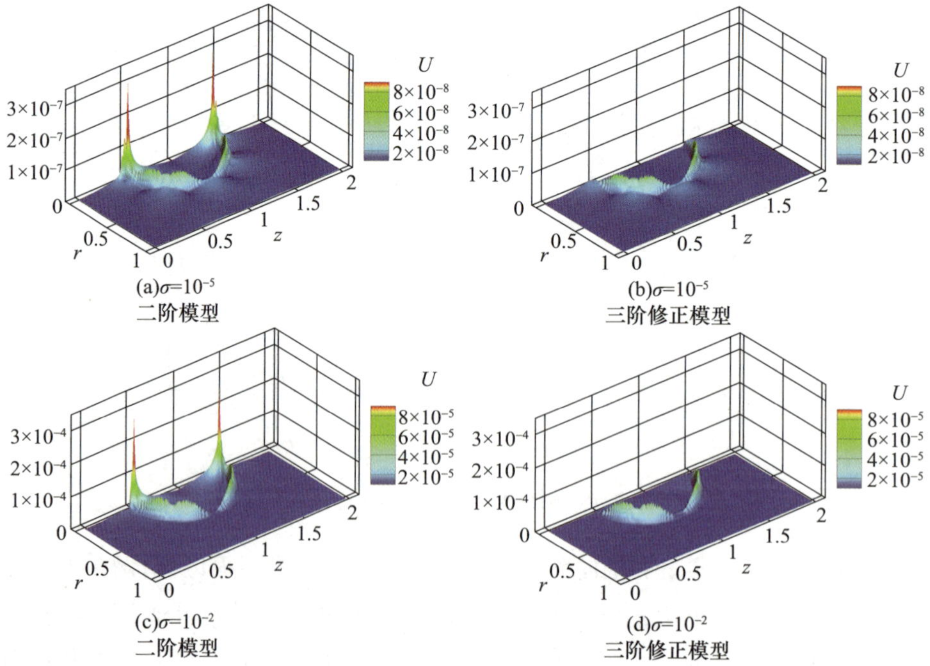

图 9-8　不同表面张力系数下球状界面伪流幅值分布云图

考文献[8]得到的对称涡结构相吻合。二阶模型由于误差项的奇异性,伪速度在界面与对称轴交点附近出现极大值。在三阶模型中,伪流奇异性被消除,伪速度沿相界面分布较均匀。图 9-8(c)、(d)给出了表面张力系数为 $\sigma=10^{-2}$ 的伪流分布,二阶模型在对称轴附近产生相对较大的伪流幅值,三阶模型中伪流奇异性则明显被抑制。不同表面张力系数下,三阶修正模型均能消除二阶模型中的伪流奇异性。

图 9-9 定量比较了两模型在对称轴上的伪速度分布。三阶模型中的伪流幅值比二阶模型小两个数量级。在三阶模型中,伪速度沿对称轴的分布几乎保持不变,表明由三阶误差项引起的奇异性被消除。

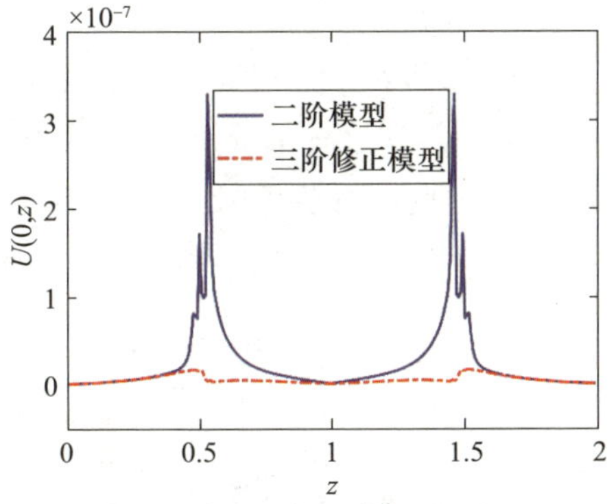

(a)$\sigma=10^{-5}$　　(b)$\sigma=10^{-2}$

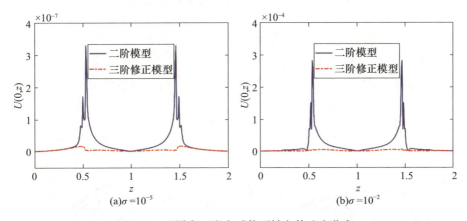

图 9-9　不同表面张力系数下轴向伪速度分布

图 9-10 给出了不同表面张力系数下的伪流最大值。由于二阶模型中的最大速度位于对称轴上,为了便于比较,图中也给出了三阶模型在对称轴上的最大速度。不同表面张力系数下三阶模型的伪流幅值较小,三阶修正模型能将对称轴上的伪流幅值降低两个数量级。注意到在两种模型中,$U_{\max}$ 均与 σ 线性相关,这可以通过下面的理论分析进行解释:由于静置界面,流场的 Ma 非常小,忽略量纲为 Ma^2 的项,式(9.28)可以表示为

$$\partial_\beta[rv\rho(\partial_\beta u_\alpha+\partial_\alpha u_\beta)]-2\rho v u_r/r\delta_{\alpha r}+E_\alpha=0$$

式中:误差项 E_α 可以看作 $-\partial_\alpha(rp)+rF_{0\alpha}=0$ 的离散误差,由式(9.29)可知误差项 E_α 与界面力 $\boldsymbol{F}_s$ 成正比,由化学势 μ_ϕ 的定义式可知 $\boldsymbol{F}_s$ 与表面张力系数 σ 成正比,因此伪流幅值和表面张力系数满足线性关系。

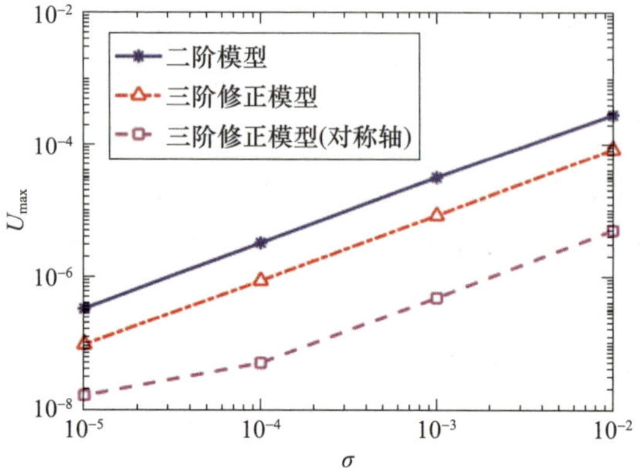

图 9-10　表面张力系数对伪流大小的影响

为了研究黏性系数的影响，设定 $\sigma=10^{-3}$ 并在 0.01~0.12 的区间调整 ν_h。当 $\nu_h=0.01$ 时，伪流分布如图 9-11(a)、(b)所示。在这种情况下，三阶模型抑制了对称轴与相界面交点附近的较大伪流幅值，但此时黏性系数是产生伪流的主要因素，远离对称轴的相界面区域同样存在较大伪流。当 $\nu_h=0.12$ 时，伪流

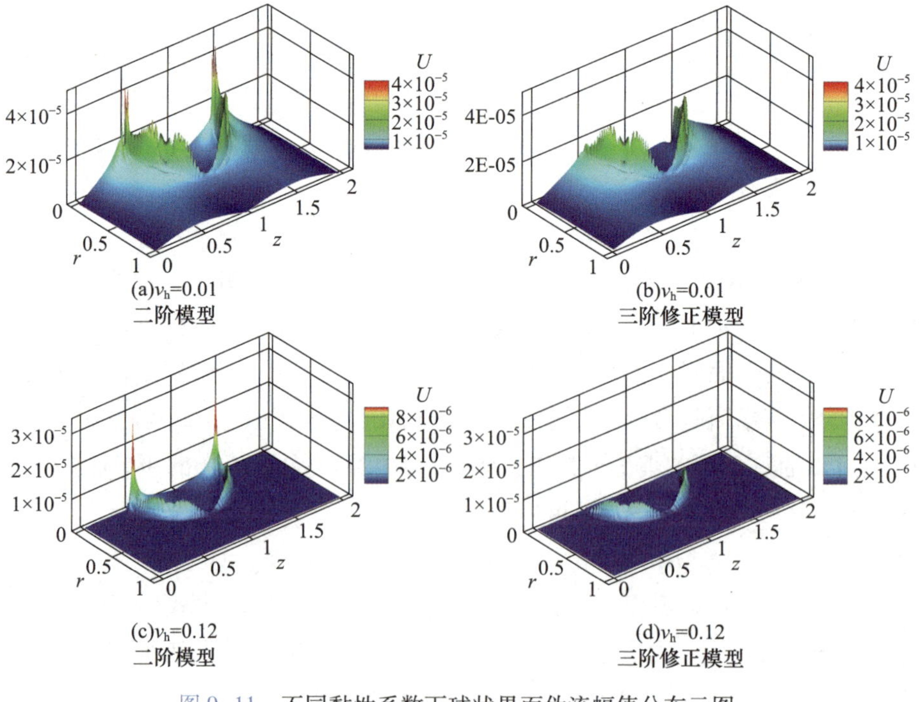

(a) ν_h=0.01
二阶模型

(b) ν_h=0.01
三阶修正模型

(c) ν_h=0.12
二阶模型

(d) ν_h=0.12
三阶修正模型

图 9-11　不同黏性系数下球状界面伪流幅值分布云图

分布如图 9-11(c)、(d)所示，二阶模型中伪流奇异现象更加明显，消除奇异项的三阶模型伪流分布较均匀。

图 9-12 比较了对称轴上两模型得到的伪流分布。当 $\nu_h = 0.01$ 时，三阶模型中伪流幅值约为二阶模型的 1/3。尽管产生奇异性的三阶项已被消除，但在相界面和对称轴交点附近仍存在较大的伪流分布。在 $\nu_h = 0.12$ 时，三阶模型能够将对称轴上的伪流降低两个数量级。

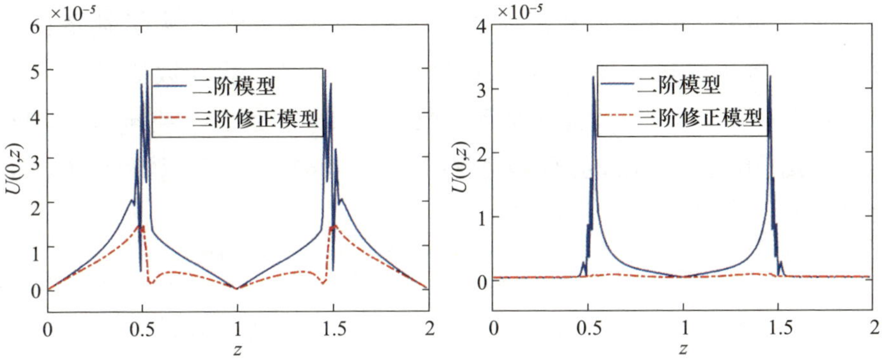

(a) ν_h=0.01　　(b) ν_h=0.12

图 9-12　不同黏性系数下轴向伪速度分布

图 9-13 给出了两模型中对称轴上伪流幅值随黏性系数的变化规律。三阶修正模型中的伪流幅值始终低于二阶模型的数值，随着 ν_h 的增大，这种差异会更加明显。当 $0.04 \leqslant \nu_h \leqslant 0.12$ 时，ν_h 对伪流幅值的影响非常小；当 $\nu_h < 0.04$ 时，随着 ν_h 减小，伪流幅值迅速增大，这表明较大运动黏性系数比 ν_l/ν_h 更难达到力平衡条件。

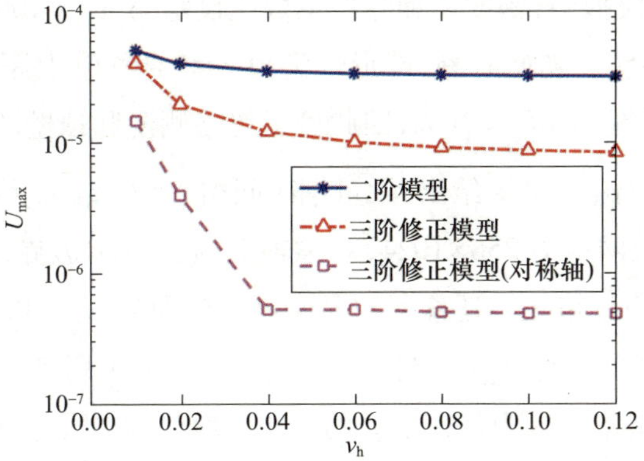

图 9-13　黏性系数对伪流大小的影响

9.3 轴对称两相流模拟应用

为了验证当前模型在捕捉真实相界面方面的有效性，下面开展大密度比气泡上升模拟，并与文献中的实验和数值结果进行比较[10-12]。浮力驱动下的气泡运动是最常见的气液流动现象之一，对气泡动力学的基本理解对于许多工业应用至关重要，如气液塔式反应器[13]和微流体装置[14]。为了研究上升气泡在黏性液体中的运动和变形，人们进行了大量的实验和数值研究。理论上，气泡动力学由 4 个独立的无量纲参数控制，即密度比 $\lambda_\rho = \rho_h/\rho_l$、黏度比 $\lambda_\mu = \mu_h/\mu_l$、邦德(Bond，Bo)数和莫顿(Morton，Mo)数。邦德数和莫顿数的定义如下：

$$Bo = \frac{\rho_h g d_0^2}{\sigma} \tag{9.43}$$

$$Mo = \frac{g\mu_h^4}{\rho_h \sigma^3} \tag{9.44}$$

式中：d_0 为气泡直径；g 为重力加速度；$\mu_{h/l}$ 为液相/气相的黏度。此外，雷诺数常用于描述稳态运动：

$$Re = \frac{\rho_h U_t d_0}{\mu_h} \tag{9.45}$$

式中：U_t 为气泡稳态速度。

在当前 LBE 模拟中，密度比和黏性系数比设定为 $\lambda_\rho = 1000$ 和 $\lambda_\mu = 100$，这对应于空气-水系统。初始时刻，球形气泡放置在对称轴上距离圆柱腔体底部 $4d_0$ 处。计算域设置为 $4d_0 \times 16d_0$，因此可以忽略侧壁和顶壁的影响。垂直方向上的浮力由 $F_{bz} = (\rho_h - \rho)g$ 给出，无量纲时间由 $\bar{t} = t\sqrt{g/d_0}$ 给定。给定气泡直径 $d_0 = 64$，计算域网格为 256×1024，对称轴上施加对称边界，而其他边界则采用 half-way 反弹边界格式。迁移率和界面厚度分别为 $M_\phi = 0.1$ 和 $W = 4$。基于三阶修正模型模拟了 4 组工况，具体参数设置如表 9-1 所列。若 $\rho_h = 1$ 和 $\rho_l = 0.001$，那么一旦指定了重力加速度 g 的大小，就可以根据式(9.43)和式(9.44)确定其他所有未知参数。

表 9-1　不同工况的无量纲数和计算参数设置

工况	Mo	Bo	g	σ	形状
A	711	17.7	1×10^{-6}	2.31×10^{-4}	球
B	8.2×10^{-4}	32.2	4×10^{-6}	5.08×10^{-4}	椭球
C	266	243	4×10^{-6}	6.74×10^{-5}	凹陷椭球冠
D	4.63×10^{-3}	115	8×10^{-6}	2.85×10^{-4}	球冠

图 9-14 给出不同工况下气泡的形貌演化，时间间隔为 $\Delta\bar{t} = 2$。当 $\bar{t} = 10$ 时，所有工况下的气泡都达到了稳定状态。在工况 A 中，气泡移动缓慢并且几乎一直保持其初始形貌。随着 Bo 数增大，表面张力作用变弱，气泡倾向于发生较大变形。在工况 B、C 和 D 中，稳态气泡形状分别为椭球、凹陷椭球冠和球冠。表 9-2 总结了当前模型得到的稳态气泡轮廓及雷诺数，相场 LBE 模型预测的结果同 Bhaga 和 Weber 实验图片[10]以及使用轴对称前沿跟踪方法（Frontier Tracking Method，FTM）和三维水平集法（Level Set Method，LSM）的数值模拟[11-12]吻合良好。实验和数值模拟之间的微小差异可归因于实验不确定性和数值误差。实验不确定性包括测量误差、初始扰动和表面活性剂的影响。数值误差主要来源于轴对称近似、离散误差以及初始条件下的球形气泡假设。即便如此，上述模拟结果表明，当前轴对称相场 LBE 模型可以准确捕捉黏性流体单气泡动力学规律。

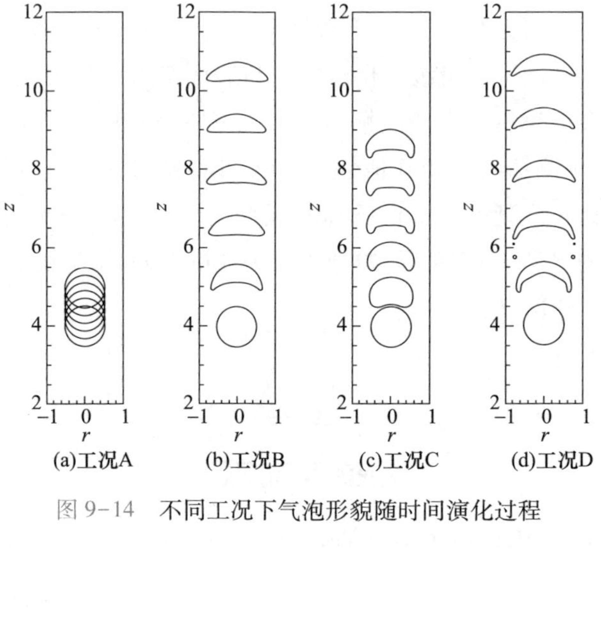

图 9-14　不同工况下气泡形貌随时间演化过程

表 9-2　稳态气泡形貌和雷诺数与实验测试[10]及参考文献数值结果[11-12]比较

算例	A	B	C	D
实验[10]	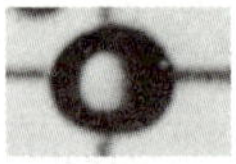 Re = 0.232	 Re = 55.3	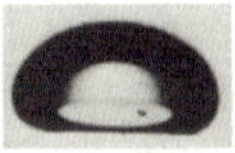 Re = 7.77	 Re = 94.0
三维 LSM[12]	 Re = 0.172	 Re = 51.86	 Re = 7.86	 Re = 87.6
轴对称 FTM[11]	 Re = 0.194	 Re = 52.96	 Re = 8.4	 Re = 88.7
PF-LBM	 Re = 0.172	 Re = 52.40	 Re = 7.36	 Re = 90.04

9.4　本章小结

半径加权型 LBE 模型在三阶尺度上产生奇异项，将导致对称轴附近产生较大的伪速度。针对这一问题，本章提出了消除伪流奇异性的高阶 LBE 修正模型，应用高阶修正模型分析了球形界面伪流分布的影响因素并开展了大密度比单气泡上升模拟。研究结果表明，消除三阶奇异项的修正模型能够将对称轴附近的伪流幅值降低两个数量级。伪流幅值与表面张力系数线性相关，较大运动黏性系数比将会产生更大的伪流幅值。应用三阶修正的相场 LBE 模型模拟轴对称气泡上升，预测结果与和其他数值方法和实验测试得到的数据吻合良好。尽管当前三阶修正模型是基于相场 LBE 模型提出的，这种修正思路可以拓展应用到其他类型的 RW-LBE 模型，如基于自由能的轴对称两相流 RW-LBE 模型或多组分流 RW-LBE 模型。

参考文献

[1] LIANG H，CHAI Z H，SHI B C，et al. Phase-field-based lattice Boltzmann model for axisym-

metric multiphase flows[J]. Physical Review E,2014,90(6):063311.

[2] LEE T,LIU L. Lattice Boltzmann simulations of micron-scale drop impact on dry surfaces[J]. Journal of Computational Physics,2010,229(20):8045-8063.

[3] LIANG H,LI Y,CHEN J X,et al. Axisymmetric lattice Boltzmann model for multiphasc flows with large density ratio[J]. International Journal of Heat and Mass Transfer,2019,130:1189-1205.

[4] HOLDYCH D J,NOBLE D R,GEORGIADIS J G,et al. Truncation error analysis of lattice Boltzmann methods[J]. Journal of Computational Physics,2004,193(2):595-619.

[5] DAVID D,KUZNIK F,JOHANNES K,et al. Numerical analysis of truncation error,consistency,and axis boundary condition for axis-symmetric flow simulations via the radius weighted lattice Boltzmann model[J]. Computers & Fluids,2015,116:46-59.

[6] GUO Z L,HAN H F,SHI B C,et al. Theory of the lattice Boltzmann equation:Lattice Boltzmann model for axisymmetric flows[J]. Physical Review E,2009,79(4):046708.

[7] CRISTEA A,SOFONEA V. Reduction of spurious velocity in finite difference lattice Boltzmann models for liquid-vapor systems[J]. International Journal of Modern Physics C,2003,14(9):1251-1266.

[8] SHAN X W. Analysis and reduction of the spurious current in a class of multiphase lattice Boltzmann models[J]. Physical Review E,2006,73:047701.

[9] REN F,SONG B W,SUKOP M C,et al. Improved lattice Boltzmann modeling of binary flow based on the conservative Allen - Cahn equation [J]. Physical Review E, 2016, 94(2):023311.

[10] BHAGA D,WEBER M. Bubbles in viscous liquids:shapes,wakes and velocities[J]. Journal of Fluid Mechanics,1981,105:61-85.

[11] HUA J S,LOU J. Numerical simulation of bubble rising in viscous liquid[J]. Journal of Computational Physics,2007,222(2):769-795.

[12] GRAVE M,CAMATA J J,COUTINHO A L. A new convected level-set method for gas bubble dynamics[J]. Computers & Fluids,2020,209:104667.

[13] KANTARCI N,BORAK F,ULGEN K O. Bubble column reactors[J]. Process Biochemistry,2005,40(7):2263-2283.

[14] ZHAO C X,MIDDELBERG A P. Two-phase microfluidic flows[J]. Chemical Engineering Science,2011,66(7):1394-1411.

10 各向异性相场方程的格子玻尔兹曼模型

第10章

各向异性相场方程的格子玻尔兹曼模型

前几章所求解的相场方程实际上是经典 Allen-Cahn 方程的一个变式。经典 Allen-Cahn 方程中序参量并不守恒,多用于描述相变过程中的界面演化。对于各向同性相变的相场方程,可以很容易地在格子玻尔兹曼理论框架下进行求解;而对于枝晶生长,各向异性相场方程形式复杂,建立准确高效的相场 LBE 模型存在较大困难。

长期以来,各向异性相场 LBE 模型主要采用混合方法求解,其中温度场和流场由格子玻尔兹曼方法建模,各向异性相场方程则采用传统的数值模拟方法离散[1-3],混合方法给程序开发增加了难度。Miller 等[4]将固液相变等效成界面附近的反应过程,建立了首个各向异性相变的 LBE 模型。Miller 模型包含较多的差分运算,并且无法在二阶尺度上恢复得到目标相场方程,在之后的 20 多年里与该模型相关的研究鲜有报道。Cartalade 等[5-6]类比对流扩散方程开发了各向异性相场方程和组分扩散方程的 LBE 模型,基于多尺度展开该模型能够准确恢复得到二阶宏观方程。目前,Cartalade 模型已经成功应用到合金枝晶生长、耦合流体流动的枝晶生长以及雪花枝晶生长的模拟[7-9]。本章旨在进一步改进 Cartalade 模型,提出基于各向异性扩散系数矩阵的相场 LBE 模型,采用碰撞-迁移-修正的三步算法,当前模型具有良好的局部性,在大规模并行计算中具有潜在的应用价值。

10.1　枝晶生长的相场描述

10.1.1　纯物质枝晶生长描述

在相场理论框架下，引入序参量 ϕ 描述凝固过程的不同相，$\phi=+1$ 和 $\phi=-1$ 分别表示固相和液相。序参量在界面区域连续变化，界面位置则由 $\phi=0$ 确定。等温相变的自由能泛函采用如下形式[10]：

$$\mathcal{F}=\int_{\Omega}\left[\frac{W_0^2}{2}|\nabla\phi|^2+f(\phi)+\lambda g(\phi)\bar{T}\right]\mathrm{d}\boldsymbol{r} \tag{10.1}$$

式中：插值函数分别为 $f(\phi)=(\phi^2-1)^2/4$ 和 $g(\phi)=\phi-2\phi^3/3+\phi^5/5$。序参量动力学演化方程由经典 Allen-Cahn 方程描述：

$$\tau_0\partial_t\phi=-\frac{\delta\mathcal{F}}{\delta\phi} \tag{10.2}$$

将自由能泛函的表达式代入演化方程可得

$$\tau_0\frac{\partial\phi}{\partial t}=W_0^2\nabla^2\phi+[\phi-\lambda\bar{T}(1-\phi^2)](1-\phi^2) \tag{10.3}$$

式中：τ_0 和 W_0 分别为相场弛豫时间和界面厚度；λ 为耦合系数。为了引入界面能和动力学的各向异性，将相场方程中弛豫时间 τ_0 替换为 $\tau(\boldsymbol{n})=\tau_0a_\tau(\boldsymbol{n})$，界面厚度 W_0 替换为 $W(\boldsymbol{n})=W_0a_s(\boldsymbol{n})$，$\boldsymbol{n}$ 表示单位法向矢量。各向异性相场方程的表达式为[10]

$$\tau(\boldsymbol{n})\frac{\partial\phi}{\partial t}=W_0^2\nabla\cdot(a_s^2(\boldsymbol{n})\nabla\phi)+W_0^2\sum_{m=x,y,z}\partial_m\left(|\nabla\phi|^2a_s(\boldsymbol{n})\frac{\partial a_s(\boldsymbol{n})}{\partial(\partial_m\phi)}\right)+\phi(1-\phi^2)-\lambda\bar{T}(1-\phi^2)^2 \tag{10.4}$$

无量纲温度 $\bar{T}$ 定义式为 $\bar{T}=c_p(T-T_m)/L$，其中 T_m 为融化温度；L 为单位体积的相变潜热；c_p 为单位体积的定压比热容，温度分布的控制方程表示为

$$\frac{\partial\bar{T}}{\partial t}=\alpha\nabla^2\bar{T}+\frac{1}{2}\frac{\partial\phi}{\partial t} \tag{10.5}$$

式中：α 为热扩散系数，等号右侧的第二项表示相变潜热。

在尖锐界面描述下，界面温度与界面曲率、界面移动速度有关，满足吉布斯-汤姆逊(Gibbs-Thomson)关系[11]：

$$\bar{T}^e = -d_0\boldsymbol{\kappa} - \beta(\boldsymbol{n})v_n \tag{10.6}$$

式中：$\bar{T}^e$ 为无量纲界面温度；$d_0 = \sigma T_m C_p / L^2$ 为毛细长度，σ 为表面能；$\boldsymbol{\kappa}$ 为界面主曲率；v_n 为界面移动速度；$\beta(\boldsymbol{n})$ 为各向异性的界面动力学系数。基于渐进分析，相场描述与尖锐界面描述中的物理量存在以下定量关系[12]：

$$d_0 = a_1 \frac{W_0}{\lambda} \tag{10.7}$$

$$\beta(\boldsymbol{n}) = \frac{a_1}{\lambda}\frac{\tau(\boldsymbol{n})}{W(\boldsymbol{n})}\left[1 - \lambda a_2 \frac{W^2(\boldsymbol{n})}{\alpha\tau(\boldsymbol{n})}\right] = \frac{a_1}{\lambda}\frac{\tau_0}{W_0}\left[\frac{a_\tau}{a_s} - \lambda a_2 \frac{W_0^2}{\alpha\tau_0}a_s\right] \tag{10.8}$$

式中：$a_1 = 5\sqrt{2}/8$，$a_2 \approx 0.6267$。在相场模型中，调节耦合系数 λ 和各向异性函数 $a_\tau(\boldsymbol{n})$ 可以得到不同的各向异性界面动力学系数：

(1)若不考虑界面动力学系数的影响，即 $\beta = 0$，耦合系数应满足 $\lambda = \tau(\boldsymbol{n})\alpha/(a_2 W^2(\boldsymbol{n}))$ 。当 $a_\tau(\boldsymbol{n}) = a_s^2(\boldsymbol{n})$ 时，耦合系数为 $\lambda = \tau_0\alpha/(a_2 W_0^2)$ 。

(2)若各向异性界面动力学系数为 $\beta(\boldsymbol{n}) = \beta_0 a_k(\boldsymbol{n})$ ，可设置 $\lambda = \tau_0\alpha/(a_2 W_0^2)$ 并选取各向异性函数[13]

$$a_\tau(\boldsymbol{n}) = \left[a_s^2(\boldsymbol{n}) + \frac{\beta_0\alpha}{a_1 a_2 W_0}a_s(\boldsymbol{n})a_k(\boldsymbol{n})\right] \tag{10.9}$$

(3)若各向异性界面动力学系数为 $\beta(\boldsymbol{n}) = a_1 a_2 W_0 a_k(\boldsymbol{n})/\alpha$ ，各向异性函数 $a_\tau(\boldsymbol{n})$ 可以简化为[12]

$$a_\tau(\boldsymbol{n}) = a_s(\boldsymbol{n})[a_s(\boldsymbol{n}) + a_k(\boldsymbol{n})] \tag{10.10}$$

式(10.9)和式(10.10)适用于小面生长动力学的模拟，指定不同的界面动力学系数 $\beta(\boldsymbol{n})$ 可以描述邻位面生长、台阶生长、位错生长等生长机制。

10.1.2 合金枝晶生长描述

在尖锐界面描述下，二元合金熔体如图 10-1 所示，固液两相的浓度分别为 C_S 和 C_L ，相界面两侧的平衡浓度比值为 $k_0 = C_S^e/C_L^e$ ，k_0 称为溶质的平衡分凝系数。假定熔体凝固点和溶质浓度近似满足线性关系，液相线斜率为 $m = \mathrm{d}T/\mathrm{d}C$ 。熔体初始浓度 C_∞ ，无量纲熔体浓度和无量纲温度分别定义为[5]

$$U = \frac{C_L - C_\infty}{(1 - k_0) C_\infty} \tag{10.11}$$

$$\bar{T} = \frac{T - T_m - mC_\infty}{L/C_p} \tag{10.12}$$

在尖锐界面描述下，界面温度、界面溶质浓度与界面曲率、界面移动速度有关，满足吉布斯-汤姆逊关系[6]：

$$\bar{T}^e + MC_\infty U^e = - d_0\kappa - \beta v_n \tag{10.13}$$

式中：上标 e 表示界面位置，$M = - m(1 - k)/(L/C_p)$ 表示无量纲液相线斜率。

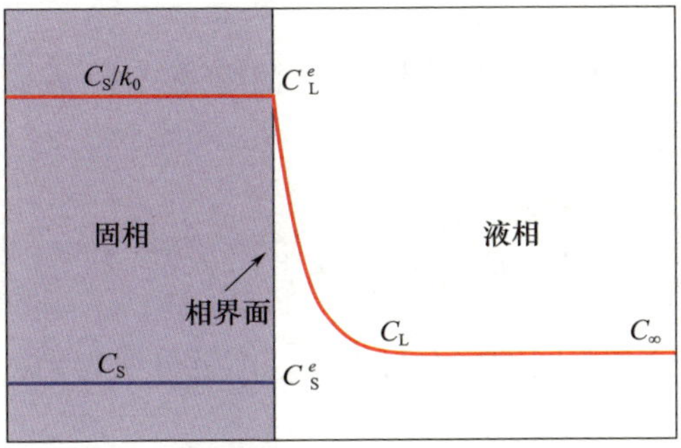

图 10-1　凝固界面附近的溶质浓度分布

相场法将固液两相（$\phi = \pm 1$）和界面看作一个整体，无量纲浓度需要重新定义为[5]

$$U = \frac{\dfrac{C/C_\infty}{\frac{1}{2}[1 + k_0 - (1 - k_0)\phi]} - 1}{1 - k_0} \tag{10.14}$$

这里的 C 表示混合平均浓度，定义式为[14]

$$C = \frac{1-\phi}{2}C_L + \frac{1+\phi}{2}C_S \tag{10.15}$$

二元合金枝晶的相场模型描述如下[15]：

$$\tau(\boldsymbol{n})\frac{\partial\phi}{\partial t} = W_0^2 \nabla\cdot(a_s^2(\boldsymbol{n})\nabla\phi) + W_0^2 \sum_{m=x,y,z}\partial_m\left(|\nabla\phi|^2 a_s(\boldsymbol{n})\frac{\partial a_s(\boldsymbol{n})}{\partial(\partial_m\phi)}\right) + \phi(1-\phi^2) - \lambda(MC_\infty U + \bar{T})(1-\phi^2)^2 \tag{10.16}$$

$$\frac{\partial \bar{T}}{\partial t} = \alpha \nabla^2 \bar{T} + \frac{1}{2}\frac{\partial \phi}{\partial t} \tag{10.17}$$

$$\left(\frac{1+k_0}{2} - \frac{1-k_0}{2}\phi\right)\frac{\partial U}{\partial t} = \nabla \cdot (D_L q_\phi \nabla U - \boldsymbol{j}_{at}) + [1 + (1-k_0)U]\frac{1}{2}\frac{\partial \phi}{\partial t} \tag{10.18}$$

式中:溶质扩散系数是关于 ϕ 的插值函数[16],插值函数 q_ϕ 一般选择 $q_\phi = k_0 \frac{D_S}{D_L} \frac{1+\phi}{2} + \frac{1-\phi}{2}$。对于单边扩散模型,由于 $D_S = 0$,插值函数可以简化为 $q_\phi = \frac{1-\phi}{2}$。为了在薄界面近似下恢复吉布斯-汤姆逊关系,需要引入溶质截留项进行修正:

$$\boldsymbol{j}_{at}(x,t) = -\frac{1}{2\sqrt{2}}\left(1 - k_0\frac{D_S}{D_L}\right) W_0 [1 + (1-k_0)U] \times \frac{\partial \phi}{\partial t}\frac{\nabla \phi}{|\nabla \phi|} \tag{10.19}$$

相场参数和物理量之间的关系可以通过渐近分析得到:

$$d_0 = a_1 \frac{W_0}{\lambda} \tag{10.20}$$

$$\beta = a_1\left(\frac{\tau_0}{\lambda W_0} - a_2 \frac{W_0}{D_L}\left[\frac{D_L}{\alpha} + MC_\infty[1 + (1-k_0)U]\right]\right) \tag{10.21}$$

若不考虑界面动力学效应 ($\beta = 0$),相场模型中相场弛豫时间应设置为关于无量纲浓度的函数:

$$\tau_0(U) = \frac{a_2 W_0^2 \lambda}{D_L}\left[\frac{D_L}{\alpha} + MC_\infty[1 + (1-k_0)U]\right] \tag{10.22}$$

10.2 各向异性相场方程的 LBE 模型

建立各向异性相场方程的格子玻尔兹曼模型,其难点体现在两个方面:①相场方程中瞬态项包含各向异性系数 $\tau(\boldsymbol{n})$,该系数无法从标准 LBE 模型重构得到;②相场方程等式右侧存在形式复杂的各向异性扩散项,通过以设计平衡分布函数或者离散源项的方式构造 LBE 模型,模型的局部性难以保证。本节并非直接求解目标相场方程,而是将其改写成具有等效扩散系数矩阵的反应扩散方程，然后针对反应扩散方程建立格子玻尔兹曼模型。

10.2.1　各向异性扩散系数矩阵

为了便于描述，将各向异性相场方程(10.4)改写成如下形式：

$$a_\tau(\boldsymbol{n})\frac{\partial\phi}{\partial t}=\frac{W_0^2}{\tau_0}\nabla\cdot(a_s^2(\boldsymbol{n})\nabla\phi)+\frac{W_0^2}{\tau_0}\nabla\cdot\boldsymbol{N}+\frac{\phi(1-\phi^2)-\lambda\bar{T}(1-\phi^2)^2}{\tau_0}\tag{10.23}$$

式中：$\boldsymbol{N}=[N_x,N_y,N_z]^{\mathrm{T}}$，分量的表达式为

$$N_\alpha=a_s(\boldsymbol{n})|\nabla\phi|^2\frac{\partial a_s(\boldsymbol{n})}{\partial(\partial_\alpha\phi)}\tag{10.24}$$

利用链式求导法则，将 $a_s(\boldsymbol{n})$ 对 $\partial_\alpha\phi$ 的偏导改写为 $a_s(\boldsymbol{n})$ 对单位法向量 $n_\alpha(\alpha=x,y,z)$ 的偏导，有

$$N_\alpha=a_s|\nabla\phi|^2\sum_{\beta=x,y,z}\frac{\partial a_s}{\partial(\partial n_\beta)}\frac{\partial n_\beta}{\partial(\partial_\alpha\phi)}\tag{10.25}$$

由单位法向量的定义 $\boldsymbol{n}=\nabla\phi/|\nabla\phi|$，可以推导得到以下偏导关系：

$$\frac{\partial n_x}{\partial(\partial_x\phi)}=\frac{\partial_y^2\phi+\partial_z^2\phi}{|\nabla\phi|^3},\quad\frac{\partial n_y}{\partial(\partial_x\phi)}=-\frac{\partial_y\phi\partial_x\phi}{|\nabla\phi|^3},\quad\frac{\partial n_z}{\partial(\partial_x\phi)}=-\frac{\partial_z\phi\partial_x\phi}{|\nabla\phi|^3}\tag{10.26a}$$

$$\frac{\partial n_x}{\partial(\partial_y\phi)}=-\frac{\partial_x\phi\partial_y\phi}{|\nabla\phi|^3},\quad\frac{\partial n_y}{\partial(\partial_y\phi)}=\frac{\partial_x^2\phi+\partial_z^2\phi}{|\nabla\phi|^3},\quad\frac{\partial n_z}{\partial(\partial_y\phi)}=-\frac{\partial_z\phi\partial_y\phi}{|\nabla\phi|^3}\tag{10.26b}$$

$$\frac{\partial n_x}{\partial(\partial_z\phi)}=-\frac{\partial_x\phi\partial_z\phi}{|\nabla\phi|^3},\quad\frac{\partial n_y}{\partial(\partial_z\phi)}=-\frac{\partial_y\phi\partial_z\phi}{|\nabla\phi|^3},\quad\frac{\partial n_z}{\partial(\partial_z\phi)}=\frac{\partial_x^2\phi+\partial_y^2\phi}{|\nabla\phi|^3}\tag{10.26c}$$

将式(10.26a)~式(10.26c)代入式(10.25)可得

$$N_x=a_s\left(\frac{\partial a_s}{\partial n_x}n_y-\frac{\partial a_s}{\partial n_y}n_x\right)\partial_y\phi+a_s\left(\frac{\partial a_s}{\partial n_x}n_z-\frac{\partial a_s}{\partial n_z}n_x\right)\partial_z\phi\tag{10.27a}$$

$$N_y=a_s\left(\frac{\partial a_s}{\partial n_y}n_x-\frac{\partial a_s}{\partial n_x}n_y\right)\partial_x\phi+a_s\left(\frac{\partial a_s}{\partial n_y}n_z-\frac{\partial a_s}{\partial n_z}n_y\right)\partial_z\phi\tag{10.27b}$$

$$N_z = a_s\left(\frac{\partial a_s}{\partial n_z}n_x - \frac{\partial a_s}{\partial n_x}n_z\right)\partial_x\phi + a_s\left(\frac{\partial a_s}{\partial n_z}n_y - \frac{\partial a_s}{\partial n_y}n_z\right)\partial_y\phi \tag{10.27c}$$

进一步整理得到矩阵乘法的形式：

$$\boldsymbol{N} = \begin{bmatrix} 0 & a_s\left(\frac{\partial a_s}{\partial n_x}n_y - \frac{\partial a_s}{\partial n_y}n_x\right) & a_s\left(\frac{\partial a_s}{\partial n_x}n_z - \frac{\partial a_s}{\partial n_z}n_x\right) \\ -a_s\left(\frac{\partial a_s}{\partial n_x}n_y - \frac{\partial a_s}{\partial n_y}n_x\right) & 0 & a_s\left(\frac{\partial a_s}{\partial n_y}n_z - \frac{\partial a_s}{\partial n_z}n_y\right) \\ -a_s\left(\frac{\partial a_s}{\partial n_x}n_z - \frac{\partial a_s}{\partial n_z}n_x\right) & -a_s\left(\frac{\partial a_s}{\partial n_y}n_z - \frac{\partial a_s}{\partial n_z}n_y\right) & 0 \end{bmatrix} \begin{bmatrix} \partial_x\phi \\ \partial_y\phi \\ \partial_z\phi \end{bmatrix} \tag{10.28}$$

因此，相场方程可以改写成反应扩散方程的形式：

$$a_\tau(\boldsymbol{n})\partial_t\phi = \boldsymbol{\nabla}\cdot(\boldsymbol{D}(\boldsymbol{n})\boldsymbol{\nabla}\phi) + R_\phi \tag{10.29}$$

式中：等效反应项为

$$R_\phi = \frac{\phi(1-\phi^2) - \lambda\bar{T}(1-\phi^2)^2}{\tau_0} \tag{10.30}$$

各向异性扩散系数矩阵的表达式为

$$\boldsymbol{D} = \frac{W_0^2}{\tau_0}\begin{bmatrix} a_s^2 & a_s\left(\frac{\partial a_s}{\partial n_x}n_y - \frac{\partial a_s}{\partial n_y}n_x\right) & a_s\left(\frac{\partial a_s}{\partial n_x}n_z - \frac{\partial a_s}{\partial n_z}n_x\right) \\ -a_s\left(\frac{\partial a_s}{\partial n_x}n_y - \frac{\partial a_s}{\partial n_y}n_x\right) & a_s^2 & a_s\left(\frac{\partial a_s}{\partial n_y}n_z - \frac{\partial a_s}{\partial n_z}n_y\right) \\ -a_s\left(\frac{\partial a_s}{\partial n_x}n_z - \frac{\partial a_s}{\partial n_z}n_x\right) & -a_s\left(\frac{\partial a_s}{\partial n_y}n_z - \frac{\partial a_s}{\partial n_z}n_y\right) & a_s^2 \end{bmatrix} \tag{10.31}$$

二维各向异性扩散系数矩阵可以化简为

$$\boldsymbol{D} = \frac{W_0^2}{\tau_0}\begin{bmatrix} a_s^2 & a_s\left(\frac{\partial a_s}{\partial n_x}n_y - \frac{\partial a_s}{\partial n_y}n_x\right) \\ -a_s\left(\frac{\partial a_s}{\partial n_x}n_y - \frac{\partial a_s}{\partial n_y}n_x\right) & a_s^2 \end{bmatrix} \tag{10.32}$$

二维情况下 $a_s(\boldsymbol{n})$ 也可以表示成 $a_s(\theta)$，其中 $\theta = \arctan(\partial_y\phi/\partial_x\phi)$，可以推导得

$$|\nabla\phi|^2\frac{\partial a_s}{\partial(\partial_x\phi)}=|\nabla\phi|^2\frac{\partial a_s}{\partial\theta}\frac{\partial\theta}{\partial(\partial_x\phi)}=-a'_s\partial_y\phi \tag{10.33a}$$

$$|\nabla\phi|^2\frac{\partial a_s}{\partial(\partial_y\phi)}=|\nabla\phi|^2\frac{\partial a_s}{\partial\theta}\frac{\partial\theta}{\partial(\partial_y\phi)}=a'_s\partial_x\phi \tag{10.33b}$$

因此,二维等效扩散系数矩阵也可以表示为

$$\boldsymbol{D}=\frac{W_0^2}{\tau_0}\begin{bmatrix}a_s^2 & -a_s a'_s\\ a_s a'_s & a_s^2\end{bmatrix} \tag{10.34}$$

上述推导将各向异性相变的相场方程改写成形式简单的反应扩散方程,其中扩散系数矩阵为反对称矩阵,三维扩散矩阵包括 4 个独立元素,二维扩散矩阵只包括两个独立元素。一旦各向异性函数 $a_s(\boldsymbol{n})$ 已知,等效扩散系数矩阵中各元素就能够很容易地计算得到。

10.2.2　坐标变换

相场方程(10.4)是在晶体择优生长取向平行于坐标轴的假设下推导得到的,对于一般情况,需要进行坐标变换。引入坐标轴与晶向族〈100〉平行的局部坐标系 $(\tilde{x},\tilde{y},\tilde{z})$,在局部坐标系下,控制方程形式上同式(10.29)一致:

$$a_\tau(\tilde{\boldsymbol{n}})\partial_t\phi=\tilde{\boldsymbol{\nabla}}\cdot(\boldsymbol{D}(\tilde{\boldsymbol{n}})\tilde{\boldsymbol{\nabla}}\phi)+R_\phi \tag{10.35}$$

式中:局部坐标系下的空间导数项用波浪线标记。局部坐标系与参考坐标系的关系采用欧拉角描述,假定参考坐标系 (x,y,z) 分别绕 z 轴旋转 $\boldsymbol{\Psi}$,再绕变化后的 y 轴旋转 $\boldsymbol{\Theta}$,最后绕旋转后的 x 轴旋转 $\boldsymbol{\Phi}$,那么从参考坐标系到局部坐标系的变换矩阵表示为

$$\boldsymbol{R}=\begin{bmatrix}1&0&0\\0&\cos\boldsymbol{\Phi}&\sin\boldsymbol{\Phi}\\0&-\sin\boldsymbol{\Phi}&\cos\boldsymbol{\Phi}\end{bmatrix}\begin{bmatrix}\cos\boldsymbol{\Theta}&0&-\sin\boldsymbol{\Theta}\\0&1&0\\\sin\boldsymbol{\Theta}&0&\cos\boldsymbol{\Theta}\end{bmatrix}\begin{bmatrix}\cos\boldsymbol{\Psi}&\sin\boldsymbol{\Psi}&0\\-\sin\boldsymbol{\Psi}&\cos\boldsymbol{\Psi}&0\\0&0&1\end{bmatrix} \tag{10.36}$$

旋转变换矩阵 $\boldsymbol{R}$ 是正交矩阵,满足 $\boldsymbol{R}^{-1}=\boldsymbol{R}^{\mathrm{T}}$ 。坐标分量从参考坐标系到局部坐标系的变换为

$$\tilde{x}_\alpha=R_{\tilde{\alpha}\beta}x_\beta \tag{10.37}$$

易知 $R_{\tilde{\alpha}\beta}=\partial\tilde{x}_\alpha/\partial x_\beta$,这里 $\tilde{\alpha}$ 为列标, β 为行标。对于任意矢径 $\boldsymbol{r}$,在两套坐标系

下可以表示为 $\boldsymbol{r}=x_{\alpha}\boldsymbol{q}_{\alpha}=\tilde{x}_{\alpha}\tilde{\boldsymbol{q}}_{\alpha}$,其中 $\boldsymbol{q}_{\alpha}$ 和 $\tilde{\boldsymbol{q}}_{\alpha}$ 分别表示两坐标系的基矢量。两套坐标系下基矢量的变换关系为

$$\tilde{\boldsymbol{q}}_{\alpha}=\frac{\partial \boldsymbol{r}}{\partial \tilde{x}_{\alpha}}=\frac{\partial \boldsymbol{r}}{\partial x_{\beta}}\frac{\partial x_{\beta}}{\partial \tilde{x}_{\alpha}}=\frac{\partial x_{\beta}}{\partial \tilde{x}_{\alpha}}\boldsymbol{q}_{\beta}=R_{\beta\tilde{\alpha}}\boldsymbol{q}_{\beta} \tag{10.38}$$

两坐标系下梯度算子的变换关系为

$$\frac{\partial}{\partial \tilde{x}_{\alpha}}=\frac{\partial}{\partial x_{\beta}}\frac{\partial x_{\beta}}{\partial \tilde{x}_{\alpha}}=R_{\beta\tilde{\alpha}}\frac{\partial}{\partial x_{\beta}} \tag{10.39}$$

表示成张量形式:

$$\tilde{\boldsymbol{\nabla}}=\boldsymbol{R}^{\mathrm{T}}\boldsymbol{\nabla} \tag{10.40}$$

可以推导得

$$\tilde{\boldsymbol{\nabla}}\cdot(\boldsymbol{D}(\bar{\boldsymbol{n}})\tilde{\boldsymbol{\nabla}}\phi)=\boldsymbol{\nabla}\cdot[(\boldsymbol{R}\boldsymbol{D}(\bar{\boldsymbol{n}})\boldsymbol{R}^{\mathrm{T}})\boldsymbol{\nabla}\phi)] \tag{10.41}$$

因此,式(10.35)在参考坐标系下表示为

$$a_{\tau}(\bar{\boldsymbol{n}})\partial_{t}\phi=\boldsymbol{\nabla}\cdot(\boldsymbol{D}^{\mathrm{e}}(\bar{\boldsymbol{n}})\boldsymbol{\nabla}\phi)+R_{\phi} \tag{10.42}$$

式中:等效扩散系数矩阵 $\boldsymbol{D}^{\mathrm{e}}(\bar{\boldsymbol{n}})=\boldsymbol{R}\boldsymbol{D}(\bar{\boldsymbol{n}})\boldsymbol{R}^{\mathrm{T}}$ 。可验证二维等效扩散系数矩阵与旋转方向无关,始终等于局部坐标系下的扩散矩阵,即 $\boldsymbol{D}^{\mathrm{e}}(\bar{\boldsymbol{n}})=\boldsymbol{D}(\bar{\boldsymbol{n}})$ 。

若单晶生长的热力学性质与晶向有关,晶体热扩散系数的各向异性同样需要考虑。例如,假定在〈1 0〉晶向族上的热扩散系数分别为 $\alpha_{\max}$ 和 $\alpha_{\min}$,则参考坐标系下固相的热扩散系数矩阵表示为

$$[\alpha_{\mathrm{s}}]=\begin{bmatrix}\cos\theta & \sin\theta\\ -\sin\theta & \cos\theta\end{bmatrix}\begin{bmatrix}\alpha_{\max} & 0\\ 0 & \alpha_{\min}\end{bmatrix}\begin{bmatrix}\cos\theta & -\sin\theta\\ \sin\theta & \cos\theta\end{bmatrix} \tag{10.43}$$

式中:θ 表示局部坐标系相对于参考坐标系的夹角。设液相热扩散系数为 α_{l} ,则整个计算域的热扩散系数矩阵可以表示为

$$[\alpha^{e}]=\frac{1-\phi}{2}\alpha_{\mathrm{l}}\boldsymbol{I}+\frac{1+\phi}{2}[\alpha_{\mathrm{s}}] \tag{10.44}$$

10.2.3 多松弛格子玻尔兹曼模型

针对式(10.42),构造各向异性多松弛相场 LBE 模型,分布函数的演化方程为

$$a_s^2(\boldsymbol{n}(\boldsymbol{x}+\boldsymbol{e}_i\delta_t,t))g_i(\boldsymbol{x}+\boldsymbol{e}_i\delta_t,t+\delta_t)=g_i(\boldsymbol{x},t)+\Omega_g(\boldsymbol{x},t)\\ -(1-a_s^2(\boldsymbol{n}(\boldsymbol{x}+\boldsymbol{e}_i\delta_t,t)))g_i(\boldsymbol{x}+\boldsymbol{e}_i\delta_t,t)\\ +\delta_t\left(1-\frac{\Lambda_{ij}}{2}\right)w_jR_\phi(\boldsymbol{x},t) \tag{10.45}$$

平衡分布函数为

$$g_i^{\mathrm{eq}}=w_i\phi \tag{10.46}$$

碰撞算子为

$$\Omega_g(\boldsymbol{x},t)=-\Lambda_{ij}[g_j(\boldsymbol{x},t)-g_j^{\mathrm{eq}}(\boldsymbol{x},t)] \tag{10.47}$$

式中：$\Lambda=\boldsymbol{M}^{-1}\boldsymbol{S}\boldsymbol{M}$，转换矩阵 $\boldsymbol{M}$ 将速度空间的分布函数映射到矩空间，即 $\boldsymbol{m}=\boldsymbol{M}\boldsymbol{g}$ 和 $\boldsymbol{m}^{\mathrm{eq}}=\boldsymbol{M}\boldsymbol{g}^{\mathrm{eq}}$。矩阵 $\boldsymbol{M}$ 可以由离散速度格拉姆-施密特（Gram-Schmidt）正交化得到，$\boldsymbol{M}$ 中通常包含以下四个正交向量：

$$\begin{cases}\langle 1| = (\underbrace{1,1,\cdots,1}_{q})\\ \langle \boldsymbol{c}_x| = (c_{0x},c_{1x},\cdots,c_{(q-1)x})\\ \langle \boldsymbol{c}_y| = (c_{0y},c_{1y},\cdots,c_{(q-1)y})\\ \langle \boldsymbol{c}_z| = (c_{0z},c_{1z},\cdots,c_{(q-1)z})\end{cases} \tag{10.48}$$

式(10.48)与平衡分布函数作内积满足：

$$\langle 1|\boldsymbol{g}^{\mathrm{eq}}\rangle=\phi,\langle \boldsymbol{c}_x|\boldsymbol{g}^{\mathrm{eq}}\rangle=0,\langle \boldsymbol{c}_y|\boldsymbol{g}^{\mathrm{eq}}\rangle=0,\langle \boldsymbol{c}_z|\boldsymbol{g}^{\mathrm{eq}}\rangle=0 \tag{10.49}$$

转换矩阵 $\boldsymbol{M}$ 其余行的构造见 Fakhari 等[17]的工作。这里以 D2Q5 和 D3Q7 速度模型为例，格子矢量、权系数、格子声速、变换矩阵和松弛矩阵分别为

D2Q5：

$$\begin{cases}w_i=\begin{cases}1/3, & i=0\\ 1/6, & i=1,2,\cdots,4\end{cases},\boldsymbol{e}_i=c\begin{bmatrix}0 & 1 & 0 & -1 & 0\\ 0 & 0 & 1 & 0 & -1\end{bmatrix},c_s^2=c^2/3,\\ \boldsymbol{M}=\begin{bmatrix}1 & 1 & 1 & 1 & 1\\ 0 & 1 & -1 & 0 & 0\\ 0 & 0 & 0 & 1 & -1\\ 4 & -1 & -1 & -1 & -1\\ 0 & 1 & 1 & -1 & -1\end{bmatrix},\boldsymbol{S}=\begin{bmatrix}s_0 & 0 & 0 & 0 & 0\\ 0 & s_{xx} & s_{xy} & 0 & 0\\ 0 & s_{yx} & s_{yy} & 0 & 0\\ 0 & 0 & 0 & s_3 & 0\\ 0 & 0 & 0 & 0 & s_4\end{bmatrix}\end{cases} \tag{10.50}$$

D3Q7：

$$
\begin{cases}
w_i = \begin{cases} 1/4, & i=0 \\ 1/8, & i=1,2,\cdots,6 \end{cases}, \boldsymbol{e}_i = c\begin{bmatrix} 0 & 1 & -1 & 0 & 0 & 0 & 0 \\ 0 & 0 & 0 & 1 & -1 & 0 & 0 \\ 0 & 0 & 0 & 0 & 0 & 1 & -1 \end{bmatrix}, c_s^2 = c^2/4, \\
\boldsymbol{M} = \begin{bmatrix} 1 & 1 & 1 & 1 & 1 & 1 & 1 \\ 0 & 1 & -1 & 0 & 0 & 0 & 0 \\ 0 & 0 & 0 & 1 & -1 & 0 & 0 \\ 0 & 0 & 0 & 0 & 0 & 1 & -1 \\ 6 & -1 & -1 & -1 & -1 & -1 & -1 \\ 0 & 2 & 2 & -1 & -1 & -1 & -1 \\ 0 & 0 & 0 & 1 & 1 & -1 & -1 \end{bmatrix}, \boldsymbol{S} = \begin{bmatrix} s_0 & 0 & 0 & 0 & 0 & 0 & 0 \\ 0 & s_{xx} & s_{xy} & s_{xz} & 0 & 0 & 0 \\ 0 & s_{yx} & s_{yy} & s_{yz} & 0 & 0 & 0 \\ 0 & s_{zx} & s_{zy} & s_{zz} & 0 & 0 & 0 \\ 0 & 0 & 0 & 0 & s_4 & 0 & 0 \\ 0 & 0 & 0 & 0 & 0 & s_5 & 0 \\ 0 & 0 & 0 & 0 & 0 & 0 & s_6 \end{bmatrix}
\end{cases}
\tag{10.51}
$$

松弛矩阵与扩散系数的关系满足：

$$
\boldsymbol{D}^{e} = \left(\boldsymbol{I} - \frac{\boldsymbol{A}}{2}\right)\boldsymbol{A}^{-1}c_s^2\delta_t \tag{10.52}
$$

式中：$\boldsymbol{A}$ 由松弛矩阵的部分元素构成，在二维和三维工况下的表达式分别为

$$
\boldsymbol{A}_{2D} = \begin{bmatrix} s_{xx} & s_{xy} \\ s_{yx} & s_{yy} \end{bmatrix}, \quad \boldsymbol{A}_{3D} = \begin{bmatrix} s_{xx} & s_{xy} & s_{xz} \\ s_{yx} & s_{yy} & s_{yz} \\ s_{zx} & s_{zy} & s_{zz} \end{bmatrix} \tag{10.53}
$$

宏观序参量可通过分布函数求零阶矩得到：

$$
\phi(\boldsymbol{x},t) = \sum_i g_i(\boldsymbol{x},t) + \frac{\delta_t}{2}R_\phi \tag{10.54}
$$

考虑到演化方程(10.45)等式右侧包含分布函数的非局部项，为了改善模型的局部性，设计以下碰撞-迁移-修正的三步算法：

碰撞步：$g_i^*(\boldsymbol{x},t) = g_i(\boldsymbol{x},t) + \Omega_g(\boldsymbol{x},t) + \delta_t\left(1 - \frac{\Lambda_{ij}}{2}\right)w_j R_\phi(\boldsymbol{x},t)$ (10.55a)

迁移步：$g_i^{st}(\boldsymbol{x} + \boldsymbol{e}_i\delta_t, t + \delta_t) = g_i^*(\boldsymbol{x},t)$ (10.55b)

修正步：$g_i(\boldsymbol{x},t+\delta_t) = \dfrac{g_i^{st}(\boldsymbol{x},t+\delta_t) - (1 - a_s^2(\boldsymbol{x},t))g_i(\boldsymbol{x},t)}{a_s^2(\boldsymbol{x},t)}$ (10.55c)

式中：g_i^* 和 g_i^{st} 分别表示碰撞后分布函数和迁移后分布函数。注意到碰撞步是局部运算，迁移步是线性运算，与标准 LBE 算法执行一致。引入的修正步也是完全局部运算，只涉及当前格点的分布函数信息。

与常规多松弛模型不同，演化方程(10.45)左侧包含各向异性系数 $a_s^2(\boldsymbol{n}(\boldsymbol{x}+\boldsymbol{e}_i\delta_t,t))$，等式右侧引入修正项 $-(1-a_s^2(\boldsymbol{n}(\boldsymbol{x}+\boldsymbol{e}_i\delta_t,t)))g_i(\boldsymbol{x}+\boldsymbol{e}_i\delta_t,t)$。与 Cartalade 等[5]提出的模型相比，当前模型具有以下优势：

(1) Cartalade 模型将部分扩散项按照等效对流项处理，而当前模型采用非对角松弛矩阵重构所有扩散项，物理一致性更好。

(2) Cartalade 模型中碰撞步涉及相邻格点的分布函数信息，计算效率较低；当前模型采用碰撞-迁移-修正的三步算法能够消除碰撞步的非局部运算，便于实施大规模并行计算。

(3) 当前模型采用多松弛碰撞算子，能够改善 Cartalade 单松弛模型的数值稳定性。

(4) 当前模型适用于任意择优取向的枝晶生长模拟。

当晶体取向与坐标轴不一致时，算法实施的具体步骤如下：

(1) 初始化相场及相应的分布函数。

(2) 求出参考坐标系下的序参量梯度 $\nabla\phi$，由 $\tilde{\nabla}\phi=\boldsymbol{R}^{\mathrm{T}}\nabla\phi$ 得到在局部坐标系下的序参量梯度，进一步计算得到局部坐标系下的各向异性函数 $a_\tau(\bar{\boldsymbol{n}})$ 和扩散系数矩阵 $\boldsymbol{D}(\bar{\boldsymbol{n}})$。

(3) 计算参考坐标系下的等效扩散系数矩阵 $\boldsymbol{D}^{\mathrm{e}}=\boldsymbol{R}\boldsymbol{D}(\bar{\boldsymbol{n}})\boldsymbol{R}^{\mathrm{T}}$，由式(10.52)更新松弛参数。

(4) 执行方程(10.55a)~(10.55c)给出的碰撞-迁移-修正的三步算法，得到下一时刻的分布函数；施加合适的边界格式获得边界迁入的分布函数。

(5) 由式(10.54)更新宏观序参量。

(6) 重复第(2)~(5)步，直到迭代结束。

10.2.4　多尺度展开分析

为验证当前模型能够恢复得到宏观相场方程，对格子玻尔兹曼方程(10.45)进行多尺度分析，引入下列展开式：

$$\begin{cases} g_i = g_i^{(0)}(\boldsymbol{x},t) + \varepsilon g_i^{(1)}(\boldsymbol{x},t) + \varepsilon^2 g_i^{(2)}(\boldsymbol{x},t) \\ \partial_t = \varepsilon \partial_{t1} + \varepsilon^2 \partial_{t2}, \boldsymbol{\nabla} = \varepsilon \boldsymbol{\nabla}_1 \end{cases} \tag{10.56}$$

首先对式(10.45)进行泰勒展开并略去 $O(\delta_t^3)$ 项：

$$\begin{aligned} &\left[1 + \delta_t(\boldsymbol{e}_i \cdot \boldsymbol{\nabla}) + \frac{\delta_t^2}{2}(\boldsymbol{e}_i \cdot \boldsymbol{\nabla})^2\right] a_\tau \left[1 + \delta_t(\partial_t + \boldsymbol{e}_i \cdot \boldsymbol{\nabla}) + \frac{\delta_t^2}{2}(\partial_t + \boldsymbol{e}_i \cdot \boldsymbol{\nabla})^2\right] g_i \\ &= g_i + \left(\left[1 + \delta_t(\boldsymbol{e}_i \cdot \boldsymbol{\nabla}) + \frac{\delta_t^2}{2}(\boldsymbol{e}_i \cdot \boldsymbol{\nabla})^2\right] a_\tau - 1\right) \left[1 + \delta_t(\boldsymbol{e}_i \cdot \boldsymbol{\nabla}) + \frac{\delta_t^2}{2}(\boldsymbol{e}_i \cdot \boldsymbol{\nabla})^2\right] g_i \\ &\quad - \Lambda_{ij}(g_j - g_j^{\mathrm{eq}}) + \delta_t\left(1 - \frac{\Lambda_{ij}}{2}\right) w_j R_\phi + O(\delta_t^3) \end{aligned} \tag{10.57}$$

整理得

$$\begin{aligned} &\left[1 + \delta_t(\boldsymbol{e}_i \cdot \boldsymbol{\nabla}) + \frac{\delta_t^2}{2}(\boldsymbol{e}_i \cdot \boldsymbol{\nabla})^2\right] a_\tau \left[\delta_t \partial_t + \frac{\delta_t^2}{2}\partial_t^2 + \delta_t^2 \partial_t(\boldsymbol{e}_i \cdot \boldsymbol{\nabla})\right] g_i \\ &\quad + \left[\delta_t(\boldsymbol{e}_i \cdot \boldsymbol{\nabla}) + \frac{\delta_t^2}{2}(\boldsymbol{e}_i \cdot \boldsymbol{\nabla})^2\right] g_i \\ &= - \Lambda_{ij}(g_j - g_j^{\mathrm{eq}}) + \delta_t\left(1 - \frac{\Lambda_{ij}}{2}\right) w_j R_\phi + O(\delta_t^3) \end{aligned} \tag{10.58}$$

进一步展开第一项并略去高阶量 $O(\delta_t^3)$ ，有

$$\begin{aligned} &a_\tau \left[\delta_t \partial_t + \frac{\delta_t^2}{2}\partial_t^2 + \delta_t^2 \partial_t(\boldsymbol{e}_i \cdot \boldsymbol{\nabla})\right] g_i + \delta_t^2(\boldsymbol{e}_i \cdot \boldsymbol{\nabla}) a_\tau \partial_t g_i \\ &\quad + \left[\delta_t(\boldsymbol{e}_i \cdot \boldsymbol{\nabla}) + \frac{\delta_t^2}{2}(\boldsymbol{e}_i \cdot \boldsymbol{\nabla})^2\right] g_i \\ &= - \Lambda_{ij}(g_j - g_j^{\mathrm{eq}}) + \delta_t\left(1 - \frac{\Lambda_{ij}}{2}\right) w_j R_\phi + O(\delta_t^3) \end{aligned} \tag{10.59}$$

将多尺度展开式(10.56)带入式(10.59)，得到关于 ε 的方程序列：

$$O(\varepsilon^0):g_i^{(0)} = g_i^{\mathrm{eq}} \tag{10.60a}$$

$$O(\varepsilon^1):a_\tau \partial_{t1} g_i^{(0)} + (\boldsymbol{e}_i \cdot \boldsymbol{\nabla}) g_i^{(0)} = -\frac{\Lambda_{ij}}{\delta_t} g_j^{(1)} + \left(1 - \frac{\Lambda_{ij}}{2}\right) w_j R_\phi \tag{10.60b}$$

$$O(\varepsilon^2):a_\tau\partial_{t2}g_i^{(0)}+a_\tau\partial_{t1}g_i^{(1)}+(\boldsymbol{e}_i\cdot\nabla)g_i^{(1)}+(\boldsymbol{e}_i\cdot\nabla)a_\tau\partial_{t1}g_i^{(0)}$$
$$+\frac{\delta_t}{2}[a_\tau\partial_t^2+2a_\tau\partial_{t1}(\boldsymbol{e}_i\cdot\nabla)+(\boldsymbol{e}_i\cdot\nabla)^2]g_i^{(0)}=\frac{\Lambda_{ij}}{\delta_t}g_j^{(2)} \tag{10.60c}$$

不同于 Cartalade 模型[5]，当前模型演化方程中用 $a_\tau(\boldsymbol{x}+\boldsymbol{e}_i\delta_t,t)$ 代替 $a_\tau(\boldsymbol{x},t)$ 会在二阶尺度上产生多余项 $(\boldsymbol{e}_i\cdot\nabla)a_\tau\partial_{t1}g_i^{(0)}$，但这一项求矩为零，对宏观方程无影响。

在矩空间，式(10.59)可以整理为

$$a_\tau\left[\partial_t+\frac{\delta_t}{2}\partial_t^2+\delta_t\partial_t(\boldsymbol{E}\cdot\nabla)\right]\boldsymbol{m}+\delta_t(\nabla a_\tau\cdot\boldsymbol{E})\partial_t\boldsymbol{m}$$
$$+\left[(\boldsymbol{E}\cdot\nabla)+\frac{\delta_t}{2}(\boldsymbol{E}\cdot\nabla)^2\right]\boldsymbol{m} \tag{10.61}$$
$$=-\frac{S}{\delta_t}(\boldsymbol{m}-\boldsymbol{m}^{\mathrm{eq}})+\left(\boldsymbol{I}-\frac{\boldsymbol{S}}{2}\right)\boldsymbol{R}+O(\delta_t^2)$$

式中：$\boldsymbol{I}$ 为单位矩阵，$\boldsymbol{E}=(\boldsymbol{E}_x,\boldsymbol{E}_y,\boldsymbol{E}_z)$ 定义为

$$\boldsymbol{E}_x=\boldsymbol{M}[\operatorname{diag}(e_{0x},e_{1x},\cdots,e_{qx})]\boldsymbol{M}^{-1} \tag{10.62a}$$
$$\boldsymbol{E}_y=\boldsymbol{M}[\operatorname{diag}(e_{0y},e_{1y},\cdots,e_{qy})]\boldsymbol{M}^{-1} \tag{10.62b}$$
$$\boldsymbol{E}_z=\boldsymbol{M}[\operatorname{diag}(e_{0z},e_{1z},\cdots,e_{qz})]\boldsymbol{M}^{-1} \tag{10.62c}$$

根据定义可得到下列关系式：

$$\boldsymbol{E}_x\boldsymbol{m}^{(0)}|_0=\langle\boldsymbol{e}_x|\boldsymbol{g}^{\mathrm{eq}}\rangle=0 \tag{10.63a}$$
$$\boldsymbol{E}_y\boldsymbol{m}^{(0)}|_0=\langle\boldsymbol{e}_y|\boldsymbol{g}^{\mathrm{eq}}\rangle=0 \tag{10.63b}$$
$$\boldsymbol{E}_z\boldsymbol{m}^{(0)}|_0=\langle\boldsymbol{e}_z|\boldsymbol{g}^{\mathrm{eq}}\rangle=0 \tag{10.63c}$$
$$\boldsymbol{E}_x\boldsymbol{m}^{(0)}|_1=\boldsymbol{E}_y\boldsymbol{m}^{(0)}|_2=\boldsymbol{E}_z\boldsymbol{m}^{(0)}|_3=\phi c_s^2/c \tag{10.63d}$$
$$\boldsymbol{E}_x\boldsymbol{m}^{(0)}|_2=\boldsymbol{E}_x\boldsymbol{m}^{(0)}|_3=\boldsymbol{E}_y\boldsymbol{m}^{(0)}|_1=\boldsymbol{E}_y\boldsymbol{m}^{(0)}|_3=\boldsymbol{E}_z\boldsymbol{m}^{(0)}|_1=\boldsymbol{E}_z\boldsymbol{m}^{(0)}|_2=0 \tag{10.63e}$$

由式(10.61)，在矩空间得到关于 ε 的方程序列：

$$O(\varepsilon^0):\boldsymbol{m}^{(0)}=\boldsymbol{m}^{\mathrm{eq}} \tag{10.64a}$$

$$O(\varepsilon^1):(a_\tau \partial_{t1} + \boldsymbol{E}\cdot\nabla)\boldsymbol{m}^{(0)} = -\frac{\boldsymbol{S}}{\delta_t}\boldsymbol{m}^{(1)} + \left(\boldsymbol{I} - \frac{\boldsymbol{S}}{2}\right)\boldsymbol{R}^{(1)} \quad (10.64\text{b})$$

$$O(\varepsilon^2):a_\tau \partial_{t2}\boldsymbol{m}^{(0)} + (a_\tau \partial_{t1} + \boldsymbol{E}\cdot\nabla)\boldsymbol{m}^{(1)} + (\nabla a_\tau \cdot \boldsymbol{E})\partial_{t1}\boldsymbol{m}^{(0)}$$
$$+ \frac{\delta_t}{2}[a_\tau \partial_{t1}^2 + 2a_\tau \partial_{t1}(\boldsymbol{E}\cdot\nabla) + (\boldsymbol{E}\cdot\nabla)^2]\boldsymbol{m}^{(0)} = -\frac{S}{\delta_t}\boldsymbol{m}^{(2)}$$
$$(10.64\text{c})$$

在式(10.64b)左侧乘上 $\frac{\delta_t}{2}(a_\tau \partial_{t1} + \boldsymbol{E}\cdot\nabla)$

$$\frac{\delta_t}{2}(a_\tau \partial_{t1} + \boldsymbol{E}\cdot\nabla)^2\boldsymbol{m}^{(0)} = -\frac{1}{2}(a_\tau \partial_{t1} + \boldsymbol{E}\cdot\nabla)\boldsymbol{S}\boldsymbol{m}^{(1)}$$
$$+ \frac{\delta_t}{2}(a_\tau \partial_{t1} + \boldsymbol{E}\cdot\nabla)\left(\boldsymbol{I} - \frac{\boldsymbol{S}}{2}\right)\boldsymbol{R}^{(1)}$$
$$(10.65)$$

利用式(10.65),将方程(10.64c)整理得

$$O(\varepsilon^2):a_\tau \partial_{t2}\boldsymbol{m}^{(0)} + [a_\tau \partial_{t1} + \boldsymbol{E}\cdot\nabla]\left(\boldsymbol{I} - \frac{\boldsymbol{S}}{2}\right)\left(\boldsymbol{m}^{(1)} + \frac{\delta_t}{2}\boldsymbol{R}^{(1)}\right)$$
$$+ (\nabla a_\tau \cdot \boldsymbol{E})\partial_{t1}\boldsymbol{m}^{(0)} + \frac{\delta_t}{2}[(a_\tau - a_\tau^2)\partial_{t1}^2\boldsymbol{m}^{(0)}] = -\frac{\boldsymbol{S}}{\delta_t}\boldsymbol{m}^{(2)}$$
$$(10.66)$$

方程(10.64a)、方程(10.64b)和方程(10.66)的第一行可以显式地写为

$$O(\varepsilon^0):m_0^{(0)} = m_0^{\text{eq}} \quad (10.67\text{a})$$

$$O(\varepsilon^1):a_\tau \partial_{t1}m_0^{(0)} + \partial_{x1}m_1^{(0)} + \partial_{y1}m_2^{(0)} + \partial_{z1}m_3^{(0)} - R_0^{(1)} = -\frac{s_0}{\delta_t}\left(m_0^{(1)} + \frac{\delta_t}{2}R_0^{(1)}\right)$$
$$(10.67\text{b})$$

$$O(\varepsilon^2):a_\tau \partial_{t2}m_0^{(0)} + c\nabla_1\cdot\left[\left(\boldsymbol{I} - \frac{\boldsymbol{A}}{2}\right)\begin{pmatrix} m_1^{(1)} + \frac{\delta_t}{2}R_1^{(1)} \\ m_2^{(1)} + \frac{\delta_t}{2}R_2^{(1)} \\ m_3^{(1)} + \frac{\delta_t}{2}R_3^{(1)} \end{pmatrix}\right] + c\begin{bmatrix} \partial_{x1}a_\tau \partial_{t1}m_1^{(0)} \\ \partial_{y1}a_\tau \partial_{t1}m_2^{(0)} \\ \partial_{z1}a_\tau \partial_{t1}m_3^{(0)} \end{bmatrix}$$

$$+\partial_{t1}\left[\left(1-\frac{s_0}{2}\right)\left(m_0^{(1)}+\frac{\delta_t}{2}R_0^{(1)}\right)\right]+\frac{\delta_t}{2}[(a_\tau-a_\tau^2)\partial_{t1}^2 m_0^{(0)}]=-\frac{s_0}{\delta_t}m_0^{(2)}\quad(10.67\text{c})$$

基于下列关系式：

$$m_0^0=\phi,m_1^{(0)}=m_2^{(0)}=m_3^{(0)}=0,R_0^{(1)}=R_\phi,m_0^{(1)}+\frac{\delta_t}{2}R_0^{(1)}=0\quad(10.68)$$

式(10.67b)和式(10.67c)化简得

$$O(\varepsilon^1):a_\tau\partial_{t1}\phi=R_\phi\quad(10.69\text{a})$$

$$O(\varepsilon^2):a_\tau\partial_{t2}\phi+c\,\nabla_1\cdot\left[\left(\boldsymbol{I}-\frac{\boldsymbol{A}}{2}\right)\begin{pmatrix}m_1^{(1)}+\frac{\delta_t}{2}R_1^{(1)}\\ m_2^{(1)}+\frac{\delta_t}{2}R_2^{(1)}\\ m_3^{(1)}+\frac{\delta_t}{2}R_3^{(1)}\end{pmatrix}\right]+\frac{\delta_t}{2}(a_\tau-a_\tau^2)\partial_{t1}^2\phi=0$$

(10.69b)

由式(10.67b)，结合关系式(10.68)可得

$$-\frac{\boldsymbol{A}}{\delta_t}\begin{pmatrix}m_1^{(1)}+\frac{\delta_t}{2}R_1^{(1)}\\ m_2^{(1)}+\frac{\delta_t}{2}R_2^{(1)}\\ m_3^{(1)}+\frac{\delta_t}{2}R_3^{(1)}\end{pmatrix}=\partial_{t1}\begin{pmatrix}m_1^{(0)}\\ m_2^{(0)}\\ m_3^{(0)}\end{pmatrix}+\nabla_1\left(\frac{\phi c_s^2}{c}\right)-\begin{pmatrix}R_1^{(1)}\\ R_2^{(1)}\\ R_3^{(1)}\end{pmatrix}=\frac{c_s^2}{c}\nabla_1\phi$$

(10.70)

将式(10.70)代入式(10.69b)得

$$O(\varepsilon^2):a_\tau\partial_{t2}\phi=\nabla_1\cdot\left[\left(\boldsymbol{I}-\frac{\boldsymbol{A}}{2}\right)\boldsymbol{A}^{-1}c_s^2\delta_t\nabla_1\phi\right]-\frac{\delta_t}{2}(a_\tau-a_\tau^2)\partial_{t1}^2\phi$$

(10.71)

由式(10.69a)和式(10.71)，合并两个尺度的宏观方程可得

$$a_\tau\partial_t\phi=\nabla\cdot(\boldsymbol{D}^e\nabla\phi)+R_\phi-\frac{\delta_t}{2}(a_\tau-a_\tau^2)\partial_t^2\phi\quad(10.72)$$

式中：最后一项为二阶误差，一般可忽略。等效扩散系数矩阵为

$$D^{e} = \left(I - \frac{A}{2}\right) A^{-1} c_{s}^{2} \delta_{t} \tag{10.73}$$

10.2.5 自适应网格加密

当进行三维枝晶生长模拟时,由于维度增加,网格数、离散格子速度数量以及梯度算子的计算成本均显著增加。为了提高计算效率、降低内存消耗,可采用三维自适应网格加密算法对网格进行优化。这里将 Fakhari 等[18]针对二维多相流问题提出的加密算法拓展到三维枝晶生长模拟。下面对加密算法作简要介绍:

(1)数据结构:将计算域划分为不同的立方块子块,每个子块的网格数为 $n_x \times n_y \times n_z$,不同子块可以用自定义指针类型的结构体进行描述。结构体中存储对应子块的网格层级和网格尺寸,子块内部格点的分布函数和宏观量,以及上级子块、属级子块和各方向相邻子块的指针等信息。

(2)网格细化/粗化:首先采用若干个网格层级为 0 的基准块覆盖整个计算域,加密过程将从最低网格层级的子块开始,逐级执行加密算法直到最细网格层级。网格加密算法的触发需要满足下面的条件之一:①网格层级低于给定的层级下限;②子块内序参量满足 $|\nabla \phi| > \varepsilon_1$;③相邻子块网格层级相差大于 1。与之相反的是,网格粗化过程是从最细网格层级的子块开始逐级执行,若子块内序参量满足 $|\nabla \phi| < \varepsilon_2$ 或者相邻子块网格层级之差大于 1 则触发粗化网格算法。

(3)数据传递:网格细化或者粗化涉及上级-属级子块之间的信息传递,采用三次插值格式保证二阶精度。标准 LBE 模型中的碰撞步是完全局部化的,在不同子块内部即可独立完成,而最外层格点的迁移步则需要额外补充迁移进入子块的分布函数信息。当前相场 LBE 模型中序参量梯度也是非局部运算,子块边界网格的序参量梯度涉及相邻子块的序参量信息。为了方便子块之间的信息传递,相邻子块设置单个网格厚度的重叠区域,执行非局部运算前需要对重叠区域的分布函数和宏观量进行更新。若为同层级网格,重叠区域可由相邻子块信息直接填充;非同级重叠区域则需要用到插值计算。

图 10-2 给出了三维等轴枝晶计算过程某一时刻的子块划分和网格分布,可以看到,只有界面附近的区域使用了最细的网格,极大地降低了计算成本。

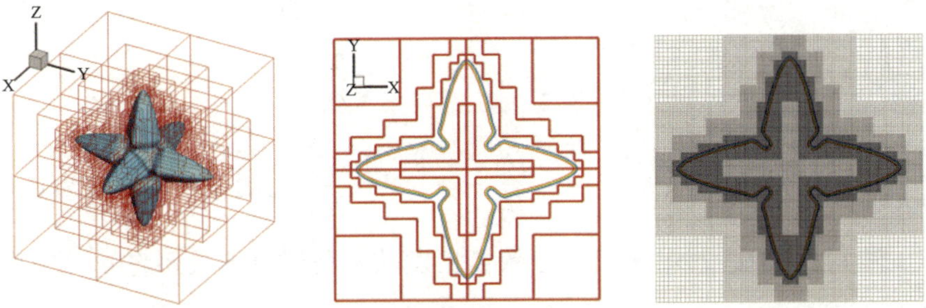

图 10-2　三维等轴枝晶生长模拟的自适应加密网格

10.3　组分扩散的 LBE 模型

针对合金枝晶生长的组分扩散方程构造格子玻尔兹曼模型，其难点主要包括两个方面：一是组分扩散方程的瞬态项系数不为常数，标准 LBE 模型经过 Chapman-Enskog 多尺度展开无法恢复得到变系数的瞬态项；二是固相扩散系数非常小，甚至可能为 0，这使得 LBE 模型的松弛时间趋近或等于 0.5，导致模型的稳定性较差。为了规避上述问题，本节并不直接求解组分扩散方程，而是将其整理成格子玻尔兹曼方法方便求解的形式。

引入中间变量 Ω 重新整理组分扩散方程，中间变量 Ω 的定义为

$$\Omega = \frac{C/C_\infty}{\frac{1}{2}[1 + k_0 - (1 - k_0)\phi]} \tag{10.74}$$

易知中间变量与无量纲浓度满足关系 $\Omega = (1 - k_0)U + 1$，中间变量的偏导数满足：

$$\nabla\Omega = (1 - k_0)\nabla U \tag{10.75}$$

$$\frac{\partial(\zeta_\phi\Omega)}{\partial t} = (1 - k_0)\left[\frac{1 + k_0 - (1 - k_0)\phi}{2}\frac{\partial U}{\partial t} - \frac{(1 - k_0)U + 1}{2}\frac{\partial\phi}{\partial t}\right] \tag{10.76}$$

式中：$\zeta_\phi = \frac{1 + k_0}{2} - \frac{1 - k_0}{2}\phi$。组分扩散方程可整理成如下形式：

$$\partial_t(\zeta_\phi \Omega) = \nabla \cdot \left[D_{\mathrm{L}} q_\phi \nabla \Omega - (1 - k_0) \boldsymbol{j}_{\mathrm{at}} \right] \tag{10.77}$$

式中：$\boldsymbol{j}_{\mathrm{at}}(\boldsymbol{x},t) = -\left(1 - k_0 \dfrac{D_{\mathrm{S}}}{D_{\mathrm{L}}}\right) \dfrac{1}{2\sqrt{2}} W_0 \Omega \times \dfrac{\partial \phi}{\partial t} \dfrac{\nabla \phi}{|\nabla \phi|}$。

不考虑固相扩散率，则 $q_\phi = k_0 \dfrac{D_{\mathrm{S}}}{D_{\mathrm{L}}} \dfrac{1+\phi}{2} + \dfrac{1-\phi}{2}$ 在固相区域的值为 0，根据式(10.77)直接构造 LBE 模型会导致模型发散。利用以下关系将 q_ϕ 整理到梯度算子内部：

$$q_\phi \nabla \Omega = \nabla(q_\phi \Omega) - \Omega \frac{\mathrm{d}q_\phi}{\mathrm{d}\phi} \nabla \phi \tag{10.78}$$

控制方程可进一步整理为

$$\partial_t(\zeta_\phi \Omega) = \nabla \cdot \left[D_{\mathrm{L}} \nabla(q_\phi \Omega) - \Omega \boldsymbol{B} \right] \tag{10.79}$$

式中：$\boldsymbol{B}$ 的表达式为

$$\begin{aligned} \boldsymbol{B} &= \frac{k_0 D_{\mathrm{S}} - D_{\mathrm{L}}}{2} \nabla \phi - \left(1 - k_0 \frac{D_{\mathrm{S}}}{D_{\mathrm{L}}}\right) \frac{1 - k_0}{2\sqrt{2}} W_0 \times \frac{\partial \phi}{\partial t} \frac{\nabla \phi}{|\nabla \phi|} \\ &= -\left(1 - k_0 \frac{D_{\mathrm{S}}}{D_{\mathrm{L}}}\right) \left[\frac{D_{\mathrm{L}}}{2} \nabla \phi + \frac{1 - k_0}{2\sqrt{2}} W_0 \times \frac{\partial \phi}{\partial t} \frac{\nabla \phi}{|\nabla \phi|} \right] \end{aligned} \tag{10.80}$$

基于式(10.79)设计相应的 LBE 模型，分布函数演化方程表示为

$$h_i(\boldsymbol{x} + \boldsymbol{e}_i \delta \boldsymbol{x}, t + \delta t) = h_i(\boldsymbol{x}, t) - \frac{1}{\tau_h} \left[h_i(\boldsymbol{x}, t) - h_i^{\mathrm{eq}}(\boldsymbol{x}, t) \right] \tag{10.81}$$

式中：松弛时间与扩散系数的关系为

$$\tau_h = \frac{D_{\mathrm{L}}}{c_{\mathrm{s}}^2 \delta_t} + \frac{1}{2} \tag{10.82}$$

平衡分布函数设计为

$$h_i^{\mathrm{eq}} = \begin{cases} \zeta_\phi \Omega + (w_0 - 1) q_\phi \Omega, & i = 0 \\ w_i \Omega \left[q_\phi + \dfrac{\boldsymbol{e}_i \cdot \boldsymbol{B}}{c_{\mathrm{s}}^2} \right], & i \neq 0 \end{cases} \tag{10.83}$$

平衡分布函数各阶矩满足以下条件：

$$\sum_i h_i^{\mathrm{eq}} = \zeta_\phi \Omega, \ \sum_i \boldsymbol{e}_i h_i^{\mathrm{eq}} = \Omega \boldsymbol{B}, \ \sum_i \boldsymbol{e}_i \boldsymbol{e}_i h_i^{\mathrm{eq}} = c_{\mathrm{s}}^2 q_\phi \Omega \boldsymbol{I} \tag{10.84}$$

执行碰撞-迁移算法对分布函数更新，宏观量 Ω 由分布函数求矩得到：

$$\Omega = \sum_i h_i / \zeta_\phi \tag{10.85}$$

当前模型最显著的特点是没有直接求解无量纲浓度，而是通过引入中间变量 Ω 将控制方程整理成适合 LBE 模型求解的简单形式。原方程中的 $\zeta_\phi \partial_t U$ 和 $\frac{1}{2}[1+(1-k_0)U]\partial_t \phi$ 两项整理成 $\partial_t(\zeta_\phi \Omega)/(1-k_0)$，不仅使组分扩散方程的瞬态项系数变为常数，还减少了需要额外处理的等效源项。目标方程（10.79）中的 $-\nabla\cdot(\Omega \boldsymbol{B})$ 除了按对流项处理，还可以按等效源项处理，即在演化方程中引入离散源项进行重构，有

$$R_i = \left(1 - \frac{1}{2\tau_h}\right) w_i \frac{\boldsymbol{e}_i \cdot (\Omega \boldsymbol{B})}{D_{\mathrm{L}}} \tag{10.86}$$

模型中的松弛时间只与液相溶质扩散系数相关，适用于固相溶质扩散系数为 0 的情况。此外，当前模型的局部性明显优于已有模型[5,19]，模型中只包含非局部项 $\nabla\phi$，而 $\nabla\phi$ 在求解相场方程时已经得到，并不会增加额外的非局部计算。

10.4　等轴枝晶生长模拟

为了量化枝晶生长过程，枝晶尖端曲率半径及尖端移动速度成为描述枝晶生长过程的重要参数。根据界面曲率半径的定义，二维枝晶曲率半径 r_t 的计算表达式为

$$\frac{1}{r_t} = \nabla\cdot\boldsymbol{n} = \frac{1}{|\nabla\phi|}\left(\nabla^2\phi - \frac{\nabla\phi\cdot\nabla|\nabla\phi|}{|\nabla\phi|}\right) \tag{10.87}$$

若枝晶臂主轴方向与 x 轴一致，式（10.87）可以化简为

$$\frac{1}{r_t} = \frac{\partial_{yy}\phi(x_{\mathrm{tip}},0)}{\partial_x\phi(x_{\mathrm{tip}},0)} \tag{10.88}$$

式中：x_{tip} 表示界面与 x 轴的交点位置。选取枝晶尖端附近格点的序参量拟合得到函数 $\phi(x,y)$ 的分布，由 $\phi(x,0)=0$ 确定界面位置 x_{tip}，可进一步由式（10.88）得到枝晶尖端曲率半径。尖端移动速度可由尖端界面位置关于时间作差分近似得到。三维枝晶尖端的曲率半径计算表达式为

$$\frac{1}{r_t} = \frac{\partial_{yy}\phi(x_{\mathrm{tip}},0,0) + \partial_{zz}\phi(x_{\mathrm{tip}},0,0)}{\partial_x\phi(x_{\mathrm{tip}},0,0)} \tag{10.89}$$

10.4.1 模型验证

本节采用等轴自由枝晶生长作为基准算例验证多松弛格子玻尔兹曼模型。在二维和三维情况下,界面能各向异性函数分别表示为 $a_s(\boldsymbol{n}) = 1 - 3\varepsilon_s + 4\varepsilon_s(n_x^4 + n_y^4)$ 和 $a_s(\boldsymbol{n}) = 1 - 3\varepsilon_s + 4\varepsilon_s(n_x^4 + n_y^4 + n_z^4)$,其中 ε_s 为各向异性参数,这里取 $\varepsilon_s = 0.05$。为了消除动力学效应,耦合系数取 $\lambda = \tau_0\alpha/(a_2 W_0^2)$,且动力学各向异性函数满足 $a_\tau(\boldsymbol{n}) = a_s^2(\boldsymbol{n})$ 。计算域边长为 $L = 512$,初始时刻将半径为 $R_0 = 10$ 的晶核置于温度为 $\bar{T}_0 = -0.55$ 熔体之中,序参量初始化为

$$\phi(x,y) = \tanh\left(\frac{R_0 - R_s}{\sqrt{2}W_0}\right) \tag{10.90}$$

式中: R_s 表示到晶核中心 (x_0,y_0) 的距离。考虑到各向异性函数在三维情况下具有对称性,为了简化计算,只取 1/8 的计算域。四周温度边界和相场边界采用对称边界格式。设定界面厚度 $W_0 = 2.5\delta_x$,弛豫时间为 $\tau_0 = 125\delta_t$,耦合系数 $\lambda = 6.3826$。假定固液两相的热扩散系数各向同性且相等,根据耦合系数可以确定热扩散系数 $\alpha = \lambda a_2 W_0^2/\tau_0$ 和热毛细长度 $d_0 = a_1 W_0/\lambda$ 。

图 10-3 给出了二维枝晶生长过程中不同时刻的界面位置,图中线条从中心向外分别表示在 $t/\tau_0 = 0,4,8,16,32,64,128$ 时刻的界面位置。可以观察到枝晶在生长过程中始终保持对称性。枝晶形貌由初始的圆形逐渐演化成四边形并最终呈现典型的枝晶形貌。注意到枝晶在坐标轴方向上的界面移动速度较大,成为枝晶尖端。图 10-4 的温度分布云图在一定程度上解释了界面各向异性移动的原因,由于〈10〉晶向上温度梯度远大于〈11〉晶向,这使得坐标轴方向上的生长速度快于 45°方向。

对于三维等轴枝晶生长,图 10-5 所示为不同时刻的枝晶形貌,对应的时间分别为 $t/\tau_0 = 0,8,20,40,60,80$。随着晶体长大,界面形貌从球形逐渐演变成类八面体,最后形成复杂的三维枝晶结构。在 $t/\tau_0 = 60$ 时刻得到的枝晶形貌与 Wang 等[19]的结果一致。在 $t/\tau_0 = 80$ 时,三维枝晶尖端已经靠近计算域边界,为了避免边界对晶体形貌的影响,更长时间的枝晶生长模拟需要增大计算域。

图 10-6 给出了右侧枝晶臂尖端的生长速率 v_t 和曲率半径 r_t 的时间历程曲线,分别以 α/d_0 和 d_0 作为特征速度和特征长度进行无量纲化。初始阶段尖端

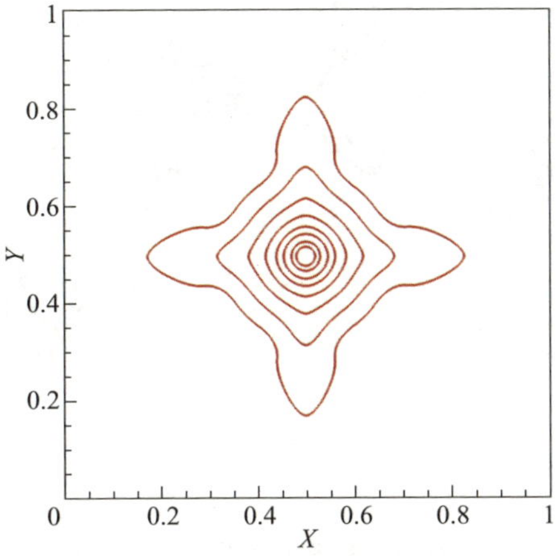

图 10-3　枝晶界面演化

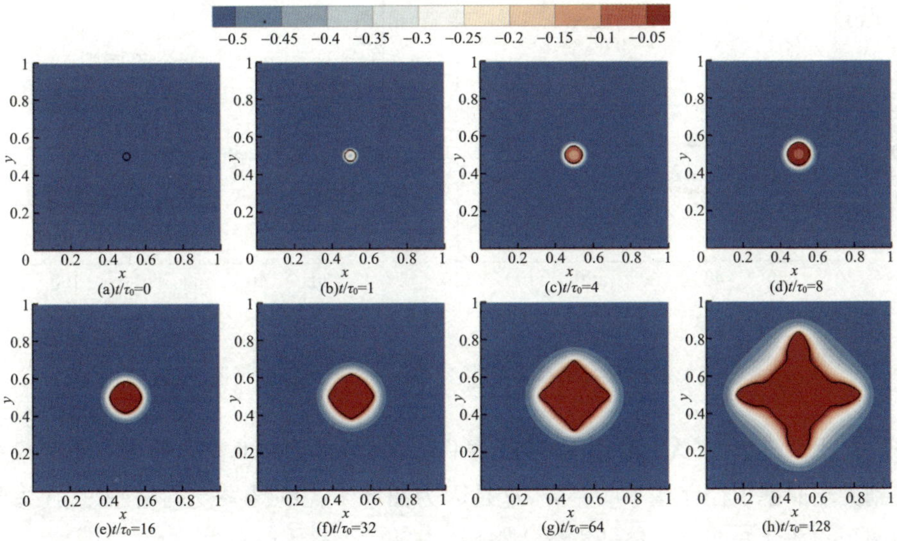

图 10-4　枝晶生长温度分布

生长速度快，尖端半径迅速增加，在 $t > 80\tau_0$ 时，尖端速度和曲率半径趋于稳定。基于稳态下枝晶尖端速度和枝晶尖端局部曲率半径可计算得到佩克莱特数，$Pe = v_t r_t/(2\alpha)$ 。

表 10-1 比较了基于有限元法、有限体积法和当前相场格子玻尔兹曼方法得到的枝晶尖端稳态参数。当前模型所预测的枝晶尖端特征参数同文献吻合良

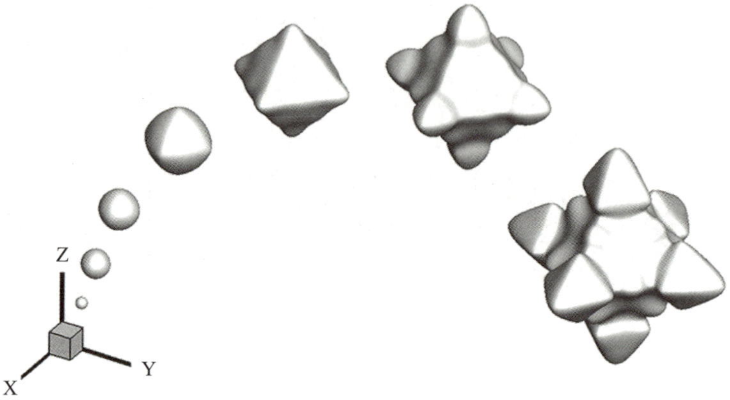

图 10-5 三维枝晶生长形貌演化

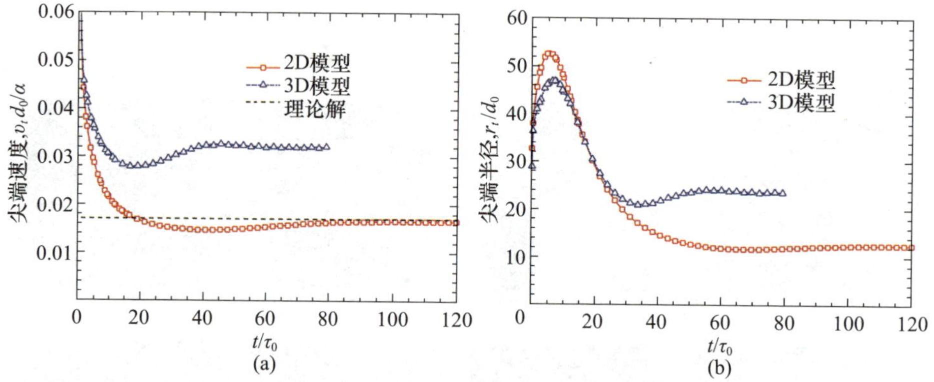

图 10-6 右侧枝晶臂尖端生长速率和曲率半径的时间历程曲线

好。对于二维情况,无量纲尖端速度为 0.0166,与理论解 0.017 相当。不同模型得到尖端曲率半径存在一些差异,这是因为曲率半径的结果受网格密度、序参量初始化表达式和曲率半径计算格式影响。因此,这种差异是可以接受的。

表 10-1 不同数值模拟方法得到的枝晶尖端稳态参数

模拟方法	2D			3D		
	v_t	r_t	Pe	v_t	r_t	Pe
LBM	0.0166	12.51	0.104	0.0320	23.59	0.377
FEM[20]	0.0169	10.58	0.089	0.0318	20.86	0.332
FVM[21]	—	—	—	0.03058	27.122	0.415

为了与 Ivantsov 理论解对比，可以对尖端较大区域的枝晶臂进行抛物线拟合，从而计算得到尖端曲率半径[22]。对于二维和三维情况，尖端半径分别为 49.2875d_0 和 30.1956d_0。相应地，佩克莱特数分别为 0.2506 和 0.7837，与 Ivantsov 理论解吻合良好（分别为 0.257 和 0.78）。

当前相场格子玻尔兹曼模型在进行并行计算时具有优势。以三维枝晶生长为例，采用 20 个核心进行并行计算，当前模型中碰撞步和修正步所消耗的时间比 Wang 等[19]多松弛模型中碰撞步所消耗的时间减少约 26%。

下面讨论格子模型对相界面的影响，图 10-7 比较了 $t/\tau_0 = 128$ 时刻的相界面，实线和虚线分别表示 D2Q9 和 D2Q5 格子模型得到的结果。整体而言，两种模型均能够得到较为准确的界面轮廓。

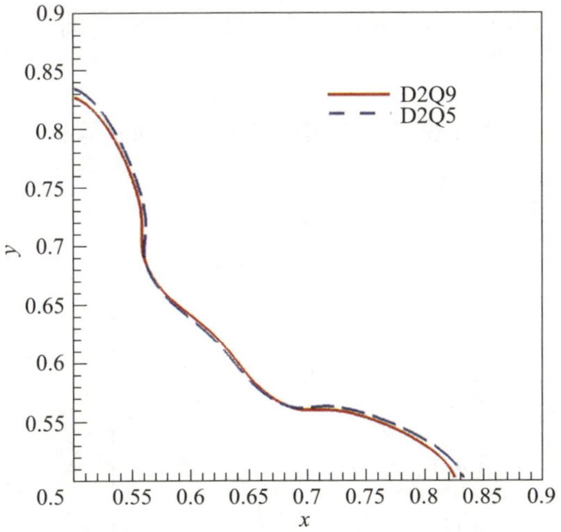

图 10-7　D2Q5 和 D2Q9 格子对相界面的影响

图 10-8 定量比较了枝晶尖端速率和曲率半径，相较于 D2Q9 格子模型，D2Q5 格子得到的枝晶尖端速度略小、曲率半径略大。为了降低格子模型各向异性所产生的数值误差，选用 D2Q9、D3Q15 和 D3Q19 等离散速度方向更多的格子模型是更好的选择。只需修改转换矩阵 $\boldsymbol{M}$ 和松弛矩阵 $\boldsymbol{S}$，当前模型可以很容易地拓展得到不同离散速度模型所对应的格子玻尔兹曼格式。

由于模型采用了均匀方形网格，网格各向异性也可能影响枝晶生长模拟精度。采用不同择优生长取向的枝晶生长验证网格各向异性。假定枝晶[1,0]取向与坐标轴的夹角 θ 分别为 $\pi/6$、$\pi/4$ 和 $\pi/3$，图 10-9 给出了不同偏转角对应的界面形状。为了便于比较，将计算域绕着晶核中心逆时针旋转 θ ，不同偏转角下的界面形状在旋转之后能够很好地重合。这说明当前模型（D2Q9）的网格各向异性可忽略，同时也表明坐标变换得到的 $\boldsymbol{D}^{e}$ 矩阵适用于求解任意晶体取向的晶体生长。

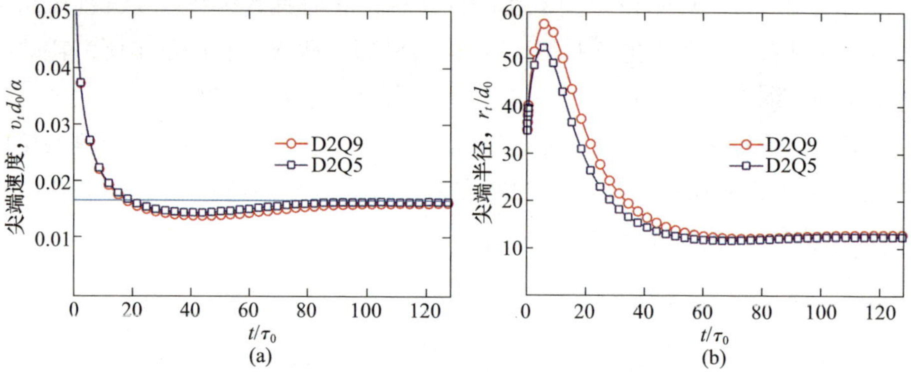

图 10-8　不同格子模型得到的枝晶尖端速度和曲率半径的变化曲线

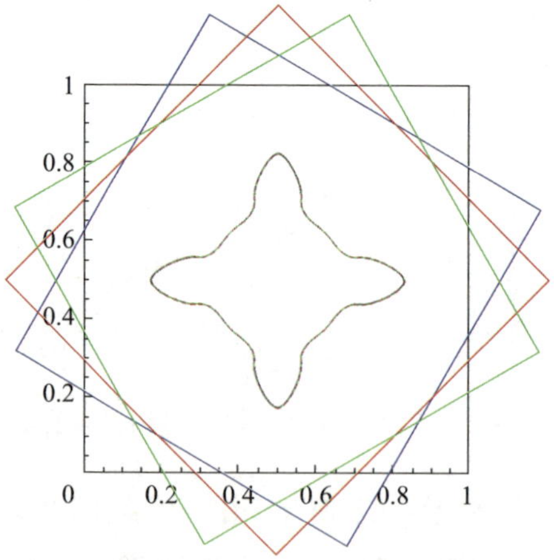

图 10-9　不同择优生长取向 $\theta = \pi/3, \pi/4, \pi/6$ 得到的相界面

10.4.2　二维枝晶生长

不考虑流体流动，影响纯物质枝晶生长的因素包括过冷度 $\Delta = -\bar{T}_0$，界面能各向异性系数 ε_s 及晶体热扩散系数等。本小节将讨论不同因素对等轴枝晶自

由生长过程中界面相貌、界面移动速度以及温度分布的影响。若无特殊声明，边界条件、初始条件、网格及其他参数设置同上一节一致。

1. 过冷度对二维枝晶生长的影响

过冷度直接影响相界面移动速度和平衡态晶体形貌。这里选取过冷度分别为 $\Delta = 0.2, 0.3, 0.4, 0.5, 0.55, 0.6$ 进行模拟计算。图 10-10 给出了不同过冷度对应的枝晶界面演化，图中线条的稀疏可以定性地反映枝晶的界面移动速率。随着过冷度增大，枝晶生长速率加快，相同时间内得到的枝晶体积显著增大。

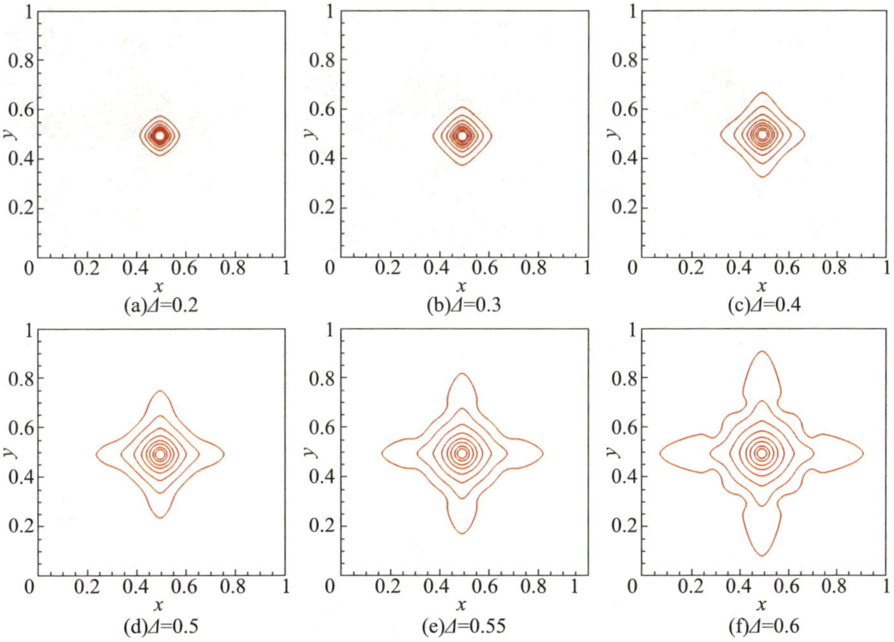

图 10-10 不同过冷度下在 $t/\tau_0 = 128$ 时得到的界面演化

图 10-11 给出了 $t/\tau_0 = 128$ 时的温度分布云图，黑色实线表示相界面。显然，随着过冷度增加，界面附近的温度梯度显著增大，相界面具有更大的移动速度。

图 10-12 给出了右侧枝晶臂尖端的法向速度和曲率半径的时间历程曲线。初始阶段尖端速度由极大值迅速减小并趋于稳定。稳态速度随着过冷度的增加而增大，呈非线性变化规律。不同过冷度下的尖端曲率半径则呈现更加复杂

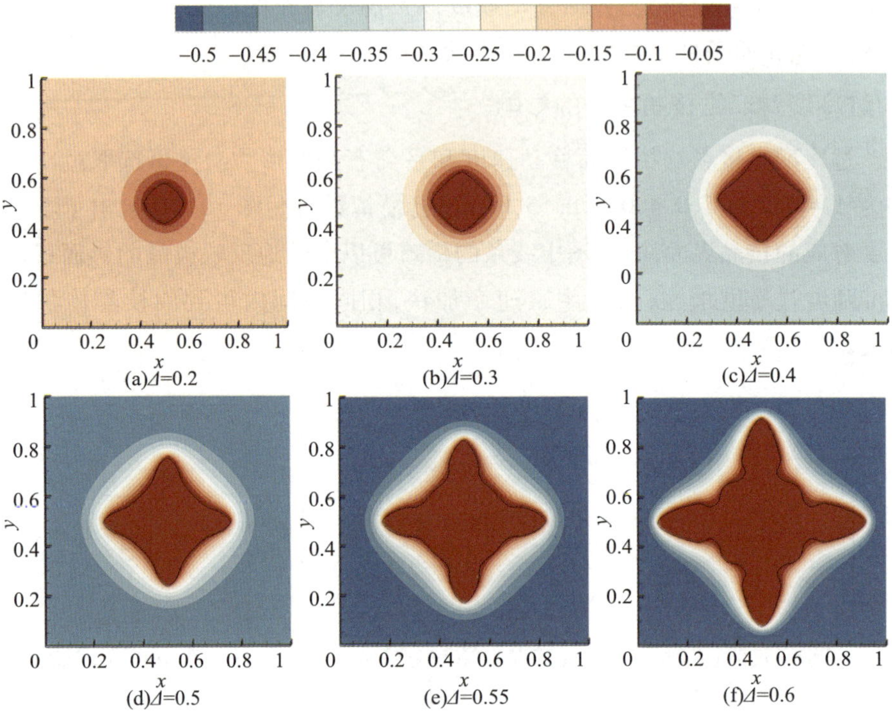

图 10-11 不同过冷度下在 $t/\tau_0=128$ 时得到的温度分布

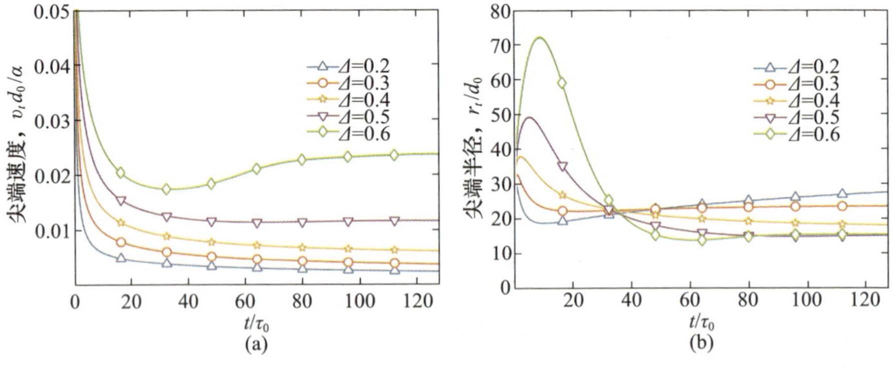

图 10-12 不同过冷度下枝晶尖端移动速度和曲率半径的时间历程曲线

的变化趋势。若为各向同性生长，理论上曲率半径将随着晶体生长不断增大，且过冷度越大，曲率半径增长越快。各向异性晶体生长情况下，初始阶段界面温度分布均匀，晶体向外生长导致曲率半径增大，而各向异性效应则抑制其尖端增大。两种因素的共同作用下，在 $\Delta = 0.2$ 和 $\Delta = 0.6$ 下初始阶段尖端曲率呈现相反的变化趋势。稳态下，曲率半径随过冷度增大而减小。需要指出的是，当过冷度取更大值，非平衡界面动力学将变得重要，需要考虑界面移动对界面温度的影响。

2. 界面能各向异性对枝晶生长的影响

各向异性系数 ε_s 反映了界面能各向异性强度。下面模拟 ε_s 在 0.01～0.06 取值时的枝晶生长过程。图 10-13 给出了不同各向异性系数对应的枝晶形貌变化，不同等高线分别表示时间 $t/\tau_0 =$ 0、4、8、16、32、64、128。随着各向异性系数增大，晶体由圆形逐渐变成对称枝晶，ε_s 越大枝晶轮廓越明显。

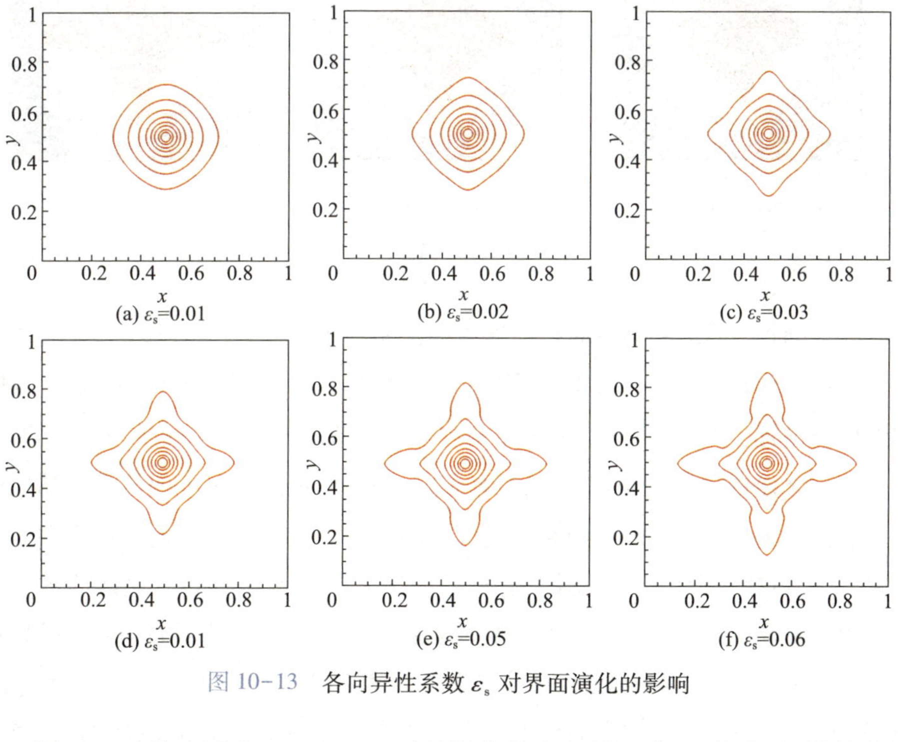

图 10-13　各向异性系数 ε_s 对界面演化的影响

图 10-14 给出了在 $t/\tau_0 = 128$ 时的温度分布云图。当 ε_s 较大时，枝晶尖端附近熔体温度梯度明显增大，尖端生长速度较快。

图 10-15 比较了不同各向异性系数下枝晶尖端生长参数随时间的变化规律。在初始阶段，枝晶尖端速度迅速减小，不同各向异性系数下的速度曲线几

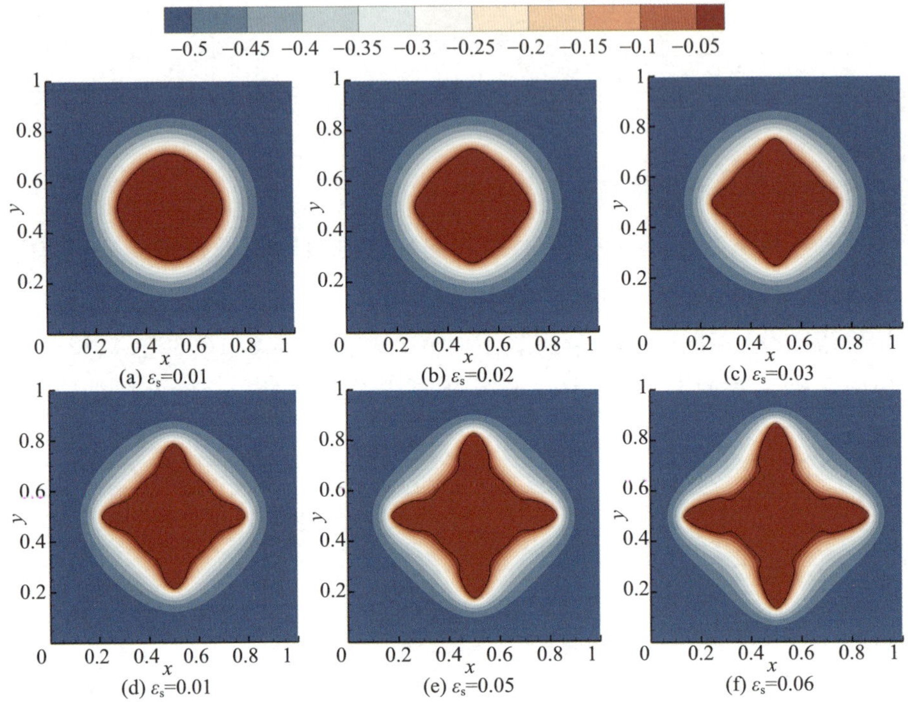

图 10-14　不同各向异性系数 ε_s 下的温度分布

乎重合，此时 ε_s 不是影响界面移动速度的主要因素。在 $t/\tau_0>10$ 时，尖端速度呈现两种变化趋势：当 ε_s 较小时，尖端速度缓慢减小并逐渐趋于稳定，这与各向同性生长过程类似；当 ε_s 较大时（如 $\varepsilon_s=0.06$），尖端速度在 $t/\tau_0\approx30$ 附近取得极小值后缓慢增加达到稳定状态。在 $t/\tau_0\approx80$ 时，不同工况下的枝晶尖端速度近似达到平衡状态，稳态速度随 ε_s 增大而增大。枝晶形貌对各向异性系数非常敏感，为定量描述形貌变化，图中给出了枝晶尖端半径随时间变化的曲线。随着相界面移动，尖端半径先增加到极大值后缓慢下降达到平衡状态，平衡状态的半径随 ε_s 增大而减小，较小的尖端半径意味着枝晶形态更加明显。当 $\varepsilon_s>1/15$ 时，当前的各向异性界面能函数不再适用于描述这种强非线性相变，需要对界面能函数作相应的修正，这里不作展开讨论。

3. 各向异性热扩散系数对枝晶生长的影响

晶体的热力学性质通常与晶体取向有关，假定 x 和 y 方向的热扩散系数分别取得最大值和最小值,比值 $AR = \alpha_{max}/\alpha_{min}$。图 10-16 和图 10-17 给出了不同热扩散系数比 AR 对界面演化过程和 $t/\tau_0 = 128$ 时的温度分布的影响。

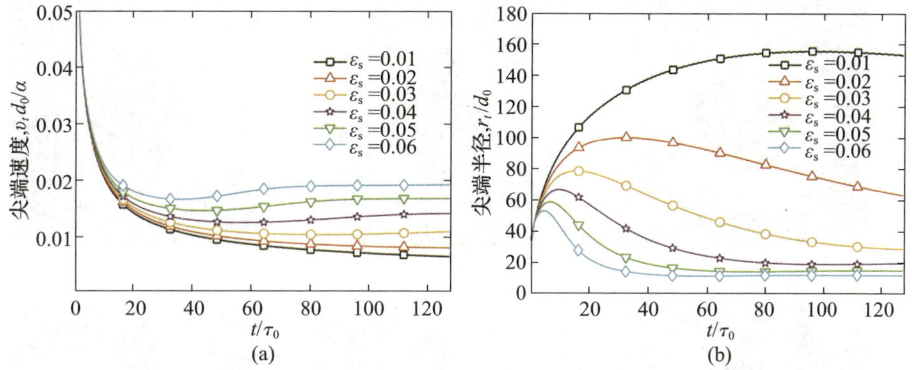

图 10-15 不同各向异性系数 ε_s 下枝晶尖端生长参数的时间历程曲线

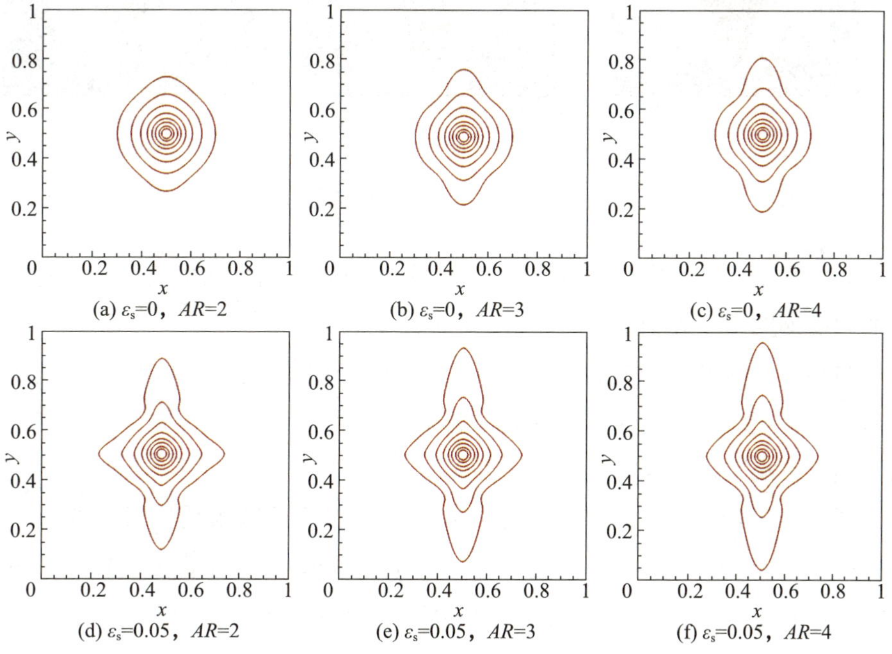

图 10-16 不同热扩散系数比对界面演化的影响

当不考虑界面自由能各向异性时,即 $\varepsilon_s = 0$,随着 AR 增大,x 方向的界面轮廓变化较小,而 y 方向的枝晶臂明显增长,晶体形貌关于直线 $y = x$ 不再对称。

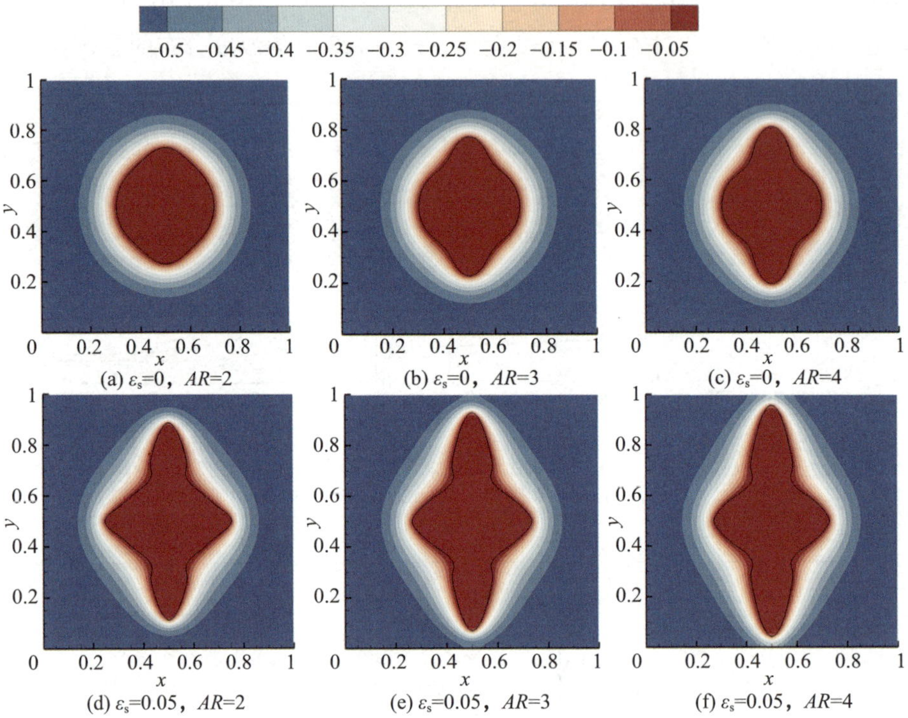

图 10-17　不同热扩散系数比对温度分布的影响

由于晶体中 x 方向的热扩散系数较大，热量输运较快，可以观察到界面附近 y 方向的温度梯度明显大于 x 方向。

当同时考虑界面自由能各向异性（$\varepsilon_s = 0.05$）和热扩散系数各向异性时，界面移动速度的各向异性更加明显。类似地，热扩散系数的各向异性导致 y 方向枝晶臂尖端生长速率明显快于 x 方向。

图 10-18 给出了不同界面能各向异性系数和热扩散系数比对应的枝晶尖端速度变化曲线。在水平方向上，当 $\varepsilon_s = 0$ 时，不同热扩散系数比所得到的枝晶尖端速度几乎一致；当 $\varepsilon_s = 0.05$ 时，枝晶尖端的稳态速度随热扩散系数比的增大而减小。在竖直方向上，枝晶尖端的稳态速度随热扩散系数比增大而增大，增大界面能各向异性系数能够提高尖端移动速率。

图 10-19 比较了水平和竖直方向上枝晶尖端的曲率半径变化过程。在水平方向上，尖端曲率半径随热扩散系数比增大而增大，$\varepsilon_s = 0.05$ 时无稳态曲率

半径。在竖直方向上，当 $\varepsilon_s=0$ 时，尖端曲率半径随热扩散系数比的增大而减小且存在稳态半径；当 $\varepsilon_s=0.05$ 时，尖端曲率半径的变化曲线几乎重合，热扩散系数比几乎不影响竖直方向上的枝晶形貌。

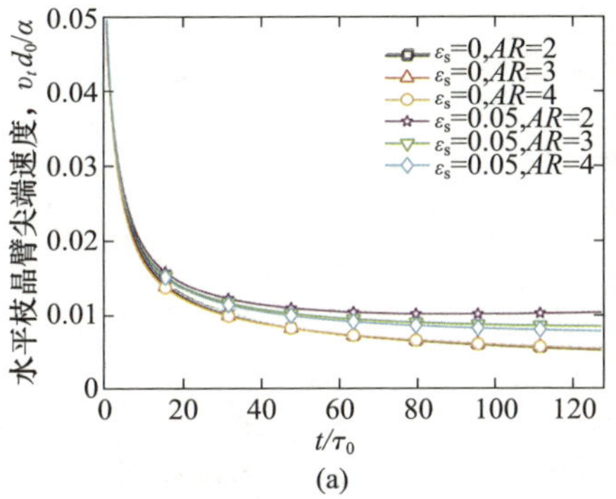

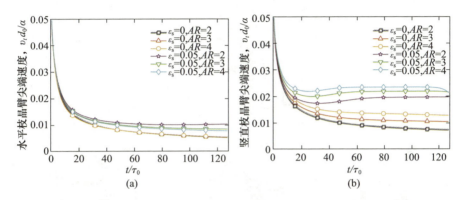

图 10-18　不同热扩散系数比时枝晶尖端移动速度的时间历程曲线

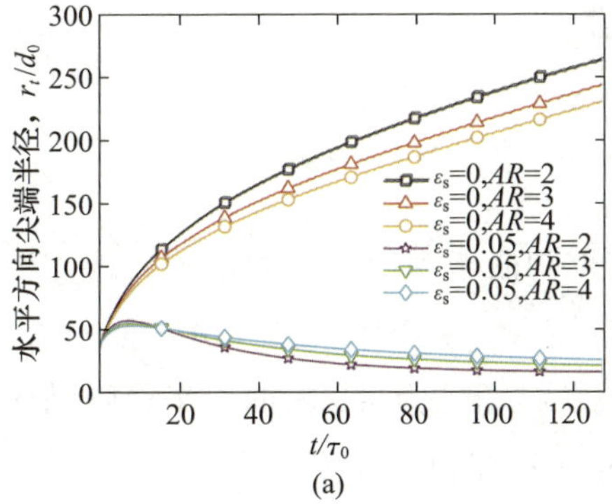

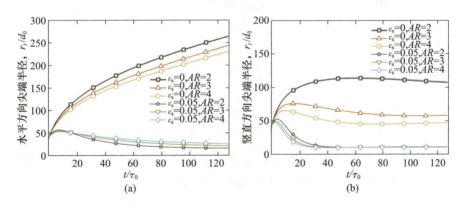

图 10-19　不同热扩散系数比时枝晶尖端曲率半径的时间历程曲线

10.4.3　三维枝晶生长

本小节进一步讨论纯扩散过程的三维各向异性枝晶生长。假定固液两相的热扩散系数相等，界面能各向异性函数选取为

$$a_s(\boldsymbol{n})=1-3\varepsilon_s+4\varepsilon_s\sum_{\alpha=x,y,z}n_\alpha^4 \tag{10.91}$$

式中：$\varepsilon_s=0.05$。过冷度在 0.2~0.6 的区间取值时，图 10-20 给出了在 $t/\tau_0=80$ 时刻的晶体形貌。随着初始过冷度增大，晶体生长加快，各向异性更加明显，

呈现明显的枝晶形貌，择优生长取向为〈100〉方向。当初始过冷度为 $\Delta=0.6$ 时，在〈110〉方向上生长速度增大，产生了新的枝晶分支。

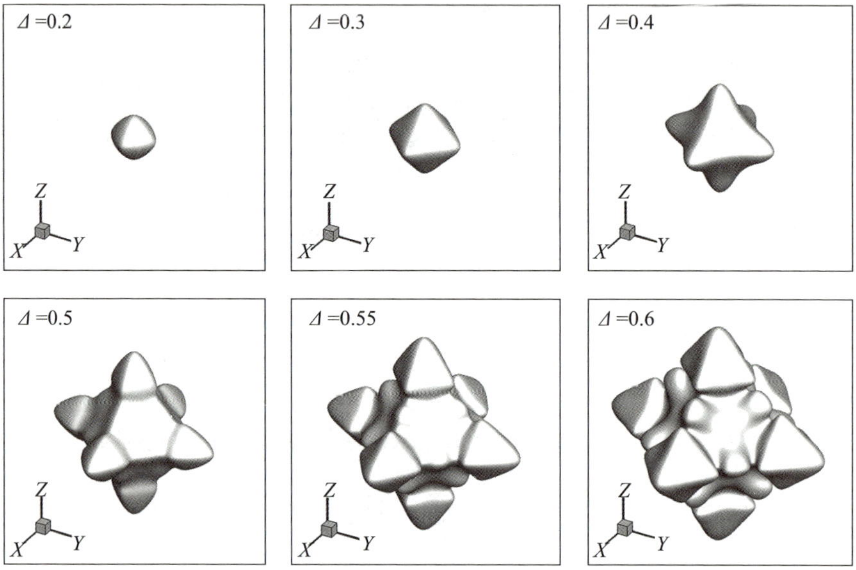

图 10-20　不同过冷度下在 $t/\tau_0=80$ 时得到的界面轮廓

图 10-21 给出了枝晶尖端的生长速率和曲率半径的时间历程曲线。随着初始过冷度增大，平衡态的生长速率相应增大。曲率半径则先减小后增大，这是由于初始过冷度较低时，各向异性较弱，枝晶形貌不明显，曲率半径随晶体体积增大而增大；当呈现明显的枝晶结构时才存在稳态曲率半径，稳态半径与初

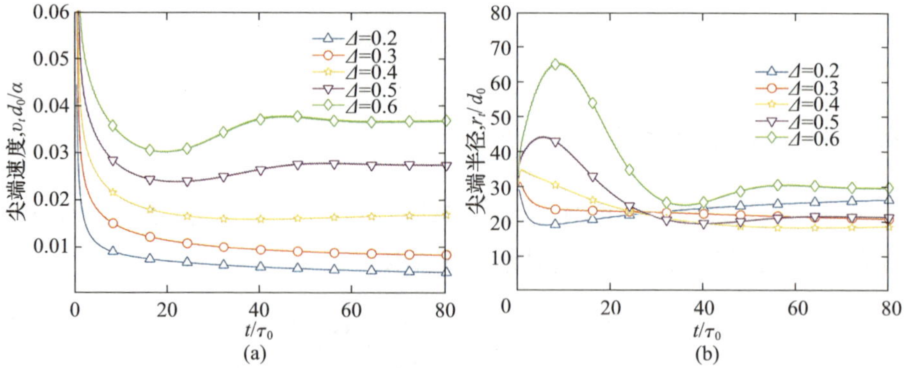

图 10-21　不同过冷度下三维枝晶尖端生长参数的时间历程曲线

始过冷度正相关。与相同生长参数下的二维枝晶生长相比，三维枝晶的尖端稳态速度呈现相似的变化规律，但稳态速度相对较大。

晶体生长取向由界面能各向异性函数确定，下面讨论一般形式的各向异性函数[6]：

$$a_s(\boldsymbol{n}) = 1 + \varepsilon_s\left(\sum_{\alpha=x,y,z} n_\alpha^4 - \frac{3}{5}\right) + \gamma\left(3\sum_{\alpha=x,y,z} n_\alpha^4 + 66n_x^2n_y^2n_z^2 - \frac{17}{7}\right) \tag{10.92}$$

式中：ε_s 和 γ 分别表征〈100〉和〈110〉晶向的各向异性强度。基于式(10.31)容易求得相应的等效扩散系数矩阵，然后利用相场格子玻尔兹曼模型进行不同择优取向的枝晶生长模拟。设定〈110〉晶向的各向异性强度 $\gamma = -0.02$，〈100〉晶向的各向异性强度 ε_s 从 0 逐渐增大，得到不同的枝晶界面轮廓如图 10-22 所示。当 $\varepsilon_s = 0$ 时，择优生长取向为〈110〉晶向。随着 ε_s 增大，〈100〉方向的界面能逐渐增大，该方向上的生长速率相应增大，枝晶的择优取向从〈110〉方向逐渐过渡到〈100〉方向。类似地，通过设计合适的界面能各向异性函数，能够实现其他任意择优生长取向的枝晶生长模拟。

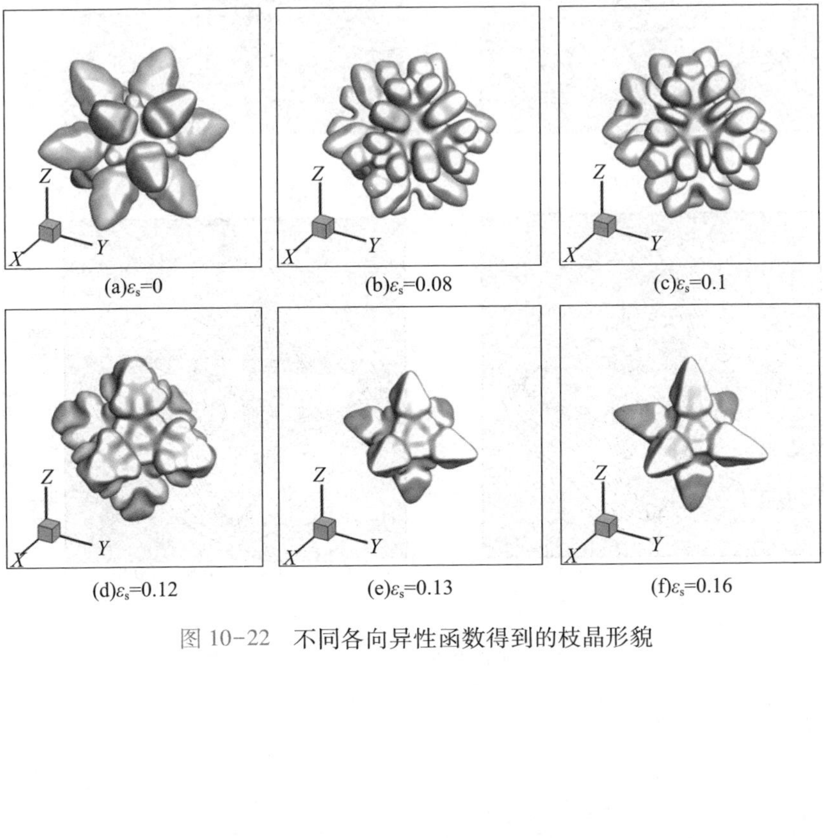

图 10-22　不同各向异性函数得到的枝晶形貌

10.4.4 合金枝晶生长

本节耦合相场和浓度场的 LBE 模型模拟了等轴合金枝晶生长。计算域采用 1000×1000 的均匀网格，初始晶核半径为 $R_0=10$，四周边界条件采用对称边界。初始无量纲浓度为 $U_0=-0.55$，初始相场由平衡态给定。其他模拟参数分别设置为：界面厚度 $W_0=2.5$，相场松弛时间 $\tau_0=50$，平衡分凝系数 $k_0=0.15$，界面能各向异性系数 $\varepsilon_s=0.02$，耦合系数 $\lambda=3.1913$、$MC_\infty=0.5325$，无量纲浓度扩散系数 $D_L\tau_0/W_0^2=2$。耦合系数的选择满足 $\beta=0$，即不考虑界面动力学效应。

考虑 4 种不同的固液扩散系数比，分别为 0.2、0.1、0.01、0.0001，图 10-23 给出了相应的浓度分布。不同工况下液相溶质分布几乎一致，可以清楚地观察

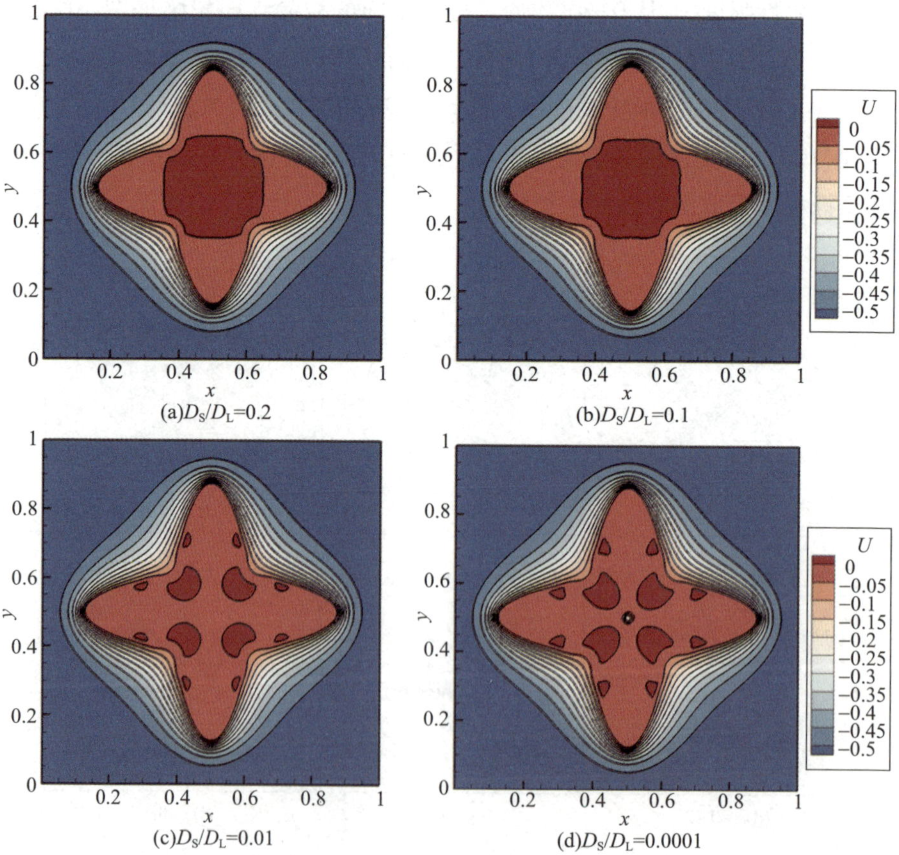

(a) $D_S/D_L=0.2$　(b) $D_S/D_L=0.1$
(c) $D_S/D_L=0.01$　(d) $D_S/D_L=0.0001$

图 10-23　不同扩散系数比时的浓度分布

到界面液相侧的浓度梯度。当固相扩散率 D_S 较大时，固相中组分分布均匀，随着 D_S 降低，晶体内部呈现溶质富集区域。考虑到金属铸造过程固相扩散系数远远小于液相，$D_S/D_L=0.0001$ 所对应的云图更能定性反映合金枝晶生长的溶质分布规律。

图 10-24 给出了不同扩散系数比得到的枝晶界面演化，对应的无量纲时间 t/τ_0 分别为 0、40、120、200、400、600、800、1000。固相扩散系数对枝晶形貌的影响较小，4 个扩散系数比得到几乎相同的界面轮廓。比较 $D_S/D_L=0.2$ 和 $D_S/D_L=0.0001$ 时的晶体形貌可以发现，后者枝晶臂在坐标轴方向上生长较快，在与坐标轴成 45°的方向上生长被抑制。在 $D_S/D_L=0.0001$ 时得到界面轮廓和基于有限体积法得到的结果吻合良好[22]。

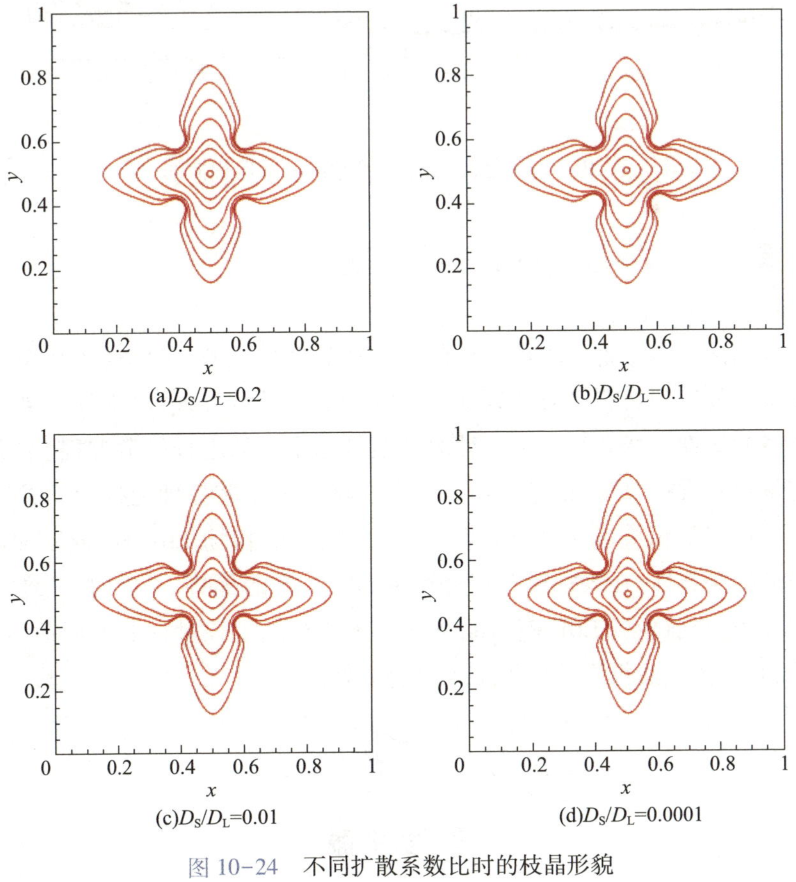

图 10-24　不同扩散系数比时的枝晶形貌

不同固液扩散系数比得到的枝晶尖端的移动速率和曲率半径的定量比较如图 10-25 所示。枝晶尖端速率随着时间推移而减小并达到稳态，不同固相扩散系数的速率变化曲线基本重合。在稳态情况下，尖端移动速率随固相扩散率降低而略有增大。尖端曲率半径随固相扩散率降低而明显减小，当 $D_S/D_L < 0.01$ 时，固相扩散率对曲率半径的影响较小。

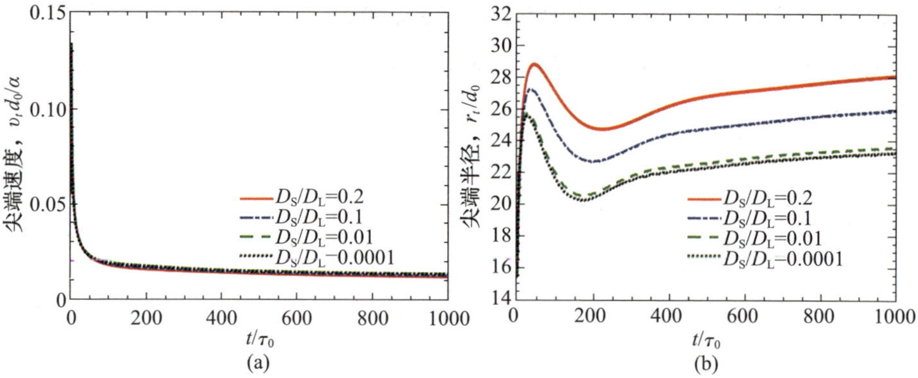

图 10-25　枝晶尖端生长参数的时间历程曲线

10.5　本章小结

本章提出了多松弛相场格子玻尔兹曼枝晶生长模型，多尺度展开表明当前模型能够恢复得到具有等效扩散系数矩阵的反应扩散方程，该方程与描述枝晶生长的各向异性相场方程等价。针对合金枝晶生长的组分扩散方程，本章引入中间变量对其进行改写，推导得到了适合在格子玻尔兹曼理论框架下求解的宏观方程并建立了相应的 LBE 模型。本章所提出的相场 LBE 模型保持了标准 LBE 模型的局部性，在大规模并行计算中具有一定的优势。二维和三维枝晶生长模拟表明，当前相场 LBE 模型能够准确预测枝晶生长过程的界面演化，同有限元法、有限体积法得到的模拟结果吻合良好。

参考文献

[1] MEDVEDEV D, VARNIK F, STEINBACH I. Simulating mobile dendrites in a flow[J]. Proce-

dia Computer Science, 2013, 18: 2512-2520.

[2] TAKAKI T, ROJAS R, OHNO M, et al. GPU phase-field lattice Boltzmann simulations of growth and motion of a binary alloy dendrite[J]. IOP Conference Series: Materials Science and Engineering, 2015, 84: 012066.

[3] ZHANG X, KANG J W, GUO Z, et al. Development of a Para-AMR algorithm for simulating dendrite growth under convection using a phase-field-lattice Boltzmann method[J]. Computer Physics Communications, 2018, 223: 18-27.

[4] MILLER W, RASIN I, SUCCI S. Lattice Boltzmann phase-field modelling of binary-alloy solidification[J]. Physica A: Statistical Mechanics and its Applications, 2006, 362(1): 78-83.

[5] CARTALADE A, YOUNSI A, PLAPP M. Lattice Boltzmann simulations of 3D crystal growth: Numerical schemes for a phase-field model with anti-trapping current[J]. Computers & Mathematics with Applications, 2016, 71(9): 1784-1798.

[6] YOUNSI A, CARTALADE A. On anisotropy function in crystal growth simulations using Lattice Boltzmann equation[J]. Journal of Computational Physics, 2016, 325: 1-21.

[7] WANG X Z, SUN D K, XING H, et al. Numerical modeling of equiaxed crystal growth in solidification of binary alloys using a lattice Boltzmann-finite volume scheme[J]. Computational Materials Science, 2020, 184: 109855.

[8] SUN D K, XING H, DONG X L, et al. An anisotropic lattice Boltzmann-phase field scheme for numerical simulations of dendritic growth with melt convection[J]. International Journal of Heat and Mass Transfer, 2019, 133: 1240-1250.

[9] TAN Q Y, HOSSEINI S A, SEIDEL-MORGENSTERN A, et al. Modeling ice crystal growth using the lattice Boltzmann method[J]. Physics of Fluids, 2022, 34(1): 013311.

[10] KARMA A, RAPPEL W J. Quantitative phase-field modeling of dendritic growth in two and three dimensions[J]. Physical Review E, 1998, 57: 4323-4349.

[11] DEBIERRE J M, KARMA A, CELESTINI F, et al. Phase-field approach for faceted solidification[J]. Physical Review E, 2003, 68: 041604.

[12] BOUKELLAL A K, Sidi Elvalli A K, DEBIERRE J M. Equilibrium and growth facetted shapes in isothermal solidification of silicon: 3D phase-field simulations[J]. Journal of Crystal Growth, 2019, 522: 37-44.

[13] LIN H K, CHEN H Y, LAN C W. Phase field modeling of facet formation during directional solidification of silicon film[J]. Journal of Crystal Growth, 2014, 385: 134-139.

[14] BECKERMANN C, DIEPERS H J, STEINBACH I, et al. Modeling melt convection in phase-field simulations of solidification[J]. Journal of Computational Physics, 1999, 154(2): 468-496.

[15] OHNO M,MATSUURA K. Quantitative phase-field modeling for dilute alloy solidification involving diffusion in the solid[J]. Physical Review E,2009,79:031603.

[16] TAKAKI T,OHNO M,SHIMOKAWABE T,et al. Two-dimensional phase-field simulations of dendrite competitive growth during the directional solidification of a binary alloy bicrystal [J]. Acta Materialia,2014,81:272-283.

[17] FAKHARI A,BOLSTERD,LUO L S. A weighted multiple-relaxation-time lattice Boltzmann method for multiphase flows and its application to partial coalescence cascades[J]. Journal of Computational Physics,2017,341:22-43.

[18] FAKHARI A,GEIER M,LEE T. A mass-conserving lattice Boltzmann method with dynamic grid refinement for immiscible two-phase flows[J]. Journal of Computational Physics,2016, 315:434-457.

[19] WANG N Q,KORBA D,LIU Z X,et al. Phase-field-lattice Boltzmann method for dendritic growth with melt flow and thermosolutal convection-diffusion[J]. Computer Methods in Applied Mechanics and Engineering,2021,385:114026.

[20] JEONG J H,GOLDENFELD N,DANTZIG J A. Phase field model for three-dimensional dendritic growth with fluid flow[J]. Physical Review E,2001,64(4):041602.

[21] CHEN C C,TSAI Y L,LAN C W. Adaptive phase field simulation of dendritic crystal growth in a forced flow:2D vs 3D morphologies[J]. International Journal of Heat and Mass Transfer, 2009,52(5/6):1158-1166.

[22] Chen C,Tsai Y,Lan C. Adaptive phase field simulation of dendritic crystal growth in a forced flow:2D vs 3D morphologies[J]. International Journal of Heat and Mass Transfer,2009,52 (5):1158-1166.

[23] SELZER M,JAINTA M,NESTLER B. A lattice-Boltzmann model to simulate the growth of dendritic and eutectic microstructures under the influence of fluid flow[J]. Physica Status Solidi(b),2009,246(6):1197-1205.